· 网络空间安全技术丛书 ·

# 网络空间安全

## 管理者读物

陆宝华 田霞 熊璐 编著

机械工业出版社
CHINA MACHINE PRESS

图书在版编目（CIP）数据

网络空间安全：管理者读物 / 陆宝华，田霞，熊璐编著．—北京：机械工业出版社，2023.1
（网络空间安全技术丛书）
ISBN 978-7-111-72284-7

I. ①网… II. ①陆… ②田… ③熊… III. ①计算机网络－网络安全 IV. ① TP393.08

中国版本图书馆 CIP 数据核字（2022）第 251547 号

网络空间安全：管理者读物

出版发行：机械工业出版社（北京市西城区百万庄大街 22 号 邮政编码：100037）
策划编辑：曲 熠　　责任编辑：朱 劼
责任校对：张爱妮 王明欣　　责任印制：郜 敏
印 刷：三河市宏达印刷有限公司　　版 次：2023 年 3 月第 1 版第 1 次印刷
开 本：186mm×240mm 1/16　　印 张：16
书 号：ISBN 978-7-111-72284-7　　定 价：69.00 元

客服电话：（010）88361066 68326294

# 前　　言

一直以来，我总想写一本网络安全方面的普及性读物，虽然几次动笔，却都因为种种原因放下了，而且由于多次搬家和更换计算机，一些写好的内容也不知道保存在哪里了。一个搞安全的人士，自己写的东西却保护不好，说来真是有点丢人，好在脑子里想的东西还没有丢失。

以什么作为书的名字呢？我想来想去，开始想用“网络安全的哲学观”作为书名。这是因为本书的核心内容是对网络安全的认识论和方法论进行归纳，并提出一些业界学者没有提过的说法。用哲学观来命名并不是为了炒作，而是想让读者更容易理解安全的本质。书稿完成后，我邀请了一些内行和外行来“拍砖”，大家的共同意见是，这本书讲的是网络安全，不是哲学，用“哲学观”命名有些不妥，于是改成了现在的名字：网络空间安全。

取这个名字还有一层考虑，现在做网络安全的人往往是在“术”的层面上研究得很透彻，而对于网络安全的整体认识却很肤浅。许多人是从自己对某个“术”的理解出发来阐述网络安全观的，而本书力图让外行和内行都能对网络安全有全面的、本质的认识。

网络安全实际上是现实社会安全在网络领域的映射，或者说是大数据在现实社会安全规则中的映射。

为什么要写这本书呢？习近平总书记曾指出，“没有网络安全就没有国家安全”，可见网络安全有多重要。可在相当长的一段时间里，只有专业人员在研究网络安全，而大多数人则觉得网络安全太过神秘，往往敬而远之。一些管理人员对网络安全特别重视，可是不知道从哪里入手，只能听从专业人员的意见，而有些专业人员未必真正了解网络安全的体系。2012年，《信息安全与通信保密》发表了我的一篇文章，题目是《信息保障切忌花钱买破坏》。这不是在哗众取宠，也不是耸人听闻。真的有很多企业花了不少钱，结果却没有达到安全的目的，制定的策略反而与“安全保护”背道而驰。这篇文章就是在听了某专业人员的“经验”介绍后有感而发的。

对于一些人，特别是在国家机关中承担着一些责任的公务人员来说，了解必要的网络安全知识对于维护国家安全非常重要。2017年，中共中央办公厅发布《党委（党组）网络安全工作责任制实施办法》，规定了领导干部在网络安全中的责任，提出了相关的要求。不过，如果由于专业人员业务不过硬而导致了安全事件，而公务人员还要承担责任，这样真的有点冤。

专业人员中确实有相当一部分人并没有真正理解网络安全概念，更没有从体系上建立完整的网络安全知识结构。结果是头痛医头，脚痛医脚，甚至有些人看到别人买什么，自己就去买什么，对买来的产品也没有部署正确的策略，导致“防火墙”成了“放火墙”。笔者曾亲历过一个安全事件，就是因为防火墙没有做安全策略，甚至连防火墙的日志都没开，结果在系统被入侵后，不但没有记录入侵者的 IP 地址，还导致服务器所记录的 IP 地址变成了这个防火墙的地址，很好地“保护”了犯罪嫌疑人。

此外，一些安全厂商只专注于卖自家的产品，不关心用户真正的网络安全需求，并没有让产品有效地发挥作用。

写这本书的目的就是让相关的读者树立正确的安全思想，从哲学层面建立安全保护思想体系。对于非专业人员，根据这样的思想能够判别保护策略是不是正确，方法是不是得当，并可以督促相关的专业人员按照正确的策略进行保护。

本书特别强调要按数据的安全属性来制定保护策略，并根据相应的保护策略制定整体方案，将总体策略分解到系统的各个层面执行。这些东西看起来很复杂，但是普通读者都可以理解。比如，需要很强保密措施的文件，就不允许级别较低的人阅读，在现实社会中也是这样执行的。那么，如果在网络中设置的访问控制策略与之不符，非专业人员也是有能力识别的，我们按现实社会中的规则一样可以检查出问题。

“道、法、术、器”是中国古代道家的思想，可以用其类比下网络安全中的不同层面。简单而言，“道”是对规律和本质的基本认识，本书力图在网络安全的本质和规律上提出笔者的认识。“法”是指法律或者方法，在网络安全中，“法”指方法，本书从现实社会中获得启示，对安全方法进行了归纳。“术”是实现的技术，本书介绍了网络安全的支撑性技术。“器”在网络安全中就是产品。

必须说明的一点是，本书主要讨论的是以计算机作为主要连接设备的网络安全，虽然提及了一些万物互联的安全，但是没有把更多的讨论纳入其中。万物互联以及以网络为基础的智慧城市、工业控制等方面的安全问题更加复杂。万物互联之后，会把网络空间与现实社会高度融合在一起，许多现实社会中的安全问题也融入其中，本书对此不进行过多讨论。

本书共分为 12 章。第 1~3 章主要讨论网络安全的“道”：第 1 章旨在让读者认识网络安全，主要是对网络安全进行概述；第 2 章介绍计算机与网络的一些基础知识，算是我提过的“道”；第 3 章介绍我国网络安全的国际环境，特别是 Internet 域名解析可能会导致的安全问题和供应链安全问题。第 4~11 章讲的是“法”，介绍从现实社会中映射过来的实现安全的基本方法。第 12 章讲的是“术”，即网络安全的支撑性技术。而产品作为“器”则融合到了各章内容中。

本书中第一次给一些概念下了定义，由于是第一次，并且笔者才疏学浅，因此难免会有错误或者不严谨之处，这些内容仅供读者参考，并希望通过大家的讨论逐步完善。定义这些概念不是为了标新立异，而是试图让非专业的读者能从哲学层面理解网络安全，而不被披着神秘面纱的网络安全吓到。

本书虽然是为非专业人员写的，但是对于专业人员来说也是有价值的。许多专业人员只专注于某个领域，不一定真正建立了网络安全的思想体系，我想让这部分读者通过阅读本书在头脑中构建起整体的安全体系，并理解自己的专业领域在整个安全体系中的地位和作用。

杨义先教授在撰写《安全简史》一书时曾对我说，他力图实现“外行人看着不觉深，内行人看着不觉浅”的目标。他是大学者，是一位真正的学问家，我当然不敢与他相比，但这也是我写这本书时追求的目标。

本书第一稿中 80% 的内容都是在飞机上或者候机厅里完成的，从贵阳到北京的飞行时间一般是 2 小时 40 分钟，飞机上没有电话、微信的打扰，正好可以用来写东西。我的老伴给予了我很多鼓励，由于在飞机上无法查阅网络资料，我只能从大脑中向外输出内容，这时候她会表扬我！可同时，我也不得不承认一个人的知识、智慧是有限的，并且我是半路出家，原来的研究领域是无线电通信，对网络安全的理解还不够，可能会有一些错误的认识——这不是客气，也不是故作谦虚。希望读者多多“拍砖”，目的是把网络安全真正地理解透彻。

我还要感谢一批小朋友，他们是：湖南金盾测评中心的熊璐、王上源、彭晓涛，贵阳的胡丹，安赛科技的于忠臣，元心科技的孙涵，贵阳国卫信安的钱秋雨、张丽，福州天目数据的何雪连等。他们当中有懂网络安全的人，也有不懂网络安全甚至不懂计算机的人，我让他们当第一读者并提出意见，然后再对本书进行修改。同时，他们在语言、文字，甚至标点符号方面也提出了修改意见。

我要特别感谢曾在 IBM 负责安全维护的专家徐欢，以及中国信息安全研究院的副院长左晓栋。他们都抽出时间来审阅书稿，并提出了相应的修改意见，他们对完善本书做出了卓越的贡献。我国网络安全界的专家赵战生老师也对书稿提出了宝贵的修改意见。

对本书有较大贡献的还有：中国关键信息基础设施技术创新联盟的秘书长田霞对全书进行了统筹和修改，并加了各章的小结；福州天目数据的施明语参与了各章的写作，并提出了很好的修改意见。另外，熊璐代表湖南金盾测评中心为本书提出了相应的修改意见。

陆宝华

2022 年 11 月 20 日

# 目　录

# 第1章

# 认识网络安全

网络安全这个词已经成为业内的热词，即使是完全不熟悉IT领域的人，也能说出几个和网络安全相关的词汇，如病毒、黑客等。这说明网络安全已经成为关乎所有人利益的大事。习近平总书记说过，“没有网络安全就没有国家安全”，所以，了解网络安全的概念，特别是从非技术人员的角度来认识网络安全是非常重要的。对于那些并不从事网络安全技术工作，但是又负责网络安全相关工作的人士，了解网络安全更是意义重大。中共中央办公厅和国务院办公厅发布了相关文件，其中指出如果出现网络安全事件，相关领导要承担相应责任。但如果由于不了解网络安全而稀里糊涂地承担了责任，那可有点冤啊！

认识网络安全，就要知道网络安全的目标和规律，而这正是网络安全的“道”之所在。当然，我们这里的“道”仅仅指道家思想中的规律部分。我们常说“纲举目张”，意思是认识任何事物都需要提纲挈领，抓不住“纲”就理不清楚思路。在网络安全领域，做不到“纲举目张”，安全方案就做不好。二十余年来，我们在网络安全方面的投入并不算少，但效果不是很理想，很多方案就是从下往上“堆积木”，结果还是不成体系。

要系统地认识网络安全，首先要理解网络安全的一些基本知识。在本章中，我们将介绍网络安全的概念和分类，以及数据的相关知识。

## 1.1 网络安全的概念

### 1.1.1 什么是安全

在讨论网络空间安全之前，我们先来讨论安全的概念。

《新华字典》中给出的关于“安全”的解释是：没有危险；不受威胁；不出事故。这个解释对一般人来说足以了解安全了。但是，对于从事安全工作的人来说，这个解释还不够确切。

什么是安全?《辞海》上并没有对“安全”这个词给出定义，而是用另一个词来进行解释——安稳。

在百度百科中，对“安全”给出了如下定义：安全是指没有受到威胁，没有危险、危害、损失；人类的整体与生存环境资源的和谐相处，互相不伤害，不存在危险、危害的隐患，是免除了不可接受的损害风险的状态；在人类生产过程中，将系统的运行状态对人类的生命、财产、环境可能产生的损害控制在人类能接受水平以下的状态。

国家标准（GB/T 28001）对“安全”给出的定义是：免除了不可接受的损害风险的状态，也就是说，安全是主体没有危险的客观状态。

危险和安全互为反义词，用反义词来下定义是一种循环逻辑。

导致损害风险的原因是：资产本身存在的脆弱性被威胁源所利用，并可能形成侵害，或者已经形成了侵害。说到底，威胁是导致风险或侵害的直接动因。没有威胁也就不存在风险和侵害。我们对各类资产（包括对人自身）的保护，本质上也是尽可能地消除脆弱性，而消除脆弱性的目的是提升资产（和人自身）对威胁的防御能力。

在百度百科中，还提出了安全的外在原因与内在原因，有兴趣的读者可自行查阅。

本书对安全的定义是：**安全是主体能够有效管控威胁的客观状态**。（本书并不是专门讨论安全概念的学术文章，此定义是否严谨，还有待论证。）

这个定义里有两层含义：一是威胁，二是是否能“有效管控”这种威胁。因此，我们要先讨论一下威胁。

“威胁”这个词在《辞海》中也没有给出定义，而是用了另外两个词进行解释——逼迫、恐吓。显然这两个词还不能准确地解释“威胁”的含义。百度百科中给出的解释与之类似。

本书对威胁的定义是：**威胁是能对某些目标构成侵害的因素**。

因素是构成事物的要素、成分，是事物发展的条件。可能对某些目标构成侵害的因素基本上可以分为两类：一类是由他人构成的，另一类是由自然因素和自我因素构成的（老祖宗早就用“天灾”和“人祸”两个词帮我们高度概括了）。例如，一个人的财产被盗抢、一个国家被另外一个国家侵略、一个人被其他人诬告等都是“人祸”。而自然因素，即所谓的“天灾”，主要是由于自然的或不可预测的因素而导致的侵害，如被流行病毒感染、不小心跌倒或被动物咬伤等都可算是“天灾”。

当然，也有一些威胁既包含人为因素，也包含自然因素。例如，矿井发生瓦斯爆炸，瓦斯是自然界存在的客观侵害因素，但是，矿井是由人管理的，如果没有进行有效的防护，瓦斯就会对人构成威胁。

有些威胁是看得到的，有些威胁是看不到的。也就是说，有些威胁是显性的，有些威胁是隐性的，或者说是潜在的。

曾有人质疑笔者，认为这个定义是有问题的。因为有些因素对某些人来说是威胁，对另外一些人来说就不是威胁。笔者认为，能对某个目标构成威胁的就是威胁因素，不对这个目标构成威胁的就不是威胁因素。安全本身是一种感受，对于不同的客体，感受程度肯定也是不一样的。因此，安全应该是针对具体对象的，而不是一个抽象的概念。

我们先来讨论不安全。我们一般认为，不安全就是我们的身体（包括生命）、财产（包括这些财产提供的功能）受到了侵害，甚至失去生命或损失全部财产。

为什么会出现这样的情况呢？从风险分析的观点出发，安全事件的发生是因为自身存在脆弱性，而威胁源正是利用了这些脆弱性，才导致安全事件的发生。

我们可以列举很多导致安全事件的因素。假设一个人中暑了。对于人来说，所有人都不能抵御高温，这就是人的脆弱性。而天气太热，气温高达 40℃，这就是外部的威胁。一个人（特别是身体本来就比较虚弱的人）长时间处在这样的环境中，就会发生中暑的事件。对于钱包，如果将它放在衣服外面的口袋里，口袋又比较浅，那么很容易掉出来或者被小偷偷走（这就是脆弱性），小偷就是外部的威胁源，钱被偷就是安全事件。大到国家安全、政治安全、文化安全、意识形态安全，小到我们自己各方面的安全，都可能存在威胁源和脆弱性，因此要格外重视安全问题。

说到底，发生安全事件要归结为两个因素，一个是自身的脆弱性，另一个就是威胁。这里所说的威胁，既可能是人为因素，也可能是自然因素。在没有威胁的情况下，即使自身的脆弱性再大，也不会发生安全问题。再次强调，本书给出的安全的定义是：**安全是主体能够有效管控威胁的客观状态**。

当然，这是一种理想的状态，现实中很难做到。而且，威胁是一个动态因素，会随着时间、空间的改变而变化。虽然受到了威胁，但风险尚可控制时也应该是安全的。绝对不受威胁的状态是不存在的，我们所说的安全实际上是指一种“准安全”的状态，即能够对威胁因素进行控制的状态。安全是一个博弈的过程，也就是威胁与控制威胁的斗争。

威胁是一种因素，这种因素可能会产生直接威胁，也可能产生间接威胁。同时，自身的强壮度、与威胁因素的关系都决定了是否会受这个因素的威胁。同样一个因素，对于甲来说是威胁，而对于乙来说可能就不是威胁。同时，这个因素是否能构成威胁还受时间和其他环境因素的影响。

自身的强壮度对应的就是自身的脆弱性。安全事件的发生就是威胁因素利用了自身的脆弱性，没有威胁，自身再脆弱也不会发生安全事件。

### 1.1.2 什么是网络安全

我们说的网络，目前主要是指计算机网络。计算机网络还可以加以细分，如涉及全球的

Internet 网络［请注意，在此我没有使用“互联网”这样的说法，因为目前 Internet 的根还在美国，由美国的 ICANN（Internet Corporation for Assigned Names and Numbers，互联网域名与数字地址分配机构）控制，我们是以一个国家的整体网络接入这个网络中的，其他国家和地区也是这样］、城域网络（一个城市范围内的网络）、行业网络（比如某个大型企业，其网络可能遍布一个国家的许多城市，甚至遍布多个国家）和内部网络（一个组织内部建设的网络）。

一个组织内部建设的网络往往会有特定的应用，这种具有特定应用的网络就是信息系统。当然，这里关于“信息系统”的定义有点粗糙，不是严格的定义。信息系统的严格定义是：由计算机及相关的、配套的设备与设施（包含网络）按一定的应用目标和规则，对信息进行加工、传输和处理的人机系统。

我们说的网络基本上包含两大部分，一部分是基础信息网络，另一部分是信息系统。基础信息网络上有多种应用，但是这个网络并不是为“某一特定”的应用而建设的，如 Internet、城域网、行业基础信息网络等；信息系统是具有明确应用的网络，如企业的 ERP 系统、政府的 IA 系统、为公众服务的证券交易系统等。

我们所说的网络安全，是指网络不能因为人为因素或者自然因素出现使用障碍，不会使网络上传输、加工、处理的“数据”（关于数据的概念，我们在后面解释）被未授权地改变，也不会出现数据泄露给未授权用户的现象。当然，这里说的是网络安全的目标，并不是网络安全的定义。如何给网络安全下一个准确的定义呢？当然，可以套用上面的定义来定义网络安全：**网络安全是指基础信息网络和（或）信息系统处于风险可控的状态**。

这里的风险既包括人对基础信息网络与信息系统的威胁，如黑客的入侵，也包括自然因素导致的系统故障和破坏。同时，风险也能够衡量基础信息网络或信息系统自身抵御威胁的能力。

我们讨论网络安全时，主要的关注点在于人对网络的侵害，也就是恶意的人对网络构成的威胁。所以，在英语中，和网络安全相关的单词是 security。

这里所说的网络安全，还要考虑是广义上的网络安全还是狭义上的网络安全。

狭义的网络安全对应的英语单词是 network security，它是指网络、网络设备、网络协议等方面的安全，通常指的是由计算机作为主要连接设备的网络的安全。

广义的网络安全对应的英语单词是 cyber security，它包含的范围更加广泛，既包含狭义网络安全中的部分，也有更大的外延。它包含网络上的各类应用，同时连接的设备不仅包括计算机设备，还包括各类可以连接到网络上的元素。

### 1.1.3　什么是网络空间安全

网络空间对应的英文单词是 cyberspace，而不是 network space。网络空间的范畴更大，不仅包括基础信息网络和信息系统本身，还包括网络上的各类应用。网络空间安全的范畴自然也更大了，不仅包括恶意的人对网络构成侵害的威胁，还包括恶意的人利用网络构成对现实社会的侵害的威胁。例如，利用网络传播各类有害的思想或会导致人们犯罪的各类有害信息，利用网络策划、实施各类犯罪活动，利用网络贩卖各类违禁的物品，等等。这些都属于网络空间安全的范畴。

现在，物联网正蓬勃发展，网络空间安全还要考虑自然因素导致的网络安全问题，以及利用网络直接实施的对人的侵害。要注意的是，在物联网中，控制信号并不等同于数据，对数据的保护要求并不能完全适用于对信号的保护，这一点我们会在后面的章节中详细说明。

### 1.1.4　安全的目标

在现实社会中，安全的目标是什么？我们可以列举很多安全事件的例子，各位读者也知道很多安全事件的例子，这些例子总是可以进行归类。如果把财产的范围扩大，使之包括无形资产（如文化、意识形态、国土、环境等），那么安全保护的目标就是两大类：一类是人身及生命的安全；另一类是财产，或者叫资产的安全。

那么，网络安全的目标是什么呢？在目前以计算机作为主要连接设备的网络中，还不至于对人身构成直接伤害（当然，可能构成对人的精神方面的侵害），所以计算机网络安全的保护目标属于资产的范畴。

计算机网络资产不只包括计算机、网络设施这些硬件，更重要的资产是指：在计算机中存储、加工处理、传输的数据；由计算机网络提供的服务功能，如网络游戏；网上购物平台、网络交易平台等。这些都是具有资产属性的。因此，计算机网络安全的目标是数据安全以及网络的服务功能安全。

网络空间安全的目标首先应该包括网络安全的目标，还要包括防范利用网络对现实社会构成的侵害，这类侵害主要涉及政治的、军事的、经济的、文化的侵害等。

很多人把网络安全分为多个层次，如网络本身的安全、主机安全、应用安全、内容安全等。这样划分有一定的道理，但是，这些不是网络安全的全部目标。

网络安全的目标要具体问题具体分析，对于信息系统来说，请记住网络安全的目标只有两个：

- 数据的安全；
- 网络服务功能的安全。

对以计算机作为主要连接设备的基础信息网络来说，保护数据、保护网络的服务功能仍然是主要的目标，同时，由于网络的无界性，还要考虑到计算资源不能被其他人在不知情的情况下占用。对于普通人说，往往没有重视这一点，或者说意识不到这一点。比如，家庭或者单位连接到 Internet 上的计算机如果被非法占用，就可能被用来攻击其他计算机目标；或者联网的计算机被非法占用，正在为某个人“挖矿”，等等。所以对于基础信息网络来说，安全的目标是：

- 数据的安全；
- 网络服务功能的安全；
- 防范计算资源被非法占用。

对于网络空间来说，安全目标要进一步扩大。特别是在万物互联的时代，网络空间与现实社会实现了高度的融合，这时候网络安全目标不仅要包括上面所说的三项，还必须重视在现实社会中关注的人的生命和财产的安全，并且这类安全要放在第一位。在这样的网络环境下，安全的目标可归纳为以下 5 个方面：

- 人的生命的安全；
- 各类财产的安全；
- 数据的安全；
- 网络服务功能的安全；
- 计算资源的有效自我控制。

## 1.2　安全的分类

我们还是从现实社会中的安全事件入手来看安全的分类。安全事件的类型太多了，应该怎么分类呢？实际上，分类并不困难，我们常说的“天灾”“人祸”就是一种分类方式。英语中的单词也给了我们相同的启示，我们也可以通过分析给定的安全定义来进行分类。

在英语中，涉及安全的单词有两个：safety 和 security。我曾经向英语专家请教这两个单词的区别，下面是这位英语专家帮我查到的解释。

- 第一种安全（即 safety）指人体健康和生产技术活动的安全，常见的有生产安全、劳动安全、安全使用、安全技术、安全产品、安全设施等。
- 第二种安全（即 security）指社会政治性的安全，常见的有社会安全、国家安全、国际安全等。

可这样的解释并不能让笔者满意。笔者是学物理的，我们学物理的人的思维习惯是一定要概念清楚，上面的解释只给出范畴，并没有给出概念的定义，而且给定的范畴也不完整。为此，笔者研究了大量安全事件，并进行了一定的分析，得出了以下结论：

- safety：由于自身因素和自然因素导致的安全问题。

- security：由于他人侵害导致的安全问题。

实际上，这完全可以用我们前面所说的天灾和人祸来归类。当然，有一些安全问题是两者共同作用而导致的，比如，对于安全生产问题，对应的英语单词是 safety，但是一个安全事故可能是由于人（负责安全的人）的疏忽或者是不负责任而导致的，不过这不是故意的侵害。

本质上，这相当于从威胁的角度对安全进行分类。对于 security，实际上是由于人对资源的共享产生了利益冲突，因而构成了侵害。这种侵害小到一个人对另一个人的侵害，大到一个组织对另一些组织，甚至是一个国家对另一个国家的侵害。这种侵害可能是物质层面的，也可能是政治、军事、经济、文化层面的。

对于网络安全来说，这两种威胁都是存在的。比如，自然的因素（雷电、电磁辐射、静电、高温、火灾、水患、烟雾等）会导致计算机及其网络，以及在这些设备、设施上保存、处理、传输的数据的损坏。这也是安全问题。但是，更多的网络安全事件是由人的侵害造成的，并且大多数人为的安全事件都是由入侵者的主观动机而导致的。

在当前的网络安全领域，我们主要关注的是 security 问题。随着物联网、智慧城市、工业控制等项目的推进，safety 的问题也是不能忽略的。

## 1.3　数据的概念

在 1.1.4 节中，我们说过网络安全有五大目标，其中保护数据是非常关键的目标。对于信息系统来说，对数据的保护是核心任务，其次才是保护网络所提供的服务功能。

### 1.3.1　数据的定义

什么是数据呢？在这里我们使用百度词典给出的定义。数据是指对客观事件进行记录并可以鉴别的符号，是对客观事物的性质、状态以及相互关系等进行记载的物理符号或这些物理符号的组合。它是可识别的、抽象的符号。它不仅指狭义上的数字，还可以是具有一定意义的文字 / 字母 / 数字符号的组合、图形、图像、视频、音频等，也是对客观事物的属性、数量、位置及其相互关系的抽象表示。例如，“0、1、2…”“阴、雨、下降、气温”“学生的档案记录、货物的运输情况”等都是数据。数据经过加工后就成为信息。

在计算机科学中，数据是指所有能输入计算机并被计算机程序处理的符号介质的总称，是用于输入计算机进行处理，具有一定意义的数字、字母、符号和模拟量等的通称。

笔者更愿意使用“数据”这个概念，不太愿意使用“信息”这个概念，特别是在讨论安全的时候，用“数据安全”比用“信息安全”更加明确，原因如下。

- 信息这一概念从诞生之日起就没有大家都认可的定义。信息论的鼻祖——香农（Claude Elwood Shannon，1916年4月30日—2001年2月26日，也有一些著作中把他的名字翻译为仙农或者山农）是美国数学家。1948年，香农发表了《通信的数学理论》这篇文章，提出了信息熵的概念，并创建了信息论。这篇文章奠定了香农“信息论之父”的地位。在这篇文章中，香农对信息的定义是：“负熵”就是“不确定性的减少”。“熵”本来是个热力学概念，表明系统中要素的无序程度，要素越杂乱，熵就越大，不确定性也越大。后来，有一些学者认为，香农给出的不是信息的概念，而是“信息量”的概念。再后来，还有一些学者给出过信息的定义，比如控制论的提出者维纳[全名为诺伯特·维纳（Norbert Wiener），1894年11月26日—1964年3月18日，美国应用数学家，在电子工程方面贡献良多，也是随机过程和噪声信号处理的先驱]指出：信息是什么？信息既不是能源，也不是物质。实际上，他提出了信息、物质、能源是自然与人类社会的三大要素。我国信息论专家钟义信也给出过定义。本书不讨论信息论，只是要说明信息还没有一个被普遍接受的定义。
- 无论信息的定义有多少种，“减少不确定性”是信息的基本属性，也就是说，对信息的接收者来说，信息一定是他原来未知的，对他来说已知的就不是信息。在计算机和网络中传输、处理与存储的许多数据都是我们已知的，从这个意义来说，它们就不是信息。不过，信息和数据之间是有密切关系的。数据是信息的表现形式和载体，可以是符号、文字、数字、语音、图像、视频等。信息是数据的内涵，信息加载于数据之上，对数据做出具有含义的解释。数据和信息是不可分离的，信息依赖数据来表达，数据则生动、具体地表达出信息。数据是符号，是物理性的；信息是对数据进行加工处理之后得到的，并能对决策产生影响，它是逻辑性和观念性的。数据是信息的表现形式，信息是数据有意义的表示。总之，数据是信息的表达载体，信息是数据的内涵，二者之间是形与质的关系。数据本身没有意义，只有对实体操作产生影响时，数据才成为信息。

### 1.3.2　数据的语义

数据的表现形式不能完全表达其内容，需要经过解释，因此数据和关于数据的解释是不可分的。例如，93是一个数据，可以表示一个学生某门课的成绩，也可以表示某个人的体重，还可以是计算机系某个年级的学生人数。数据的解释是对数据含义的说明，数据的含义称为数据的语义，数据与其语义是不可分的。

## 1.3.3 数据的分类

### 1. 按性质分类

按性质，数据可以分为以下几类：

- 定位的，如各种坐标数据；
- 定性的，如表示事物属性的数据（居民地、河流、道路等）；
- 定量的，反映事物数量特征的数据，如长度、面积、体积等几何量或重量、速度等物理量；
- 定时的，反映事物时间特性的数据，如年、月、日、时、分、秒等。

### 2. 按表现形式分类

按表现形式，数据可以分为以下两类。

- 数字数据，如各种统计或量测数据。数字数据在某个区间内是离散的值。
- 模拟数据，由连续函数组成，是指在某个区间连续变化的物理量。模拟数据又可以分为图形数据（如点、线、面）、符号数据、文字数据和图像数据等，如声音的大小和温度的变化等。

### 3. 按记录方式分类

按记录方式，数据包括地图、表格、影像、磁带、纸带等。按数字化方式，可分为矢量数据、格网数据等。在地理信息系统中，数据的选择、类型、数量、采集方法、详细程度、可信度等取决于系统应用的目标、功能、结构和数据处理、管理与分析的要求。

## 1.3.4 数据的安全属性

我们常说要保护数据，但保护数据的什么呢？

我们用现实生活中的例子来说明这一问题。现在有两个杯子，一个是塑料材质，另一个是陶瓷材质。如果将两个杯子摔到地上，陶瓷杯子恐怕会粉身碎骨，而塑料杯子可能不会损坏，这说明陶瓷杯子易碎，易碎就是陶瓷杯子的安全属性。当然，玻璃杯子也易碎。在运送这类物品时，我们要用一些柔软的东西将这些杯子保护好（周围进行填充），还要在外包装上贴上易碎的标志。如果将这两只杯子放到火里烧，陶瓷杯子不会有事，塑料杯子可能就灰飞烟灭了。这说明塑料杯子易燃，易燃就是塑料杯子的安全属性，当然，一次性纸杯也易燃。那么，我们要让这类杯子与火源有一定的安全距离才能保护它们。易碎、易燃是由杯子的自身材料和加工过程导致的特有属性，与将它们摔碎和放在火里烧的人无关。

但是，损坏它们是与人有关系的，相关的人是有责任的。

数据也是如此。我们说要保护数据，就是要保护数据的安全属性，这些属性是由数据自身决定的，是数据特有的，与使用它们的主体没有关系。数据有如下安全属性。

- 机密性：数据中包含的信息内容不能泄露给未授权的人。
- 完整性：数据不能发生未授权的改变。
- 可用性：数据具有使用价值，从安全的角度来说，就是保证授权人按需要使用。
- 真实性：数据所表征的信息与实际情况相符。

这四个属性中，前三个是数据的安全属性，这是大家所公认的。数据的真实性是数据的属性，这一点是没有问题的，但是否属于“安全属性”还需要讨论。

对于机密性来说，并不是所有数据都需要保密，有相当多的数据是不用保密的，如每天播出的新闻、网站发布的信息等都是不需要保密的数据。有的数据则非保密不可，比如商品定价所依据的数据、商业的客户资源数据、国防武器的研制计划等，这些都是需要保密的数据。数据是否需要保密，是要看数据泄露之后会带来什么样的结果，如果是有害的结果，那么数据就需要保密。当然，保密的程度是不一样的，保密级别包括秘密级、机密级和绝密级。秘密可能是国家秘密，也可能是企业秘密。

对于完整性，可以说所有数据都有保护这一属性的要求，大家都不希望数据被他人胡乱地改来改去。当然，有时候对数据的修改是必要的，但是这种修改要经过授权，也要有依据，不能胡乱修改。同样，虽然数据普遍有保证完整性的需求，但需求的等级是不一样的。一些数据被修改后可能会导致极为严重的后果，如航天飞机的图纸、尖端武器的制造参数等，这类数据的完整性需求很高；而另一些数据的完整性被破坏后，不会有太大的影响，这类数据的完整性需求就不太高。

可用性就是保证授权人使用的属性。如同货币，货币是一般的等价物，具有可以购买其他物品的属性。可是，当要买东西时，发现钱锁在柜子里拿不出来，那么这次购买操作就不能实现，这就是缺乏可用性导致的。同样，在网络中，需要使用数据时，也要保证授权人能够使用。

一些学者认为，真实性包含完整性，这一点笔者是不赞成的。真实性和完整性虽然有密切的关联，但它们并不是同一个属性。真实性说的是所表征的信息与实际情况相符合，而完整性说的是数据没有发生未授权的改变。当然，如果真实的数据在未授权的情况下被改变了，其真实性也会打折扣，甚至完全丧失。如果数据在发布之时就是虚假的，那么尽管没有发生完整性被破坏的情况，也不能说它是真实的。

前面对数据的安全属性做了初步的描述，下面我们用更准确的语言来定义这四个安全属性。

- 机密性：不能泄露给未授权的人和其他实体的属性。
- 完整性：不能被未授权的人或其他实体改变的属性。
- 可用性：保证授权的人或实体使用的属性。
- 真实性：所表征的信息与实际相符合的属性。

（需要强调的是，数据真实性的定义是本书给出的，说明这一点的目的是告诉读者，这只是一家之言。）

除了这四个属性外，数据再没有其他的“安全属性”了。这句话可能有点绝对，有一定安全知识的人会说：“不是还有可审计性、不可抵赖性、可控性等属性吗？”是的，确实有这些属性，而且对数据的安全来说，这些属性也很重要，甚至特别重要。但这些不是数据自身的安全属性，可审计、不可抵赖是对使用数据的主体（也就是人）而言的，是对数据使用者的责任认定和追究。数据的可控性是人对数据使用的过程、传播路径等的要求，也是人的主观意愿，并不是数据本身所特有的。

读者可能会问，用这么多笔墨来介绍数据的安全属性有意义吗？当然有，如果不了解所要保护的数据的安全属性，就不能制定正确的保护策略。策略错了，采取的方法就可能是错的，结果就可能是钱没少花，作用不大，甚至起到负面作用。如同我们运送易碎的杯子，虽然使用了非常坚固的铁箱子，箱子外面还加了易碎标志，可是在箱子里没有用软性材料进行填充，其结果可想而知。这一点，我们会在后续的章节中详细说明。

### 1.3.5　数据安全属性之间的关系

数据安全属性之间的关系是很多安全从业人员没有注意到的，而这是非常重要的。

- 机密性和完整性的关系。机密性和完整性是两个相互独立的安全属性，相互之间没有依赖关系，需要做完整性保护的数据，不一定需要做机密性保护。但是，需要做机密性保护的数据，同时也需要做完整性保护，不过完整性保护的要求不一定和机密性是同一等级的。
- 机密性和可用性的关系。机密性和可用性之间的关系似乎不大，不过想一想，如果数据被泄露，那么再使用这些数据是不是会产生不良的后果？这很可能导致机密性数据的泄露范围扩大，因为拿到被泄露数据的主体会根据使用该数据的主体进一步扩大相应的“战果”，此时，该数据的可用性也不大了。
- 机密性和真实性的关系。凡是需要做机密性保护的数据一定是真实的，假数据是不需要保护的。
- 完整性和可用性的关系。完整性和可用性的关系是完整性一旦被破坏，这个数据一定就不可用了，如果继续使用，就可能导致严重的后果。

- 完整性和真实性的关系。数据的完整性被破坏后，其真实性也会被破坏。

所以，完整性和机密性是可用性的基础，要保护数据的可用性，就需要保护数据的机密性和完整性。可用性除了依赖于完整性和机密性外，还依赖于支撑数据的系统的可用性。换句话说，数据的可用性有两个基础，一个是数据的机密性和完整性，另一个是所承载系统（包含）网络的可用性。此外，完整性还是真实性的基础。

这四个安全属性中，机密性、完整性、可用性是需要保护的，并且可以通过“保护”来实现它们的安全要求。数据的真实性是不能用“保护”来实现的，而是要通过“鉴别”的手段来确认。对于数据真实性的鉴别，目前还没有比较通用的做法，不过利用大数据分析技术在一定程度上可以起到对数据的真实性的鉴别作用。

### 1.3.6 安全的根本任务

我们在 1.2 节中谈到，从威胁的角度来看，安全可以分为两大类，一类是由于自身或者自然因素导致的安全问题，另一类是由于他人的侵害导致的安全问题。无论是哪一类安全问题，强壮自身和有效避险都是解决问题的根本措施。但是如何强壮自身和如何避险需要分别讨论。

对于第一类安全问题，冗余备份、避免环境影响等措施是必需的，这需要针对具体问题进行分析。比如，对于有毒气体，我们必须采用相应的防毒措施；对于高温环境，我们就得采取降温的措施。也就是说，要对症下药。

对于第二类安全问题，说到底，我们要解决的是人的问题。那么在现实社会中，对人的各种管理措施都是可以借鉴和移植的。实际上，我们要解决的是**保证正确的授权操作**的问题。这里包含三层意思：

- 操作是需要授权的；
- 授权应该是正确的；
- 正确的授权操作是有保证机制的，即授权机制不能失效。

我们试想一下，在一个没有法律、法规、制度约束的社会里，会是什么样的情况？这和动物世界有什么区别？这样的社会遵从的只有丛林法则、弱肉强食，可能每天都会出现头破血流的情况。所以，对于人类社会来说，“规则”是保证安全的前提和基线。

对于大多数人来说，使用规则来规范、限制人们的行为，避免对他人的利益构成侵害是基本也是最先决的条件。换句话说，每个人的行为都是由规则限定的。根据需要规范的范围，这些规则包括由国家制定的法律、法规、规章和相关部门制定的规范（如企业的劳动纪律），以及由文化、传统约定俗成的规矩。

在现实社会中，安全的核心任务是保证正确的授权操作。一般来讲，操作是有目的的，我们姑且把这种目的称为“任务”。为了完成这些任务，就要有一定的权力，没有相应的权力就无法完成任务。所以，授权是必要的。这里有三层意义：一是所有的操作在授权的范围之内；二是这些授权是正确的；三是这些授权操作要有相应的保证机制，保证这个授权操作不能被非法地更改、绕过或者失效。

### 1. 授权

我们先来讨论授权。授权包括以下几类。

1）默认授权。如果操作（或行为）不会对任何其他共享实体的合法利益构成侵害，那么这类授权属于默认授权。比如，我们吃完饭去散步或者在家里看电视、看书、上网浏览合法网站上的新闻、打游戏，这些操作是不需要进行授权的。但是，有些操作会受到一些规矩的约束。比如，到饭店去吃饭，吃完饭就要支付餐费，有其他人坐着的座位不能去抢，等等。

2）必要授权。为了完成某项任务，需要获得的必要权力称为必要授权，这类权力是与任务相联系的。比如，公交车的驾驶员就有在特定线路上驾驶公共交通工具的权力。

3）限制性授权。相关规定明确不可以实施的操作（或行为）称为限制性授权。这类规定要求不得侵害其他主体的合法权利。比如，不能抢夺他人的合法财产。

4）强制性授权（职责）。相关规定要求必须执行的授权称为强制性授权。这是特定任务要求的，特定的人员必须执行。例如，剧场的验票员必须检查进入剧场的观众的票券；无论天气多么恶劣，交通警察都必须上岗；无论火势多么猛烈，消防员也要出警扑救火灾。

### 2. 授权的正确性

授权的正确性包括下面几层含义。

1）授权不能对其他共享实体的合法利益构成侵害。

2）授权必须符合具体任务的相关安全要求，这里包括两个方面。一是安全属性的要求，如不可以抛甩贴有易碎标志的物品、贴有防火标志的物品必须远离火源。二是强度的要求，强度要求要根据任务本身涉及的对象的重要程度来确定。例如，我们盛水时，可以用普通的玻璃杯，也可以用名贵的陶瓷杯。这两种杯子都需要保护，但是由于它们的价值不同，保护强度也不同。

我国实施的网络安全等级保护制度就体现了这样一种思想，不同的网络承载的业务与数据的价值不同，受到的威胁也不同，所以保护的强度要适当。对于重要性不同的系统和数据，要用不同的强度进行保护。这一原则在风险评估中也有相同的体现，我们给资产进行赋值时，价值越高的资产，其风险也越大。

3）授权时必须保证被授权实体能够完成相应的任务，并且只能完成授权范围内的任务（最小授权的原则）。

4）授权实体的授权操作与其他授权实体的授权不能产生特定的利益关系（分权制衡的原则）。

5）授权实体的操作是有监督的。

6）授权应该有时效性限制。也就是说，对一个角色的授权不能是无限期的，应该结合这个角色的变更情况对授权进行相应的变更。很多单位在员工离职时，没有妥善处理对他的授权，导致出现了安全问题。

7）授权人的操作是有监督的。

### 3．“正确授权操作”机制确立之后的保证机制

再正确的授权机制也要有相应的保证机制，如果没有相应的保证机制，授权就是一句空话。我们制定了很多法律、法规和制度，但如果相应的保证制度不到位，就会出现各类破坏这些法律、法规和制度的现象。为了保证这些授权操作，必须采取以下措施。

1）相应的隔离措施。通过对空间、时间的隔离，可以防范与此任务不相关的人员对执行此任务造成妨碍或者侵害，同时可以防止由于执行此任务而对别的实体执行其他任务造成妨碍和侵害。例如，在道路施工中，要用围栏将施工区域与其他区域隔离；在日常的工作中，用房间、工作位、建筑物等对任务区进行隔离。当然，隔离也是有强度要求的，隔离的强度要与任务的性质、重要程度相匹配。

2）相应的控制措施。完成同一个任务时，可能需要不同的角色共同配合。角色不同，任务细节也不同，相应的授权就不同。因此，需要对这些角色进行相应的授权控制。例如，医院中有院长、医生、护士、药师、护工和其他工作人员，这些人可能在同一个隔离区内工作，他们共同服务于某一个病人，治好这个病人是他们共同的任务。但是，只有医生才有处方权，护工不能给病人进行注射。

3）相应的检查与处置措施。检查的任务分为三类，第一类是对资产的检查，第二类是对防范威胁措施的检查，第三类是对威胁源的检查。

要对检查的结果进行处置，不处置等于没有检查。例如，清除或者隔离威胁源对保证安全是极为有效的，没有威胁当然也就安全了。

4）隐藏和欺骗措施。在现实生活中，我们不希望一些重要资产受到侵害，所以会把它藏起来；我们的一些操作（行为）不想被发现，就会利用夜幕作为掩护。隐藏是我们经常采用的方法，也是另外一种授权机制。在战争年代，把粮食藏起来、把水井填埋起来都是隐藏措施。在网络安全中，隐藏虽然用得不多，但这个技术还是存在的，并且有一些隐藏技术被入侵者所利用。从某种意义上来说，隐藏是一种欺骗措施。

5）应对威胁的各类保护与反制措施。应对威胁，就要有相应的保护和反制措施。保护是指把隔离、控制做得足够强，让威胁源无可奈何；还要有各种有效的检查工具，以便能及时、准确地发现各类威胁。反制就是“以其人之道，还治其人之身”。例如，当 A 国没有核武器时，B 国和 C 国就会用武器来威胁；当 A 国有了核武器之后，B 国和 C 国的威胁就失效了。

要保证以上所有措施不能失效，这是非常重要的。为此，就必须清楚有没有可能绕过这些机制的路径，是不是存在防范上的薄弱环节或者漏洞。在网络上，由于网络、主机、应用等软硬件往往存在各种各样的“漏洞”，而这些漏洞会导致“正确的授权操作”失效，因此出现了“网络攻防”的场景。可见，保障机制对于网络安全来说尤其重要。

我们经常说，网络（空间）安全是一个博弈的过程。说到底，这个博弈就是以授权为目标的。对于一个入侵者，其目标网络中并没有给他的授权，但是，他就是要利用各种方法谋求授权，甚至是网络中最高等级的授权。也许有人会说，拒绝服务攻击可不是追求进入系统的授权。实际上，拒绝服务攻击也是一种非授权操作。

控制（授权操作）、隔离、检查和隐藏，可以被认为是保障网络安全的最基本的方法。我们会在第 4 章讨论隔离方法，第 5 章讨论授权控制方法，第 6 章和第 7 章讨论检查方法，第 8 章讨论安全事件的响应和处置，第 9 章讨论隐藏方法。

### 1.3.7 网络安全的实现

实际上，上面的讨论已经涉及安全方法论。我们会在以后的章节中更详细地讨论这些方法。

从保证正确的授权操作这一命题出发，实际上我们解决安全问题的根本途径是“管人”。在管理学中，我们常听到这样的说法：三分技术、七分管理。笔者也曾经常这样说，但是后来发现了这种说法的不妥之处：既然是管人，说到底，这是广义上的“管理”问题，而不是几分对几分的问题。

一个科学的管理体系，首先要有明确的管理目标，然后要通过“手段”和“过程”来实现这些目标。在网络安全（主要指的是信息系统的安全）中，管理的目标恰恰就是安全目标：保证数据的安全，保证系统服务功能的安全。而保证安全的手段有法律手段、行政手段、技术手段和工程手段。

我国早就从立法的角度对计算机犯罪进行量刑处理。同时，对不构成犯罪的轻微侵害操作，规定通过治安处罚等措施进行惩治。严厉地打击计算机犯罪对于保护网络安全是特别重要的。

行政手段既包括由相应的监管单位提供的监管，也包括各个企业根据自身情况及网络安全的普遍法则制定各类制度以及相应的检查机制。机制是保证制度落实的根本，没有机制的制度就形同虚设。

技术手段是网络安全中的重要手段。计算机及计算机网络是高科技产品，没有相应的技术手段就不可能保证安全。虽然在本书中，我们把安全问题归结为管理问题，但是如果没有技术手段的支持，这个管理目标是不可能实现的。所以笔者特别强调“技术优先”的原则。

### 1.3.8 数据的形态

#### 1. 数据的形式

数据有各种类型。从形式上，数据可以分为两大类：一类是结构化数据，另一类是非结构化数据（包括半结构化数据）。结构化数据就是可以用二维表格呈现的数据，这类数据一般可以利用数据库进行管理和处理。数据库管理系统是一种系统软件，所谓“数据库”，是以一定方式将数据存储在一起，并能与多个用户共享、具有尽可能小的冗余度、与应用程序彼此独立的数据集合。

可将数据库视为电子化的文件柜——存储电子文件的处所，用户可以对文件中的数据执行行新增、截取、更新、删除等操作。

仓库是需要管理的，同样，数据仓库也需要管理，这就是数据库管理系统。数据库管理系统（Database Management System，DBMS）是为管理数据库而设计的软件系统，一般具有存储、截取、安全保障、备份等功能。数据库管理系统可以从不同的角度进行分类。

- 根据所支持的数据库模型，可分为关系型数据库管理系统、XML 数据库管理系统。
- 根据所支持的计算机类型，可分为服务器群集数据库管理系统、移动电话数据库管理系统。
- 根据所用的查询语言，可分为 SQL 数据库管理系统、XQuery 数据库管理系统。
- 根据性能来分类，包括最大规模数据库管理系统、最高运行速度数据库管理系统。

可能还有其他的分类方式。无论使用哪种分类方式，有些 DBMS 能够跨类别，如同时支持多种查询语言。

目前，主流的数据库多为关系型数据库，主要的产品有 MySQL、Microsoft Access、Microsoft SQL Server、Oracle、Sybase、dBASE、FoxPro 等。几乎所有的数据库管理系统都配备了一个开放式数据库连接（ODBC）驱动程序，令各个数据库之间可以互相集成。

除了关系型数据库，还有其他类型的数据库，在这里就不介绍了。但是，它们所处理的结构化数据有一个共同的特点：单个文件的数据量并不大，一台或者几台服务器就完全可以满足需求。这样，数据库管理系统就可以对访问它的人员进行授权。一台服务器的操作系统和其他应用程序也比较容易支持这种授权。

另一类数据是非结构化数据，这类数据也是大数据领域的基础。这类数据不能用二维表格的形式呈现，它们往往是多种类型的数据，如视频、图像、声音、超文本、文字、其他的电子符号等。这类数据的特点是单个数据文件本身的数据量就很大，一台或者几台服务器很难对其进行存储和处理，需要使用分布式系统。所以，大数据往往和“云”相伴而生。我们利用一台服务器上的操作系统、数据库管理系统、应用程序是无法对其进行授权的。这部分内容将在第 10 章中进行说明。

### 2. 数据的三种状态

在计算机网络中，数据有三种状态，不同状态面临的威胁也不同，保护的方法也有区别。

**静态**：数据在外部存储器中存放，在没有被处理时，数据只是静止地保存在外部存储器中。

**动态**：分为两种情况。一种情况是数据在计算机主机的内部流动。比如，我们从硬盘上打开一个文件时，这个文件就从外部存储器调入内部存储器中，实际上这个文件还保存在外部存储器上。另一种情况是，数据在计算机之间流动，也就是在网上传输时的流动。例如，我们给一个远程用户发送一个文件或一封邮件，这时数据就在网上流动了。

**暂态**：正在处理的数据。例如，我们打开文件进行修改时，数据在内存中。当然，外部存储器上还保留着这些数据。

这里要介绍几个概念。外部存储器（简称外存）是计算机中用来长期存放数据的存储器。它的特点是容量大，但存取的速度慢一些。外部存储器就像家里或者公司的大书柜、文件柜，这种柜子的存储空间比较大，可以把许多书籍或文件都存放在里面，特别适合长期保存文件。但是，外部存储器调用的速度比较慢，不适合做即时处理。当我们打印一份文档时，不希望输入一个字就在外部存储器中保存这个字吧？这时就要找一个更快的存储器来快速处理这些即时数据，这就是内部存储器，简称内存。它的特点是存取速度特别快，但是容量要小一些。

实际上，在现实生活中，我们要阅读一本书或者处理一个文件时，很少会站在书柜或者文件柜旁进行处理，我们会把要处理的文件或要阅读的书籍放在桌面上，在桌面上处理完之后，再把它们存放到文件柜中。这时，桌面就相当于内存，由于桌面的面积有限，因此不能把书柜中所有的书籍都搬出来放在桌面上。

外部存储器一般有以下几种类型：

- **磁介质存储器**，利用磁介质的回归效应来保存数据。利用磁介质，可以方便地进行读 / 写操作，但是在长时间断电的情况下，可能会消磁，也可能因为强电磁场破坏数据。同时，高温、静电都会对磁介质存储器有破坏作用。

- **光介质存储器**，如光盘。光盘的存储容量大，但是不适合重复擦写，适合保存历史资料等类型的数据。保存条件也不那么严格，只要温度不太高，光盘上的数据一般不会被破坏。当然，高湿环境会导致光盘表面被破坏，影响所保存的数据。光盘、硬磁盘的体积相对大一些。
- **半导体介质存储器**。比如我们常用的 U 盘，它是利用两种半导体形成的 P-N 结来保存数据的。P-N 结具有电容效应，我们知道，电容是可以保存电荷的，只要外部的电阻足够大，结电容保存的电荷就不会丢失。但是，这是不容易做到的，所以 U 盘不适合长期保存数据。

对于数据的三种状态，我们可以用货币作为例子来描述。如果把数据类比为货币，那么静态的数据就是保存在银行或者放在家里抽屉中的货币，放在家里的货币相当于客户端的数据，而服务器上的数据则相当于放在银行中的货币。动态的数据相当于在运钞车里的货币。暂态的数据则是进行交易时手里拿着的货币。银行的金库是保护措施最严密的地方，因为这里是货币最集中的地方，所以要特别保护。当然，各个储蓄所和我们家里的货币也需要用一定的手段保护。运钞车也需要很好的保护措施。但是，对这些地方的保护措施远不如对银行核心金库的保护措施。这一点，大家都能理解。可是，在网络安全中，对数据最集中的服务器的保护远没有对网络本身的保护下的功夫大，重网络、轻主机（特别是服务器）的现象是普遍存在的。不得不说，这是目前网络安全中的重大偏差。

## 小结

本章从安全的概念出发，讨论了网络安全的概念、导致网络安全问题的主要原因和实现网络安全的基本方法。

首先给出了网络安全的定义：**基础信息、网络和（或）信息系统处于风险可控的状态**。**导致网络安全的原因是“天灾”和“人祸”**，这是从哲学的认识论层面上来理解网络安全；而对于“人祸”的保护方法——**保证正确的授权操作**则给出了网络安全的基本方法论。

在此基础上介绍了数据的概念、数据与信息的关系以及数据的分类，之后介绍了数据的安全属性，并且强调了它们之间的关联关系。

最后详细讨论了保证正确授权操作的三层含义。

# 第 2 章

# 计算机与网络

今天，人们对计算机网络实在是太熟悉不过了。我们每天都在和计算机网络打交道，社会的运转已经与计算机网络密不可分。了解计算机，以及由计算机和相关的设备、设施构成的网络，学习基本的计算机网络知识是十分必要的。这些知识已经不再属于专业领域的知识，而是每个人都应该了解的基本知识。

## 2.1 计算机的构成

我们每天都要使用计算机，简单来说，计算机是由主机、操作系统、应用程序与数据组成的。接下来分别介绍计算机的各个组成部分。

### 2.1.1 计算机主机

我们每天打交道的计算机是由哪些部件构成的呢？一个主机箱、一个显示器、一个键盘、一个鼠标，这四样东西是必不可少的。也就是说，计算机是由主机 + 外设构成的，主机就是指主机箱及其内部设备，外设就是指外部设备。外部设备的作用是帮助用户向计算机输入信息或者将计算机的信息输出给用户，所以外部设备也称为输入 / 输出设备。常用的外设一般还包括打印机、音箱等。

主机箱中都有什么呢？在介绍主机箱之前，我们先看看每天要使用计算机完成哪些操作。以使用 Office 为例，要创建或修改一个文档，首先要打开相应的软件，如 WPS 或者 Word，这个软件肯定是保存在计算机中的，利用该软件将创建的文件保存在计算机中。这些存放各类软件和文档的设备就是“存储器”，存储器分为外部存储器和内部存储器。外部存储器的存储容量一般比较大，适合长期保存各类软件和由这些软件生成的各类文件。外部存储器主要有硬盘、光盘、U 盘、磁带等。我们可以把这些外部存储器看成图书馆中存放的各类图书。这些被存储的“文件”不会因为不加电而丢失。但是，在计算机中，由于外部存储器存储的内容太多，同时，计算机也不需要在同一时刻对存放在外部存储器上的所有内容进行处理，因此直接在外部存储器上处理并不方便，处理速度比较慢。就像我们读书时，不可能在同一时刻把所有要读的书全部拿出来，书只能一本一本读。我们会从书柜中取出要读的那本书，把它放在书桌上来读。书桌就类似于计算机中的内部存储器。计算机工作时，要从外部存储器中把相关的内容调入内存。内存的存储容量相对较小，但是处理的速度非常快，同时，内存必须加电保存，一旦掉电，内存中的数据就会消失。

刚才我们说过，计算机进行处理时，要把外存中的内容调入内存，在计算机中谁来完成这项工作呢？我们把一本书从书柜中拿到桌面上，是大脑下达指令，通过我们的手先把这本书找到，再把它拿到桌面上。在计算机中也有这样的大脑和手，这就是计算机中的运算器和控制器，运算器和控制器共同组成了中央处理器，也就是 CPU。这是计算机的核心部件，没有了这个核心，也就谈不上计算机了。CPU、外部存储器、内部存储器要通过一组线连接在一起，这组线就是计算机中的总线系统。当然，要让这些部件都能工作，还要有供电系统。除了供电系统之外，可以认为计算机由五大部件组成：运算器、控制器、存储器、输入设备和输出设备。

但是仅有这些部件，计算机还不能为我们提供服务，还必须有相应的软件系统才能支撑我们的工作。

### 2.1.2 操作系统

如果把计算机的硬件看成一个建筑，包括院落、楼房、各类的水电供给等。那么如果这个建筑里是空的，就只能叫一处建筑，不能说它是一个工作或生活的处所。我们以一个银行系统为例，来说明这个问题。

一个银行首先要有一处建筑作为实体办公和经营的场所，其次要有一个组织管理体系，从行长到各职能部门的员工，还要有相应的工作机制和制度，这样才能构成一个银行体系。但是仅有这些还不够，银行是要有业务的，组织管理体系是支撑这些业务的平台，业务才是银行存在的核心。

在计算机软件中，也要有这两个部分，一部分是计算机的操作系统，另一部分是应用程序。操作系统相当于银行的组织管理体系，应用程序相当于银行的各类业务。

大家都很熟悉的 Windows 就是操作系统。操作系统主要有下面几个作用：

- 管理所有的硬件设备，包括 CPU、内 / 外存储器、输入 / 输出设备等。

- 管理计算机中存放的各类“东西”。
- 让计算机能够按一定的规矩进行工作。
- 为人和计算机建立交互的界面。
- 建立与其他计算机进行通信的机制。

### 2.1.3　应用程序与数据

在我们的计算机中有各类应用，如上网需要的浏览器、写一篇文章或者制作一个课件需要的文字处理软件等。

除了这些硬件和软件，计算机中还保存着一类重要的内容：数据。数据是我们利用计算机创建、输入的各类对我们来说可以识别并且有价值的“符号”。关于数据的定义，1.3.1 节中已经介绍过，这里不再赘述。数据包括：我们写的文章（通过文本符号显示）；从网上下载的各类资料，如一部电影（视频类）、一段音乐（音频类），既包含文字也包含照片，甚至是其他形式的资料（超文本类）；我们为了对相关业务进行管理而输入的各类数据，如一个单位的人事档案（表格类）、物品管理信息；等等。

数据就如同银行中的“货币”。银行以货币为核心，没有货币，银行就没有存在的意义，银行的所有业务也是围绕着货币开展的。在计算机中，数据是最重要的，没有了数据，计算机也就没有存在的意义了。

## 2.2　计算机网络

### 2.2.1　网络概述

网络对于每个人来说都不陌生，我们每天都在和网络打交道，或者说在利用网络。我们每天用的电是通过供电网络输送到各家各户的，我们打电话要使用电话网络，我们每天出行要利用交通网络。

通俗地说，网络就是用某种“连接线”将相关的“东西”连接在一起而构成的一个整体。交通网络就是典型的网络，其中，道路是“连接线”，建筑、景点、特定的地理标志等都是相关的“东西”。这些“东西”在网络上称为网络节点（简称节点），而那些起到连接作用的“线”就是网线。可以说，网络是由网线和节点构成的。

构建网络的目的是共享资源，将节点上的某些物品交换出去。所以“通”是网络的根本诉求。另外，要在网络上进行“交换”“共享”，就必须有相应的规则来保证。

我们以交通网络为例来讨论网络的基本要素。地球上的任何一个点都可以用经度和纬度表示出来，有需要时，还可以标出相应的高度。这些经纬度也可以称为地址。在一个城市中，可以将我们的家、单位用经纬度表示出来，这就是我们的家或者单位的地址，需要牢牢记住。仅记住这两个地址不算困难，但是，我们每天可能要和许多单位进行交换和共享，可能要到许多地方去，把这些地方的经纬度都记住显然是不可能的。于是，人们就想出了易于记忆的办法：给路或者街道起个名字，给其中的建筑或处所加上相应的门牌号，这样就好记多了。我们甚至可以直接记某个单位的名称，也能找到相应的地点。

前面说过，经纬度可以称为物理地址，而街道加上门牌号就构成了逻辑地址。有了地址，我们就可以方便地寻找相应的地点，这个过程就是寻址。我们到一个陌生的地方去时，首先要有地址，然后查看地图或者询问其他人，按照一定的路径就可以找到这个地方。当然，现在有了手机导航系统，直接输入地点名称（或单位名称）或者输入街道和门牌号，手机就会帮我们导航。

要到达这个地址，必然要从出发地沿着一定的路径走，在这个过程中可能要搭乘一些交通工具。我们为什么要选这条路径？为什么要搭乘这种交通工具呢？这是由“交换任务”所决定的。选择路径时要遵循一定的原则：路径最短、所用的时间最少、是最便捷的路径，对于一些特定的任务还要考虑安全性。选择交通工具时，也要考虑快捷性、舒适性、方便性、安全性等因素。比如，由贵阳到北京，可以选择飞机、高铁、汽车、自行车，甚至是徒步，具体选择哪种方式，也是由“交换任务”所决定的。同时，交通工具的选择对路径的选择也有相应的影响。我们乘坐的交通工具沿着什么样的路径行驶，要遵守道路相关的规定。我们要交换的“东西”也会对采用哪种交通工具产生影响。

还要说明的是，我们使用的交通工具可能是公共交通工具，因此“东西”必须符合公共交通工具的要求。如搭乘飞机时随身携带的拉杆箱的体积必须小于行李舱的空间规格。

从这个例子可以看出，我们要把一个“东西”交换出去，必须涉及的要素有地址（包括发货地址和收货地址）、道路、交通工具和“东西”。

对应到计算机网络中，要实现计算机之间的通信，必然涉及以下四个方面的要素。

- 计算机的网络地址；
- 传输的线路及路由；
- 传输工具；
- 数据。

数据就是我们要传输的“东西”。要实现数据的传输，需要以下要素：第一，它要搭载某种传输工具才能在网线上进行传输，途中可能还要“路过”一些中转站；第二，网线及其他设备；第三，数据出发地的地址和接收数据的地址。

在交通网络中，为了更好、更科学地出行，人们做出了许多规定，这些规定是我们的老祖先制定的，如秦始皇规定了车的两轮之间的距离，即“车同轨”。在现代，这个规定更加国际化。针对不同的车型，平行的两轮子之间的间距有明确的规定。在道路上，也划出了相应的行车道，并规定右侧（或左侧）通行、不得逆行、双黄线处不得掉头等。对于公共交通工具，会规定货物的大小、不得超过的限制、特殊物品必须贴上标志等，通过公共交通工具运送的货物，需要在包装上写明货物的发货地址、收货地址和联系人等。这些人为的规定都是为了更准确、方便地进行交换。

在计算机网络上，也有此类的规定。这个规定就是网络协议，我们会在 2.2.3 节中进一步说明。

## 2.2.2　计算机网络设备与网络结构

### 1. 媒体和互联设备

这里的媒体不是指新闻媒体，而是指用来传输信息的媒介。这些媒体包括架空明线、平衡电缆、光纤、无线信道等。通信用的互联设备包括数据终端设备，如各类计算机或者专用的数据通信终端机等（被称为 DTE），还包括另一类被称为 DCE 的设备，DCE 是数据通信设备或电路连接设备，如调制解调器等。数据传输通常经过 DTE—DCE，再经过 DCE—DTE 的路径。而互联设备是指将 DTE、DCE 连接起来的装置，如各种插头、插座。在本地网中的各种粗 / 细同轴电缆、T 型接头 / 插头、接收器、发送器、中继器等都属于物理层的媒体和连接器。

接口插件的定义是最基础的电路要求。在我们的日常生活中，墙壁上的插座都是有明确规定的，对于一个三插孔的单相电来说，左边孔是零线，右边孔是相线，上面的孔是保护地线。这只是三条线，并且在日常生活中，电源只是由供电端流向用电器，大多数用电器都并联在主干的线路上，因此，这个网络相对简单。但是，在计算机网络中，线路的连接就比较复杂了。常用的五类线、六类线里面都是多股的，并且用不同的颜色进行区分，每条线的作用都不一样。为了让全世界的计算机都能联到网络中，必须要有明确的规定。这些网线还要连接到计算机上，插头中的每一个针都要和计算机中对应的插座正确地连接，这些都要在物理层的协议中进行规定。

下面介绍几种应用较为普遍的网络设备。

（1）网线

网线是连接各类设备进行信号传输的通道，原则上任何一条金属线都能作为传输线。在导线里，传输的信号是电流。电流在导线中传输时，在它的周围会产生磁场，磁场会在相邻的导线中产生电动势，电动势会干扰这条导线中传输的信号。我们知道，电流是电荷的运动，无论是静止的电荷还是运动的电荷，都会在其周围产生电场。这些电场会影响其周边的其他导线中的电荷，这也是干扰。同时，这些电场和磁场本身会消耗能量，导致线路末端的信号减弱。

为了尽可能减少这类干扰和能量的损耗，一般不会直接用平行导线来做长距离传输的网线。网线一般有以下几种。

- **双绞线**：就是把几条线像拧麻花一样拧在一起，这样做的目的是使电磁场的方向发生改变，以减小相互之间的影响。这样的导线可以同时传送几路信号，进行并行传输。
- **同轴电缆**：图 2-1 为同轴电缆的示意图。

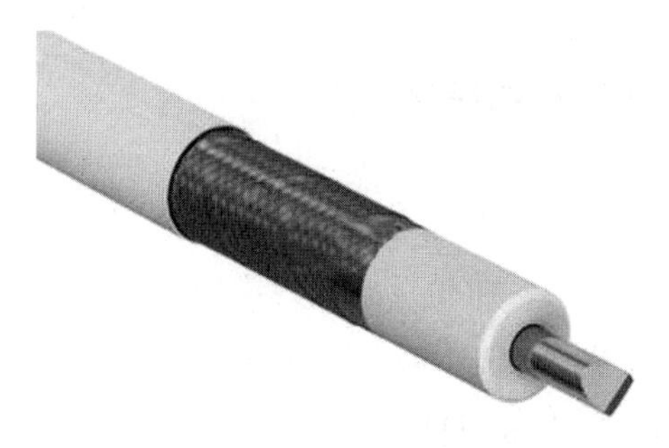

图 2-1　同轴电缆

这种电缆的能量损失是比较小的，因为电磁场被封闭在电缆外层的金属层之内。但是，这种电缆只能同时传送一种信号。

- **光纤**：利用光传输的介质，由于采用的是非金属材料，因此不容易被干扰，并且传送的容量非常大。光纤可以利用时分多址传送多路信号。
- **无线电波**：无线电波虽然不是网线，但是利用它可以传播各类信号，其作用与网线是一样的。

（2）集线器

集线器（HUB）的作用是把各个设备连接起来，其结构非常简单。它使用一种被称RJ45 的接口，把对应的线连接在一起。当需要连接设备时，把相应的 RJ45 的接头插入对应的接口即可。这和我们日常使用的插线排插座的原理是一样的，不过插线排插座是两条线（当然有保护地线的是三条线），而 RJ45 中的线更多。下面给出常用的线的含义：

- 标准 568A：绿白 -1，绿 -2，橙白 -3，蓝 -4，蓝白 -5，橙 -6，棕白 -7，棕 -8。
- 标准 568B：橙白 -1，橙 -2，绿白 -3，蓝 -4，蓝白 -5，绿 -6，棕白 -7，棕 -8。

这里不详细介绍 A 和 B 的含义，如果读者想学习双绞线接口，可以通过网络查找相关的学习资料，并且有现成的工具可供使用。

（3）路由器

大家对路由器都不陌生，大多数的家庭都会使用路由器来上网。许多办公环境也需要通过路由器来实现集中连接和共享上网两项任务。

路由器的作用是连接 Internet 中各局域网、广域网，根据信道的情况自动选择和设定路由，以最佳路径按前后顺序发送信号。

（4）交换机

交换机也是用于连接各个主机和其他网络设备的设备，它与集线器的不同之处在于：集线器用于将所有设备连接到同一个线路上，如同我们家里的供电系统，它有两条骨干电源线，我们可以把多种用电设备并联到这两条线路上。用电设备只需要从电路上获取能源，相互之间并不需要通信。但是网络上的主机和设备之间是需要进行通信的。

在集线器上连接的主机在通信时采取这样的规则：由发起通信的主机在网上进行广播，告诉集线器上连接的所有主机"我要和谁通信"，那么收信方接收到这个广播信号后，会打开接收通道，接收相应的数据，其他主机则不会有任何动作。

这就带来了两个问题：一是当这对主机通信时，其他主机之间就不能通信了，线路只能被当前通信的两个主机占用；二是如果此时非收信主机为恶意主机，故意伪装成收信主机应答，那么，发信主机就会将数据错误地传送给这个恶意主机。如果传送的是需要保密的信息，就会导致泄密。

交换机是使主机两两之间建立通信关系，同时又不影响其他主机之间通信的设备。图 2-2 是笔者画的一个示意图，可以帮助读者理解。

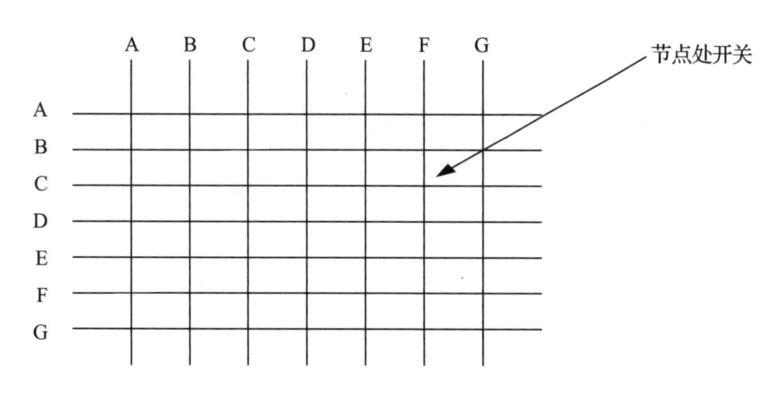


图 2-2 交换机示意图

简单地说，在交换机里会将各个主机对应的接口构成纵横排列的两组线路，在相交的节点处设置开关，当一个用户与另一个用户进行通信时，相关节点的开关会闭合，从而构成一个通信的通道，并且不会影响其他主机。

实际上，网络交换机的原理更加复杂，这里只是给出一个示意图，帮助读者理解交换是怎样完成的。

### 2. 网络结构

网络按照结构可以分为总线网、星形网、环形网等类型。

总线网是早期普遍使用的网络结构，也称为以太网。在这种结构中，所有的设备都连接到总线上。以太本来是一个物理学名词，是指一种弹性极大而密度又极低的物质，这种物质可以占据任何空间，而不管空间中是否已经有了其他物体。笔者猜想，当年之所以把这种网络称为以太网，可能是因为在总线上可以任意连接计算机主机和其他网络设备。

在星形网结构中，有一个核心设备，其他设备都连接到这个核心设备上。实际上，以太网从物理形态上看是总线网，但从逻辑关系上可能是星形网。只要这个网络里有核心设备，就可以认为这个网络是星形的。这样就形成了客户端–服务器结构（C-S 结构）。服务器为各用户端提供应用的程序和核心的数据。由于 TCP/IP 的使用，网络出现了浏览器–服务器结构（B-S 结构）。B-S 结构并不是一种物理形态，其物理形态仍然可能是星形的结构，因此可以将 B-S 结构看成一种应用体系结构形态。

环形网，顾名思义，就是一个环形的物理形态的网络。环形网使用一个连续的环将设备连接在一起。它能够保证一台设备上发送的信号可以被环上其他的设备都看到。

### 3. 网络分类

网络可以有多种分类方法，在这里，我们根据网络规模进行划分，可以将网络分为局域网、广域网和 Internet。

- 局域网：也称为 LAN，一般为一个单位内部建立的网络，规模不会很大，客户端没有具体的数量界限，从几台到千余台的情况都有。
- 广域网：也称为 WAN，广域网可能会在一个城市中建设，也可能是跨城域的网络。广域网的网络规模比较大，可以分布在全国甚至全球范围内，多为某些行业的网络。
- Internet：是一种国际联网的网络。

## 2.2.3 网络协议

### 1. 网络协议概述

网络协议就是为了实现网络通信而人为规定的一组规则。实际上，我们对协议并不陌生，前面说过，为了让大家能合理地使用公共的道路，我们要有一套协议（交通法规）。我们可以通过文字看到这些交通法规，它们也易懂、易掌握。而计算机网络中的协议一般人是看不到的，也不太容易理解和掌握。

再举个例子来帮助我们理解看不到的协议。比如，我们打电话时，如果听筒里没有任何声音，即便是不懂通信，也会知道线路中出现了问题；当拨号后，听到不紧不慢的断续回声时，就知道电话已经接通了，于是耐心等待对方接听；当听到急促的断续音时，就知道对方正在占线，于是就过一段时间再打。这就是在使用没有语音提示的电话进行通信时约定的特殊信号，也就是一种协议，不论在哪里打电话，这些信号代表的意义都是一样的。在电话通信中，这类协议还有很多，不过当时从电信的角度没有把它们叫作协议，而是叫作“信令”。

计算机的通信要比电话通信复杂得多，仅靠简单的信令无法解决所有的问题。我们必须从路径、地址、传输介质和数据四个层面做出相应的规定，全世界的计算机网络都执行这些规定。当然，如果开发了一个只属于自己的小规模系统，就可以设计一个只供这个系统内的各个设备执行的协议。

国际标准化组织针对网络协议制定了一个模型，请注意，这只是个模型，并不是实际的协议，但学习这个模型对理解网络协议大有裨益。

### 2. ISO 的 OSI 七层协议模型

开放系统互连（Open System Interconnect，OSI）参考模型是国际标准化组织（ISO）和国际电报电话咨询委员会（CCITT）联合制定的开放系统互连参考模型，为开放式互连信息系统提供了一种功能结构的框架。它从低到高分别是：物理层、数据链路层、网络层、传输层、会话层、表示层和应用层。

协议模型的示意图如图 2-3 所示。

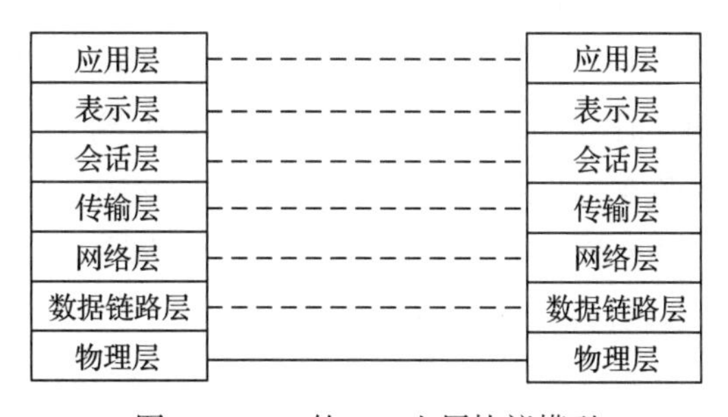


图 2-3 ISO 的 OSI 七层协议模型

这个模型的第一层是物理层。如果把 Internet 看成一条公路，那么这一层就是路的基础设施部分。我们修公路时，要规定公路的路基强度、路面的宽度、路面的曲度、路面的分层构造等。在物理层我们也要做出相应的规定。

物理层虽然处于最底层，却是整个开放系统的基础。物理层为设备之间的连接和数据通信提供传输媒体及互联设备，为数据传输提供可靠的环境。上面的数据链路层、网络层、传输层、会话层、表示层和应用层都有各自的功能，下面我们将分别介绍。

（1）物理层

物理层为数据端设备提供传送数据的通路，数据通路可以是一个物理媒体，也可以由多个物理媒体连接而成。一次完整的数据传输包括激活物理连接、传送数据和终止物理连接。所谓激活，就是不管有多少物理媒体参与，都要在通信的两个数据终端设备间建立连接，形成一条通路。就如同在特殊的情况下，为了保证路面交通的畅通，在选定的路线上，将所有信号灯都设置为绿灯，保证特定的交通工具顺畅地通过。不过，在数据通信中，不是每次在特定的情况下都要如此，要保证从甲方到乙方，无论有多少个连接点、转接点（相当于各种路口），都要将其激活，形成连接状态。

物理层要提供适合数据传输的环境，为数据传送服务。一是要保证数据能在其上正确通过，二是要提供足够的带宽（带宽是指每秒钟能通过的比特数），以减少信道上的拥塞。这就如同在地面交通中，能够使用的路面宽度要略大于车辆的宽度，才能保证车辆顺利通过道路，不会发生阻塞。传输数据的方式还要满足点对点、一点对多点、串行或并行、半双工或全双工、同步或异步传输的需要。

点对点、一点对多点比较好理解。串行就如同一群人站成一路纵队，顺序地到达目的地；并行则如同这群人站成一排横队，或者是将这些人分成组，每组有特定的人数，每组人站成横队，一齐向目的地进发。显然，并行前进需要的路面宽度大于串行前进需要的路面宽度。

半双工是指在特定的时间段内，不能同时收发数据，只能收或者只能发；全双工则可以在特定的时间段内同时收发数据，就像打电话一样。

同步是指收发两端必须在同一时刻完成对特定位数据的传输。把收和发想象为两道门，这两道门按同一频率在同一时刻打开，又在下一个同步的时刻关上，这样，需要传送的物体从发送的门出来后，必须在接收的门关上之前进入门内才行。异步则不需要这样，可以把异步想象为在接收的门外安排一个暂存区域，发出的物体可以在这里暂存，在接收的门方便打开的时候，再将这些物体从暂存区域收入门内。

在物理层中还要有一个非常重要的规定，那就是电信号的格式。大家都知道，目前的计算机主要采用二进制进行运算。二进制有一个优点，我们可以用有电代表二进制中的1（或0），用没电代表二进制中的0（或1）。但是，在计算机中，每一秒都要处理上百万个二进制符号，所以就要规定有电和没电的时间长度，还要规定有电时的电压值。超过规定的阈值就认为有电，而没有达到这个阈值时，就认为没电。

我们把从有电到没电或者从没电到有电的过程称为一个脉冲。在物理层协议中就要规定好脉冲的幅度（电压值，准确地说是电动势的值）、宽度（时间的延长值）。这些规定都是非常重要的。用前面提到的同步传输数据的例子，就是发送方和接收方“开门”的时长必须和这些脉冲匹配，才能完整地进行信号传输。

从有电到没电再到有电，或者反过来，从没电到有电再到没电，这样的一个过程可以用 1 比特（bit，就是一位）来表示。比特是一个信息量的单位，现在大家知道这指的是“一个脉冲位”即可，我们不进行深入的讨论。一个脉冲位的脉冲值就代表一位二进制数的数值，可以是 0 或者 1。

为了表达方便，在计算机和网络中，经常用到以下单位：

- **位**（bit）：计算机中最小的数据单位。每一位的状态只能是 0 或 1。
- **字节**（B）：8 位构成 1 字节，它是存储空间的基本计量单位。我们常说的硬盘有多少兆，就是说它可以存储多少字节。1 字节可以储存 1 个英文字母或者半个汉字，换句话说，1 个汉字占据 2 字节的存储空间。
- **字**：由若干字节构成，字的位数叫作字长。不同型号或类型的机器有不同的字长。例如，对于同时可以处理 8 位的计算机（也叫八位机，是早期的计算机），它的 1 个字就等于 1 字节，字长为 8 位。如果是一台 16 位机，那么它的 1 个字就由 2 字节构成，字长为 16 位。字是计算机进行数据处理和运算的单位。现在的计算机多为 64 位计算机。
- **KB**：在一般的计量单位中，k 表示 1000。例如，1000m 经常被写为 1km，1000g 可以写为 1kg。K 在二进制中也有类似的含义，只是这时 K 表示 1024，也就是 2 的 10 次方。1KB 表示 1024 字节。
- **MB**：计量单位中的 M（兆）是 10 的 6 次方，也就是在某个数值的后边补上六个 0，即扩大一百万倍。在二进制中，MB 也表示百万这个数量级，但 1MB 不等于 1 000 000 字节，而是等于 1 048 576 字节，即 $1\text{MB} = 2^{20}$ 字节 = 1 048 576 字节。

除了 MB 之外，还有 GB、TB 等计量单位，这几种单位的换算关系如下：

$$1\text{KB} = 1024\text{B}$$

$$1\text{MB} = 1024\text{KB}$$

$$1\text{GB} = 1024\text{MB}$$

$$1\text{TB} = 1024\text{GB}$$

（2）数据链路层

链路是网络中链接两个节点的信道，包括通信线路和相关的网络设备。可以将数据链路简单地理解为数据通道。数据链路层的功能是在相邻两个节点间无差错地传送数据帧，为网络层提供服务。

物理层要为终端设备间的数据通信提供传输媒介及其连接。媒介的连接是长期的，而数据的链接是有生存期的。就如同有线电话，电话线是长期连通的，但是，只有在打电话时，才能与对方建立连接。

在链接生存期内，收发两端可以进行一次或多次数据通信。每次通信都要经过建立通信链路和拆除通信链路的过程。这种建立起数据收发关系的通路就叫作数据链路。在物理媒体上传输的数据难免受到各种不可靠因素的影响而产生差错，为了弥补物理层的不足，为上层提供无差错的数据传输，就要能对数据进行检错和纠错。因此，建立和拆除数据链路，对数据进行检错、纠错，是数据链路层的基本任务。

在网络通信中，包括两类链路：点对点链路，这是在成对设备之间建立的；点对多点链路，这是在一个节点和几个节点之间进行通信。

接下来，我们介绍数据链路层的主要工作。

1）链路建立。链路连接涉及建立、拆除和分离。在物理层中，我们说要激活链路上的所有设备，那么这个链路应该怎么建立、应该由哪些设备来组成，这是数据链路层要考虑的。比如，为了进行某项活动，我们要规划路线，路线规划就相当于链路层的工作；规划好路线以后，实际执行时要由交警对路线进行管控，这就是物理层中激活的工作。

2）帧定界和帧同步。帧是一个与时间相关的概念，它也是一个时间段，只不过这个时间段比脉冲要长得多，一个帧可以容纳多个脉冲。帧的概念来自电影，我们看到的视频影像实际上并不是真正连续的动态画面，而是由一个个独立的静态画面构成的，也就是由一个个帧构成的。

帧的作用就如同在公路上画线，规定车辆行驶的规范。有了帧，就可以保证通信两端的“同步”。我们在传输一段信号时，信号是由一个个脉冲构成的，如果不知道信号的头和尾，就无法将传输过来的信号还原。帧则有一些结构上的规定（比如连续多少个正负均匀的脉冲就代表帧的头），通过这些规定就可以知道帧头和帧尾，也就能顺利还原信号了。

数据链路层的数据传输单元是帧，协议不同，帧的长短和界也有差别，但必须对帧进行定界。

3）对帧的收发顺序进行控制。Internet 中频繁进行的工作是传输完整的报文。所谓报文（message）是网络中交换与传输的数据单元，即站点一次性要发送的数据块。报文包含将要发送的完整的数据信息，其长短很不一致，长度不限且可变。

虽然报文长度是不固定的，但是无论哪个网络协议都会规定帧的长度。一个帧长并不能保证将所有的报文都发送出去，这样就需要有多个帧。就像一个学校要组织学生活动，需要使用交通工具将同学们送到活动场地，但是每个交通工具容纳的人数有限，学生要分乘多辆交通工具。如果这些学生在出发时确定了顺序，到目的地时仍然要保持这样的顺序，那么就设置标记和规则。这些交通工具在出发时可能是有序的，但是在行驶过程中，顺序可能被打乱，造成学生们的顺序错误。只要有标记和规则，那么到目的地后就可以恢复顺序。同样的道理，在网络通信中，发送节点时只要给帧标注顺序和设置标记，那么在接收节点时，就可以按这样的顺序重新组成相应的报文了。

4）差错检测和恢复。差错检测包括两个方面，一是前向纠错，二是反馈和重传。前向纠错就是利用大量冗余信息，通过这些冗余来纠正相应的错误。在现实生活中，也常常使用这样的方法来纠正我们与他人交流时可能出现的错误。我们在听对方讲话时，并没有将每个字都听清楚，而是由于我们熟悉语言，大脑中有大量冗余信息，因此只要听到某些关键字，通过“联想”就明白对方的意思了。那为什么我们在学习母语以外的语言时，听力就没有那么好呢？就是因为在我们大脑中还没有足够的冗余信息，不能产生关联，只能一个单词一个单词地都听清楚，再对其进行组合，才能明白一句话的含义。

反馈重传更容易理解，我们常会和对方说：“再说一遍，我没听清楚。”这就是反馈，对方会把话重复一次，这就是重传。

5）链路标识和流量控制。链路标识的作用体现在两个方面：一是表明这时线路和相关设备的占用/空闲状态；二是表明此链路属于哪条通信线路。流量控制比较好理解，打个比方，我们发现了一个拥堵的路线，就应该控制相应的车辆，避免更多车辆在此路段集中。网络通信中也会出现这类情况，所以要对流量进行控制。

（3）网络层

第三层是网络层，这一层的主要作用是确定的网络上各个设备（节点）的地址。这个地址和交通网中的地址非常像，也是由物理地址和逻辑地址来表示的。

网络层的产生也是网络发展的结果。在计算机刚开始联网的时期，网络层协议并没有太大的意义。当时最著名的是以太网，所有数据终端设备并联到一组总线上。通信的建立过程是：通过通信的发起方发送广播信息，告诉全体终端我要和某台计算机通信，然后相关的接收方会自动打开连接，使通信得到建立。数据的传输也是以广播方式实现的，只是相关终端打开接收，而其他终端弃之不理。可是，当数据终端增多时，它们之间有中继设备相连，这时就产生了把任意两台数据终端设备的数据链接起来的问题，也就是路由或者寻址的问题。

网络层提供的服务有 11 种，在这里我们仅介绍 4 种重要的服务。

1）**网络地址**。网络通信是指由通信的发起方将需要传输的数据传送给接收方，那么就需要知道，要将数据发给谁、他在哪里。接收方也要知道数据是谁发的，是从哪里发出来的。这就需要给每个通信的终端规定一个地址。

网络层通过网络地址感知传送数据的实体，而网络地址由网络层提供，可以使用网络地址来唯一地识别传送实体。网络地址是必需的。这如同在现实生活中，我们都要用相关的地址来标识一样。

在每台联网计算机中都有一块网卡（学名叫网络适配器）。网卡在从生产厂家出厂时，就有一个明确的物理地址。国际标准化组织会给每个生产网卡的厂商一个地址段，所以每个网卡在出厂时，就已经有了固定的地址，而且这个地址是唯一的。但是，网卡厂商并不知道这块网卡插到了哪台计算机上，还有这样一种可能，一台计算机原来的网卡坏了，新换了一块新的网卡，于是网卡地址就变了，所以，没有办法直接用这个地址来规定这台计算机的网络地址。于是，在计算机网络中出现了另一种代表网络节点的逻辑地址。逻辑地址与物理地址之间要建立一对一的关系，不同的协议规定逻辑地址的方法也不一样。我们现在用得最多的是 TCP/IP，逻辑地址就是 IP 地址。对于不同版本号的协议，地址的分配也不一样，我们原来用的或者说目前正在使用的 Internet 的网络协议是 TCP/IP 的第 4 版，简称 IPv4，相应的逻辑地址也是按照 IPv4 的规定进行分配的。我们在这里不详细介绍 IP 地址的构成方法，有兴趣的读者可以阅读相关资料。

2）**网络连接**。链路层解决的是相邻节点间的通信问题，这个相邻节点有可能就是直接通信的双方，但是在大多数情况下，它们有可能仅仅是整个网络通信中的某个环节。整个网络通信的规划并不是在链路层完成的。建立一个完整的网络通信信道需要在网络层中完成。这一点很好理解，我们打一个电话，常常要跨很多个电话局，长途电话不但要跨本地区的电话局，还要跨不同地区的电话局。

一个连接需要许多相邻的节点，网络层就提供网络连接的建立、维持、释放的方法。

3）**网络连接端点标识符**。此标识符用于标注通信的发起方与接收方的终端，通过与其有关的网络地址唯一地识别网络连接的端点。

4）**网络服务数据块的传递**。在网络的数据传输中，网络无法一次性地把一个完整的数据传送给对方，而是要先把这个数据按一定的规则进行“切块”。而这些切好的数据块是要有编号的，便于使其传送到对方时，仍然按照这样的序列重新组合。如一个 Word 文件可能比较长，也可能比较短。对于一个很短的文件，可能就是一个切块，而对于较长的文件，一个切块就不行了，而需要有更多的切块。如果没有很好地排序，传送到对方后，就无法进行重组，也就是数据的完整性被破坏了。这些数据块有不同的起始和终止形式，其内容的完整性由网络层保证。

在下三层协议中，我们的任务相当于修路，并且要给路连接的各个地方编制好相应的地址。我们把路修好之后，还要把路连接的各个节点的地址分配好。

（4）传输层

传输层协议规定的是运输货物的交通工具。

传输层是两台计算机经过网络进行数据通信时第一个端到端的层次，具有缓冲作用。当网络层服务质量不能满足要求时，它会提高服务质量，以满足高层的要求；当网络层服务质量较好时，它只需要做很少的工作。传输层还可进行复用，即在一个网络连接上创建多个逻辑连接。传输层也称为运输层。

我们平时打电话时，希望电话从接通直到通话结束，都不会出现通话间断、等待等异常现象。但是，由于我们打电话时，中间要经过若干环节，这些环节一旦有一个出现问题，就会导致上述现象发生。传输层就是要解决这类问题。

传输层还要具备差错恢复、流量控制等功能。传输层面对的数据对象已不是网络地址和主机地址，而是和上一层会话层的界面端口。上述功能的最终目的是为会话提供可靠、无误的数据传输。

传输层的服务一般要经历传输连接建立、数据传送、传输连接释放三个阶段，这样才算完成一个完整的服务过程。数据传送阶段又分为一般数据传送和加速数据传送两种情况。

在通信中，一般有两种基本的方式：一种类似于广播，我把信息发出去，我的任务就完成了，而对方是否在听，我并不关心；另一种则像电话通信那样，我一定要确认通信的是本人，并且对方确实在听，我才能将信息传递给他。对于类似广播的方式，在网络中我们称之为面向非连接的通信；对于类似打电话的方式，我们称之为面向连接的通信。这些都需要在传输层的协议中进行规定。

（5）会话层

如果说从物理层到网络层相当于修路，那么传输层就是在路上跑的车，可是有路、有车不等于就可以完成运输任务。运输任务是要经过发货端到收货端的端到端的服务。

会话层就是要建立这样的端到端的服务连接。在发货端，要在货物包装上写清楚收件人的地址；而在收货端，要在相应的回单上签收，以证明货物已经收到。这就是会话。

“会话”一词来源于通信。打电话、发电报都是早期的通信方式。在打电话时，打电话的发起方肯定要拨对方的电话号码，过程如下：拿起听筒，听到拨号音后，拨对方的电话号码，如果听到了忙音，就放下电话，下一次再拨；如果听到的是回铃音，就知道电话拨通了，对方接起电话，然后就可以进行正常的通话了。正常的通话内容就是我们要传输的数据，而拨号建立通信的过程和通话结束后的拆线过程就是会话。

会话层提供的服务可使应用建立和维持会话，并能使会话获得同步。会话层、表示层、应用层构成开放系统的上三层，面对应用进程提供分布式处理、对话管理、信息表示、恢复最后的差错等功能。

（6）表示层

表示层的作用之一是为异构机器之间的通信提供一种公共语言，以便它们进行互操作。

之所以需要这种类型的服务，是因为不同的计算机体系结构使用的数据表示法不同。就如同打电话的双方一个是中国人，使用汉语，另一个是西班牙人，使用西班牙语，双方都听不懂对方的语言。但是，他们都会说英语。那么，他们就得把各自要表达的意思用共同能听懂的语言——英语表达出来。

我们要向另一个人传达相关的信息，就要选择一种合适的表达方式。例如，交警可以用手势来示意让对面的车靠边停下；医生可以用语言与病人进行交流；站台上的人可以用信号灯给火车司机发信号；海面上的船相遇时，可以用旗语相互交流；等等。无论选择何种方式，一是要对方能理解，二是这种表达方式要方便将信息表达给对方。在一些特殊的情况下，还要考虑安全的因素。如果让交警在岗位上向开车的司机喊话，肯定不如打手势方便。

表示层就是要在计算机之间的通信中解决类似的问题，实际上就是为了传输特定的数据而选择一种合适的编码格式，这种编码格式可以是事先规定好的，也可以在特定的环境下，用另外的方式通知对方如何解码。

（7）应用层

应用层向应用程序提供服务，这些服务可以按特性分成组，并称为服务元素。有些服务可为多种应用程序所共同使用，有些则只能为较少的应用程序所使用。应用层是开放系统的最高层，是直接为应用进程提供服务的。其作用是在实现多个系统应用进程相互通信的同时，完成一系列业务处理所需的服务。

OSI 七层模型是一个理论模型，实际应用时千变万化，因此主要把它作为分析、评判各种网络技术的依据。对大多数应用来说，只将它的协议族（即协议堆栈）与七层模型做大致的对应，看看实际用到的特定协议是属于七层中某个子层，还是包括上下多层的功能。

### 2.2.4 TCP/IP

TCP/IP 是在 Internet 上使用的网络协议，目前使用的版本号是第 4 版，称为 IPv4。从 2017 年 12 月开始，我国大力推广第 6 版的协议，称为 IPv6。

#### 1. 概述

TCP/IP 是 Transmission Control Protocol/Internet Protocol 的简写，中译名为传输控制协议 / 因特网互联协议，又名网络通信协议。它是 Internet 最基本的协议，也是 Internet 国际联网的基础，由网络层的 IP 和传输层的 TCP 组成。TCP/IP 定义了电子设备如何连入 Internet，以及数据如何在设备之间传输的标准。TCP/IP 采用 4 层的层级结构，每一层都呼叫它的下一层所提供的协议来完成自己的需求。通俗而言：TCP 负责发现传输的问题，一有问题就发出信号，要求重新传输，直到所有数据安全正确地传输到目的地；而 IP 负责给 Internet 的每一台联网设备规定一个地址。

### 2. IP 地址

Internet 的网络地址是指连入 Internet 的计算机的地址编号。所以，在 Internet 中，网络地址唯一地标识一台计算机。

我们已经知道，Internet 是由几千万台计算机互相连接而成的。我们要确认网络上的每一台计算机，靠的就是能唯一标识该计算机的网络地址，这个地址就叫作 IP（Internet Protocol）地址，即用 Internet 协议语言表示的地址。

在 Internet 中，IP（v4）地址是一个 32 位的二进制地址。为了便于记忆，将它们分为 4 组，每组 8 位，由小数点分开，用 4 字节来表示。而且，用点分开的每个字节的数值范围是 0 ～ 255，如 202.116.0.1，这种书写方法称为点数表示法。

### 3. 端口号

IP 地址如同现实社会中的某个建筑的地址，这个建筑里还会有很多房间，如果是一个单位的话，每个房间都会有不同的职能部门，而不同的部门的职能也是不同的，每个房间也都需要一个进出的门。可以认为，这个门牌号对应的是一种职能。

我们还可以举一个例子来理解端口号。老北京是有城墙的，为了让大家进出方便，就开了九个城门，而这些门都有特定用途，如拉煤的车要走阜成门，运粮的车走朝阳门，崇文门是运酒和收税的，宣武门是走囚车的，拉水的车走西直门，东直门则运输杂货，出兵打仗要走德胜门，班师回朝走安定门。不同的门有不同的用途，当然这些用途与当时的地理及人文都有关系。

在网络中，对应到一个 IP 地址的计算机上也会有不同的应用，而这些应用在网络上对应的则是端口号。对于通用的应用来说，端口号的规定也是要在网络中共同遵守的，如网站的 Web 服务使用的是 80 端口，而邮件对应的端口则是 23、24 端口。通用的应用必须遵守协议中的规定，否则没有办法与大家共享相应的资源。反过来说，如果不想和更多人共享某些应用，则可以自己定义端口号。

对应一个 IP 地址的端口可以有 65 536（即 2^16）个。端口是通过端口号来标记的，端口号只能是整数，范围为 0 ～ 65 535。

通用的端口号是少数的，而多数端口号，特别是数字比较大的端口都可以自行定义。

### 4. 与七层协议模型的对应关系

TCP/IP 是四层而不是七层的，如图 2-4 所示。其应用层包括七层协议模型中的上三层；传输层对应于七层协议模型中的传输层；网络层也对应于七层协议模型中的网络层；而网络访问层则对应于七层协议模型中的下两层。

| TCP/IP | OSI模型 |
| --- | --- |
| 应用层 | 应用层 |
| | 表示层 |
| | 会话层 |
| 传输层 | 传输层 |
| 网络层 | 网络层 |
| 网络访问层 | 数据链路层 |
| | 物理层 |

图 2-4 TCP/IP 与 OSI 模型的对应关系

### 5. IPv6

IPv6 是 Internet Protocol version 6 的缩写，是用于替代现行版本 IP 协议（IPv4）的下一代 IP 协议。

与 IPv4 相比，IPv6 具有以下几个优势：

- IPv6 具有更大的地址空间。IPv4 中规定 IP 地址长度为 32，即有 2^32−1（符号 ^ 表示升幂）个地址；而 IPv6 中 IP 地址的长度为 128，即有 2^128−1 个地址。
- IPv6 使用更小的路由表。IPv6 的地址分配一开始就遵循聚类（aggregation）的原则，这使得路由器能在路由表中用一条记录（entry）表示一片子网，大大减小了路由器中路由表的长度，提高了路由器转发数据包的速度。
- IPv6 增加了增强的组播（multicast）支持以及对流的控制（flow control），这给网络上的多媒体应用带来了长足发展的机会，为控制服务质量（Quality of Service，QoS）提供了良好的网络平台。
- IPv6 加入了对自动配置（auto configuration）的支持。这是对 DHCP 协议的改进和扩展，使得网络（尤其是局域网）的管理更加方便和快捷。
- IPv6 具有更高的安全性。在使用 IPv6 的网络中，用户可以对网络层的数据进行加密并对 IP 报文进行校验，极大增强了网络的安全性。

在最后，有一点要说明：我们还没有介绍移动网络。移动智能终端是把计算机的功能、通信的功能集于一身的移动通信设备，其功能已不限于语音通话。移动网络不仅要遵循一般性的网络协议，还要遵循相关的通信协议。由于篇幅所限，我们对移动网络及相关设备不做详细介绍。

## 小结

本章旨在让完全不了解计算机及网络的读者对网络和计算机有初步的认识，为以后的学习打下基础。本章主要介绍了计算机的组成、各个主要部件的作用，以及网络、网络结构和网络协议。[1]

[1] IP 地址构成的详解可参考 https://www.2cto.com/net/201411/352560.html。

# 第 3 章

# 网络安全的发展历程

人们对网络（cyber space）安全的认识是有一个过程的。了解这个过程，有助于我们全面理解网络安全。本章对人们认识网络安全的历程的描述并不是权威的，只能说是一家之言，目的是帮助读者更深入地理解网络安全的内涵。

## 3.1　人们对网络安全的认识历程

### 3.1.1　通信保密阶段

实际上，在二战之前，人们就已经认识到了通信网络安全的重要性，当时为了进行战争，交战的双方都强化了通信的保密措施。特别是无线通信，由于信道的开放性，双方都在通信的密码上下足了功夫。

这个阶段可以称为通信保密阶段。当时的保密主要着眼于两个方面，一是通信信道的隐藏，二是通信内容的保密。这个阶段大概可以从有了电通信手段之后算起，一直到 20 世纪 80 年代。人们当时的认识基本停留在通信保密上。

这个时期人们认识到了**信息的保密性（或称机密性）要求**，所做的对抗基本停留在加密和破密的对抗上。为了破密，各国采用了直接破译甚至盗窃等各类社工手段。

我国在密码工作上成果斐然，周恩来总理亲自编制的“豪密”是安全性极高的密码。同样，我国在电讯破密方面的能力也是超强的。

### 3.1.2　计算机安全阶段

20 世纪 80 年代初，随着计算机软件技术的发展，计算机程序完全可以独立于计算机硬件之外而存在，并且形成了独立的体系。再加上由于计算机开始联网，计算机的安全问题开始显露出来。

蠕虫病毒的感染给人们敲响了第一次警钟。1983 年，计算机软件专家弗雷德里克·科恩在实验室中设计了一段程序，它在 UNIX 操作系统下运行，能够“自我复制”并开始传染联网的其他计算机，30 分钟后就能使计算机瘫痪。第二年，科恩发表了论文《计算机病毒：理论和实践》，所以科恩也被称为“计算机病毒之父”。

此后，病毒作为主要的恶意代码在计算机网络上泛滥。它每年造成的损失都是巨大的。实际上早在 1949 年，冯·诺依曼在他所发表的论文《复杂自动装置的理论及组织的进行》中就描绘了病毒程序。十年之后，在美国电话电报公司（AT&T）的贝尔（Bell）实验室中，一种叫作“磁芯大战”（core war）的电子游戏开始在一群年轻的计算机专家中流行。

磁芯大战的玩法如下：双方各写一套程序，输入同一部计算机中，这两套程序在计算机的记忆系统（相当于今天计算机中的内存）内互相追杀，当程序被困时，可以将自己复制一次以逃离险境。当时计算机的内存往往是用磁芯做成的，而这两个程序要在内存中“搏杀”，因此得到了磁芯大战之名。

关于第一个计算机病毒，还有其他的一些说法。如 1971 年的 Creeper 程序也是自我复制的，还有 1982 年的 Elk Cloner。但是，这些只是有自我复制功能的程序，并没有破坏作用。真正在计算机上实现故意破坏作用的病毒出现在 1987 年，为了防盗版，巴基斯坦的两兄弟制作了一种病毒，导致很多的计算机功能被破坏。

此时，人们开始认识到计算机病毒并没有偷取计算机上的数据（当时还被称为信息），但是却导致了这些数据的毁坏和系统的不可用，实际上数据被破坏之后，这个数据也就不可用了。

人们开始认识到，对于信息（数据）的安全，**不仅要考虑机密性的问题，还要考虑信息（数据）的完整性和可用性。**

可以认为计算机安全阶段是从 20 世纪 80 年代开始的，大约持续了十几年的时间。这个时期人们已经对信息（数据）的安全属性有了明确的认识。

### 3.1.3 信息保障阶段

对于这一阶段，很难确定一个标志性的时间，一般认为该阶段从 20 世纪 90 年代末期开始。该阶段主要的标志是美国国家安全局制定的信息保障技术框架，其中首次提出了信息保障所依赖的三要素：人、技术和操作。由这三要素共同实现组织职能 / 业务运作的思想，对技术 / 信息基础设施的管理也离不开这三个要素。美国国防部提出了信息保障模型 PDRR：

- P（Protect，保护）；
- D（Detect，检测）；
- R（Response，响应）；
- R（Recovery，恢复）。

这是一个从事件管理的角度提出的保障模型，包括事前保护、事前 / 事中检测、事中响应和事后恢复。后来这一模型又被各个专家进行了改造，提出如 PPDR（策略、保护、检测、响应）模型、IPPDRR 模型等其他模型。

直到今天，这个阶段也并未完结，人们还在继续探索中。而技术的飞跃式进步和各类基础设施的数字化改造，也必然使被保障的对象和目标、被保障的内容和项目等在进一步的演进之中。在这一阶段中，必须要考虑的保护对象是：

- 计算机信息系统安全；
- 基础信息网络安全。

而对它们的保护目标是数据安全和应用服务安全。

### 1. 计算机信息系统安全

这一阶段有相对的开始时间，但并没有结束时间，可以认为该阶段一直延续到现在。这一时期，计算机联网已经普遍存在，即便是不联网的计算机系统，也是多用户的主机系统。不过，此时的联网还主要是在局部上，与像今天这样几乎所有的计算机和其他终端都连接到 Internet 上的情况不一样，网络的规模小到几台终端，多的也只有几百台终端，上千台终端的网络是非常少见的。这类网络往往都有明确的应用目的，这样就有了信息系统。可以认为信息系统是有明确独立应用的局部网络。

在这种多人共用一台计算机（多个终端连接到一台 / 几台服务器或核心主机上）的情况下，信息（数据）资源的授权操作就变成了突出的问题。

1983 年，美国国防部（DoD）发布了第一个安全标准——《可信计算机系统安全评测准则》，由于它的封面是桔皮颜色，俗称桔皮书。后来，由于技术的进步、网络的应用等，DoD 又发布了多个标准，包括数据库安全、网络安全等，由于使用了不同的封面颜色，因此大家就把这些标准叫作彩虹系列。

### 2. 基础信息网络

基础信息网络是规模比较大的网络，可以延伸到全国甚至是全球范围，如 Internet。基础信息网络本身并没有确切的应用目标，但是这个网络可以承载各类应用，为各类应用提供基础的网络通信和资源共享功能，如石油系统、交通系统、电力系统的全国性网络等，还有面向其他行业的运营商网络。在这些网络中，应用最为广泛的肯定是 Internet。

对于 Internet 之外的基础信息网络，网络畅通是这个网络最关键、最核心也是最基础的安全目标，当然也有其他的安全目标，如网络上恶意代码的监控和清除、各种恶意行为的监测等。

对于 Internet 来说，网络畅通也是其最核心的安全目标，但是 Internet 网络协议以及网络本身的历史沿革，导致 Internet 的安全更为复杂和敏感。

对于其他的基础信息网络，其网络的核心控制权完全可以被掌握在网络建设者的手中，而 Internet 的控制权则掌握在美国人的手中。

### 3. 对网络应用的保护

利用 Internet，人们可以开发多种多样的应用，几乎包揽现实生活中的各个领域，即时通信、网上交易、网上办公、媒体功能等不胜枚举。在使用这些应用的过程中，每个人都应该对自己的行为承担相应的责任，不应该抵赖自己的行为。可恰恰总会有一些人对自己的行为进行抵赖，特别是干了坏事的人。所以，我们除了要保护数据机密性、完整性和可用性之外，还要考虑对人们的网上行为的确认，即不可抵赖问题。有人干脆就把它叫作不可抵赖性或可确认性，并也称其为信息（数据）的安全属性。必须说明，不可抵赖是对主体行为而言的，并不是信息（数据）自身的安全属性。

### 4. 对数据的保护

对数据的保护现在是一个越来越突出的问题，在信息系统环境下，数据一般为结构化数据，即能用二维表格表示的数据，如人口数据（姓名、性别、年龄、职业等）都可以在一个二维表格中进行所谓的结构化。而对于更大量的视频数据、图片数据、文字、超文本数据等，是无法用二维表格表示的。这类数据被称为非结构化数据和半结构化数据。这类数据往往体量比较大，一项数据就可能有几个 G，甚至更大，所以往往要碎片化存储和处理这类数据，需要由多台计算机共同进行存储和管理。这就带来了一系列新的安全风险。

在这类数据中，一个不能忽视的风险是数据的真实性问题。数据的真实性确实是数据的属性，但是算不算安全属性是需要讨论的。其他三个安全属性都要用“保护”手段进行保护，而真实性则无法用“保护”手段进行保护。

### 5. Internet 的安全分析

Internet 现在普遍被人们称为“互联网”，原来这一称呼只是在非官方、非学术的领域中流行，在官方文件和法律、法规中并没有出现过。当时公安部、信息产业部所发的部门规章中都称之为“计算机网络国际联网”，直到 2005 年公安部颁布了《互联网安全保护技术措施规定》，“互联网”才第一次在法律文件中出现。

对于 Internet 是否等同于“互联网”，学术界是有争议的，相对多数的学者认同这一说法，并且自己也这样说。而以吕述望教授为代表的一些网络安全专家不同意这种说法，他们认为中国现在使用的 Internet 是全国的整个网络接入了美国的网络中，他们的理由是域名解析的控制权完全掌握在美国人的手中。

我们在 2.2.3 节介绍过，为了进行网络通信，每台联网的设备都要有一个网络地址。但是在人们的记忆习惯中，对于没有关联的数字的记忆远没有对有关联的文字的记忆容易，如对于圆周率 3.1415926535897…，我们记住它约等于 3.14 就好了，有人为了记住更多位数的圆周率，编出了口诀，“山巅一寺一壶酒，尔乐，苦煞吾，把酒吃……”，编到了小数点后的一百位。我们肯定觉得这个口诀更好记，域名体系也是这样。汉语拼音也好，英文名称也好，总之都比数字好记。我们不知道一个要查找的网站的地址是多少，但是我们只要记住这个网站的域名就可以，如我们要找百度网站，在 URL 中输入 www.baidu.com 就能找到，但是要我们记住百度的地址，肯定是相对困难的。记住少数的几个地址还可以，多了就会难记。如同我们很难记住大量电话号码，过去电信部门会制作电话号码簿，我们根据单位的名称，在电话号码簿中查找号码后再打电话，我们现在的手机中也有通信录。

域名好记，但是网络并不认识域名，它只认识地址，这就像电话交换机只认识电话号码，而“不认识”这个相关的单位一样。同时也就需要像电话号码簿或者是通信录那样将域名（单位名称）变换成地址（电话号码），这个变换就是地址解析服务（DNS）。图 3-1 给出了地址解析服务的原理。

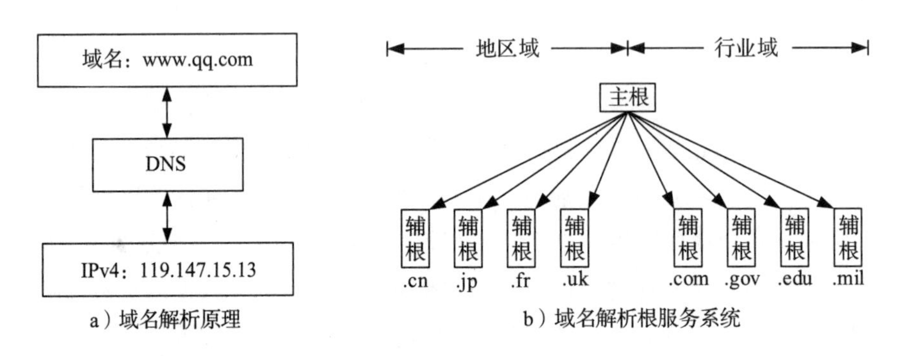


图 3-1　域名解析原理与服务系统

在域名解析体系中，1 个主根服务器由美国军方控制，其他 12 个辅根服务器多数也在美国，1 个在日本，2 个在欧洲。中国 1 个也没有，只有 3 个镜像服务器。

当然，域名解析并不一定完全要通过根服务器进行，国内还有二级域名 .cn 下的域名解析服务。不过根域名在别人手中，被切断的时候是没得商量的，比如 2021 年当地时间 6 月 22 日，多家伊朗媒体网站遭美国政府“查封”(seize)，包括伊朗新闻电视台在内的一些伊朗官方媒体网站当天无法正常浏览。一位美国政府人士透露，美国司法部当地时间 6 月 22 日查封了 30 多个网站。

域名解析服务的安全实际上也是一个“保证正确的授权操作”问题，只是授权人是美国，我们无法控制。

对于 Internet 的安全，还有一个大问题，即海底电缆的安全，一旦电缆被切割，Internet 的国际联网也就被断掉了。

## 3.1.4　物联网

物联网的理念早在 20 世纪七八十年代就已经在国外兴起了，在阿尔温·托夫勒的著作《第三次浪潮》中，就有对于这些的相关描绘。物联网真正的兴起是在近十余年内。所谓物联网，就是将任何物体连接到网上。

### 1. 万物的联网方式

物体是如何连接到网上的？可能一些读者会有这样的疑问。物体的联网有以下几种方式。

一是传感器。这是通过非电测量手段，将一个物体上非电学的物理量转换为电学物理量，比如将温度、流量、压力、声音、加速度等转换为电流或者电压值。这种转换部件被称为传感器。

二是通过标识进行连接，主要是 RFID、二维码等。大家对二维码已经司空见惯了，这里不需要多加说明。RFID（Radio Frequency Identification）俗称电子标签，是一种利用无线电波的非接触式识别技术，分为有源和无源两种。所谓有源，就是标签有直流电源的供给；所谓无源，就是没有直流电源的供给。无源电子标签的原理如图 3-2 所示。

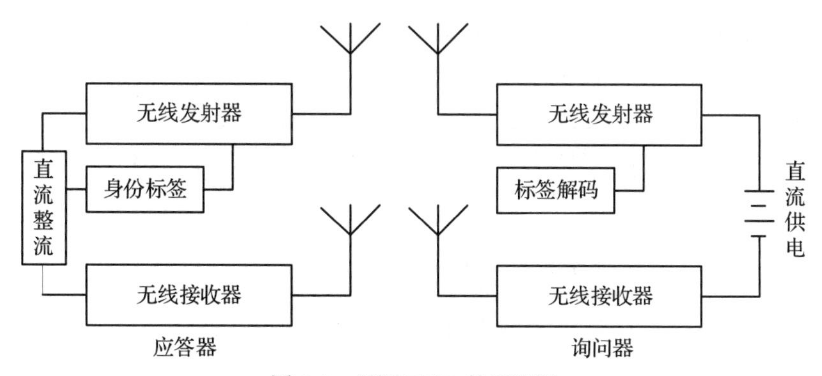


图 3-2　无源 RFID 的原理图

RFID 是一种简单的无线电系统，由两个基本的部件构成，一个是询问器，另一个是应答器（标签）。对于无源的无线标签，先由询问器发出一个无线电波，应答器接收到之后，将电波能转换为电流能，供给自身系统进行工作，这样就将相关的标签信息发射出去了，当然接收的是询问器。

按照频段，无线标签可以分为低频、高频、超高频、微波四大类，低频为135kHz以下，高频为13.5MHz段，超高频为860MHz～960MHz，微波为2.4GHz和5.8GHz段。不同频段的电波受到具有天线效应的金属物的几何尺寸的影响较大。最有效的辐射是天线的尺寸等于1/4波长，频率越高，波长越短，天线的几何尺寸就越短。而低频段的波长接近3000m，天线的尺寸要达到750m才能有效地辐射。所以这个频段需要将电子标签贴近询问器，才能接收和辐射出相应的无线信号。这样就可以在一定程度上保证无线标签自身的安全性。我们的二代身份证使用的就是低频段RFID，其目的是保护二代身份证上的信息不被随意地获取和复制。实际上，被复制的风险还是存在的，只要非法的询问器靠得比较近，功率又比较强，依然能够读取到相关信息，复制的风险并不为0。

三是雷达测量。雷达是利用无线电波的反射对物体进行测量和标识的手段，特别是对于移动物体，雷达可以准确地测量其速度、方向和位置，但是雷达只能大约给出物体的大小，无法准确地描绘物体的形象。

四是视频摄像。视频摄像能够直接反映物体的真实形态，配合相应的软件系统，对移动目标和静态目标都可以实现多参数的测量。

以上这些是将物甚至是人和动物直接连接到网络的主要手段，这些手段都存在各类风险。除了将物体连接到网络之外，对于物联网来说，GIS（地理信息系统）、卫星导航系统都是万物互联所需要的因素，这些都可能存在一定的安全风险。

### 2. 物联网的执行机构

对于物联网来说，将“物”连接到网上并不是目的，而是要对其进行感知，同时也要根据需要对其进行控制。要实现控制就需要有控制机构，可能是一个部件，也可能是一个完整的控制系统。一个闭环的控制系统如图3-3所示。

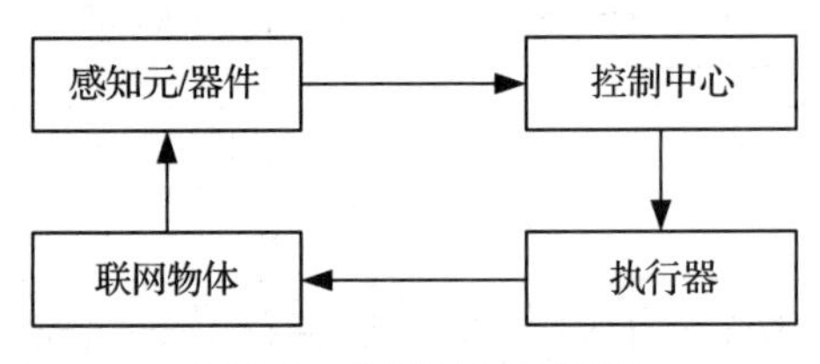


图3-3　物联网中的控制

这类控制系统有很多，一般采用负反馈控制。例如，如果控制一个物体的温度，感知元件（也可能是器件）感知到温度高出某一规定值，就会通知控制中心，控制中心就让执行器的冷却系统给联网的物体降温，反之就会执行加温操作。

有些控制可能不是闭环的，如正在行驶的车辆，探测路况的感知器件（雷达或者视频信号）发现行进的道路上有障碍物，可能会有紧急制动的动作，这种感知和动作就不是闭环的。

### 3. 物联网的安全风险分析

物联网的引入也带来了相当大的风险，一般情况下，由计算机作为联网终端的网络不至于导致人的生命和其他财产的物理损失。但是在物联网环境下就不好说了，攻击者很可能通过网络对现实目标进行侵害，而导致现实社会中的严重安全事件，甚至会危及人的生命和财产的安全。

（1）传感器的风险

传感器是一类将非电物理量转换为电学物理量的元器件，或者是一个组合。这类元器件本身仅仅实现物理量参数的测量和转换。这种测量是需要表示和度量的，这就要有相应的电学度量和表示模块，这个模块如果被恶意破坏了，带来的后果可能很严重。

传感器往往被安装在室外甚至野外，恶劣的天气可能导致这些传感装置的损坏，人和其他动物还有可能非故意破坏传感器，元器件自身的老化也是风险。人为的故意破坏或者将正常的传感器替换成非法的传感器，其导致的后果可能很严重。

一些传感器还被植入了嵌入式操作系统，并且进行了数字化，给定了相应的网络地址，这样就可能导致通过网络对传感器进行攻击和破坏。

（2）RFID 的风险

RFID 可以复制，另外 RFID 自身并没有相应的属性，它的属性是人为定义的，并存储在相应的数据库中，如果数据库中的内容被非授权地修改，就可能导致严重的后果。

（3）雷达的风险

雷达是靠无线电波的反射来确定物体的，无线电波容易被干扰。

（4）视频摄像头的风险

视频摄像头的风险更要大一些，如果这些摄像头连接到网上，就可能导致非授权人的使用，他们可能会窥见一些人的隐私行为；还有可能通过摄像头的网络对特定人进行跟踪；利用摄像头中嵌入式操作系统的漏洞，还可以对其他目标发起攻击，甚至大规模的 DDOS 攻击；摄像头被控制后，还可能被用来进行反动宣传。

（5）卫星导航定位的风险

卫星导航定位系统通过几颗低轨道卫星发出的无线电信号在地面上的某一点进行计算，就得到了计算点的地理信息（经纬度值），但是由于地面的海拔高度有差异，受地形、地物的影响，由卫星的信号计算出的结果是不准确的，需要在地面上进行校准，这种校准就是地面差分站。地面差分站会发射相应的无线电信号，对某一范围内的卫星定位点进行校准。

反过来说，当然可以利用地面的无线电信号来干扰卫星导航信号，让各个相应的计算点出错。

（6）接入网关的风险

各类传感器也好，RFID 的询问器也好，雷达的测量信号也好，一般都会通过相应的网关接入网络，这个网关如果没有进行很好的防范，就会被攻击。

（7）边缘计算的风险

物联感知网络一般都由相应的边缘计算节点进行处理，目前对边缘计算的防范可能相对薄弱一些，这使其成为攻击容易得手的计算环境。

## 3.2 我国的网络安全工作

### 3.2.1 网络安全的监管

我国的网络安全工作，是从计算机可能因存在辐射而泄密的问题入手的，在 20 世纪 80 年代初，研究人员将其作为一项重大的任务开始投入研究，并且同时发现对于一些部门进口的计算机，外国机构要到现场进行监控，计算机所有的工作日志都要在打印好后送到美国。这涉及国家主权问题，直接影响到国家安全。中央非常重视，指示由公安部开展中国的计算机安全工作。当时也是采用“请进来，走出去”的方式，一方面向外国人学习计算机安全技术和工作经验，另一方面中国派人员参加国际计算机安全技术委员会，还成立了第一个关于计算机安全的学术组织：中国计算机学会的计算机安全专业委员会。20 世纪 90 年代初，研究人员研制出了我国第一个反计算机病毒的软件，后来又开发了防火墙、入侵检测等网络安全产品。

计算机辐射问题现在已经是一个不争的事实了。首先是显示器的辐射问题。显示器屏幕上瞬间呈现的只是一个亮点，这个亮点迅速移动，从顶端到末端，移动的速度相当快，利用人眼的惰性，我们看到的就是一幅画面。而这个亮点在移动的过程中是变化的，这个变化恰恰带有信息。在屏幕的电路实现上，这个亮点的移动要靠电路中的行频振荡器控制，振荡的电路必然要向外部辐射电磁波，而这个电磁波恰恰是携带信息（数据）的。

同时，计算机中 CPU 的工作、总线上的数据传输也是在工作频率的控制下完成的，电磁辐射必然发生。这种辐射可能直接辐射到空间中，同时也可能被电源线等感应，传输到更远的地方。

### 3.2.2 网络安全的立法

我国在 1994 年 2 月发布了国务院第 147 号令——《中华人民共和国计算机信息系统安全保护条例》，这是我国第一部在网络安全方面的立法。我国还在《中华人民共和国刑法》

中规定了非法入侵重要计算机信息系统罪（第285条）和破坏计算机信息系统罪（第286条）。随后，各个部委也出台了一些相应的部门规章，特别是人民银行对金融领域中的计算机系统的安全提出了要求。

随着计算机网络的国际联网的发展，1997年12月，公安部又发布了《计算机信息网络国际联网安全保护管理办法》。2003年发布了《国家信息化领导小组关于加强信息安全保障工作的意见》。

近年来，国家对网络安全方面空前重视，习近平总书记明确指出，“没有网络安全就没有国家安全”。2016年11月，全国人大通过了《中华人民共和国网络安全法》，2021年6月又通过了《中华人民共和国数据安全法》等。

### 3.2.3 网络安全等级保护制度

#### 1. 等级保护工作的法定地位

1994年国务院发布的《中华人民共和国计算机信息系统安全保护条例》中明确规定，在我国要实行计算机信息系统的安全等级保护制度。2003年发布的《国家信息化领导小组关于加强信息安全保障工作的意见》中又明确了这一制度。2004年，公安部、国家保密局、国家密码管理委员会办公室、国务院信息化工作办公室联合下发了《关于信息安全等级保护工作的实施意见》，2007年又联合下发《信息安全等级保护管理办法》。

在这两个文件中，规定了信息安全等级保护的内容：

- 对信息和信息系统实施分等级的安全保护；
- 对信息安全专用产品分等级进行管理；
- 对信息安全事件分等级进行响应和处置。

依据信息和信息系统的重要性，将信息和信息系统划分为五个安全等级，第一级最低，第五级最高。

自此，我国的信息安全等级保护工作正式开展。2016年在《中华人民共和国网络安全法》中又进一步明确了网络安全等级保护工作。

#### 2. 等级保护技术标准

网络安全保护是一项技术相当前沿的工作，技术标准是非常重要的。

我国在1999年出台了第一个强制性的技术标准——《计算机信息系统安全保护等级划分准则》（GB 17859—1999），在这个标准出台后，又出台了各类安全标准，有面向系统的，也有面向专门的产品的。后来比较著名的面向系统的安全标准有《信息技术 安全技术 信息技术安全性评估准则》（GB/T 18336—2001）、《信息安全技术 信息系统通用安全技术要求》（GB/T

20271—2006）（这是一套标准，即 GB/T 20269 ～ GB/T 20273）、《信息安全技术 信息系统安全等级保护基本要求》（GB/T 22239—2008）（这个标准在 2018 年进行了修订）、《信息安全技术 信息系统安全等级保护定级指南》（GB/T 22240—2008）等。

应当说，信息安全等级保护制度是一个非常科学的指导体系，我们在现实生活中，对于不同的资产价值、不同的安全属性要求，保护强度和保护方法也是不一样的。同样是一个杯子，我们用不着太小心地保护一个纸杯，当然纸杯容易被火点燃，我们不要让它靠近火源就可以。但是，对于一个优质的瓷杯子，我们就得稍微小心一点，轻拿轻放是必需的，在运输的过程中，包装上还要贴上易碎的标志。如果是一个文物杯子，肯定要更加小心地保护，可能平时需要采取更安全的措施进行保护（如保险柜），还要有报警器，甚至相关的房间也要强化保护。

等级保护就是这样的思想——作为资产，价值不同的数据和服务功能一旦出现了安全问题，就可能会影响公民和法人的利益、社会秩序和公众利益甚至影响国家安全。受到影响的对象不同，基础的安全等级就不同；再考虑影响的程度，就可以形成一个矩阵，如表 3-1 所示。

**表 3-1 不同对象受侵害的程度**

| 侵害对象 | 侵害程度 | | |
| --- | --- | --- | --- |
| | 一般侵害 | 严重侵害 | 特别严重侵害 |
| 公民和法人的利益 | 一级 | 二级 | 二级 / 三级 |
| 社会秩序和公众利益 | 二级 | 三级 | 四级 |
| 国家安全 | 三级 | 四级 | 五级 |

与等级保护体系并行的还有一个非法定测评体系：风险评估。从本质上来说，这两个体系并没有原则上的区别。风险评估的第一步是进行资产的识别，并且进行赋值，这个方法与等级保护体系中的定级是完全一样的，在（《信息安全技术 信息安全等级保护定级指南》）中实际上就给出了这种赋值的依据。风险评估要对威胁进行分析，风险评估的思想是：没有威胁，即使系统再脆弱，资产的价值再高，也不会发生安全事件。这从道理上来说是合理的，但是很难对威胁做出准确且恰当的分析。如物理隔离的网络，似乎不必考虑网络外部的威胁，可是伊朗的离心机系统是物理隔离的，而震网病毒还是侵害了这个系统。等级保护更强调的是对脆弱性的防护，这一点风险评估也是要做的，并且在等级保护体系中也提出了结合对威胁的分析，给出测评的结果。

网络安全不仅是网络上的安全，面对日益严峻的国际形势，网络上的攻击越来越多、越来越严重，还要考虑在网络攻击时，电磁环境和电子环境的影响。一些预置的恶意程序可能平时并不发作，但在某个特定的时刻，可能在物理隔离的情况下，利用电磁技术和电子技术激活这些恶意代码，被激活的恶意代码就可能危及全网。

### 3.2.4　我国面临的网络安全国际形势

我国面临的网络安全的国际形势是严峻的，并且短时期内不会有根本性的好转。除了前面所谈的 Internet 地址解析和海底电缆会对我国造成的影响外，还有以下几个方面的问题。

#### 1. 供应链安全问题

供应链安全问题并不仅仅发生在近几年，实际上该问题从一开始进口国外的计算机设备时就有了，如美国政府规定，高安全等级的操作系统不能出口给中国，不能解密的密码技术也不能出口给中国。而近年来，这种情况更加突出。

（1）操作系统

操作系统是计算机的灵魂，没有操作系统，计算机就是一堆废铁，而基础与核心的操作系统主要由美国的企业控制，微软公司、苹果公司、谷歌公司基本上控制着各类计算机和移动智能终端设备。虽然我国的一些操作系统在近年来有了很快的发展，但是，距离完全形成生态还有差距。

（2）芯片

芯片的重要性不必多说，美国将特别重要和关键的芯片当作战略物资。由于在一个拇指盖大小的硅片上能集成上亿的元器件，因此不仅可以把实现某些功能的电子设备做得很小，而且可靠性也大大提高了，还使整机的设计和生产变得特别简单。在高科技领域，这是最关键的技术和材料。

（3）基础性应用软件

2020 年 6 月，美国宣布将 33 家中国公司及机构列入“实体清单”，在这个名单上的人、公司、机构禁止使用美国公司的产品、技术，例如 MATLAB 软件。

很多人不了解 MATLAB 软件，在理工类大学中，这是非常重要的软件。MATLAB 是美国 MathWorks 公司出品的商业数学软件，不过用途不只限于数学，还可以用于数据分析、建模仿真、数值计算，被称为理工科“神器”。

据报道，在被美国列入实体清单之后，我国一些大学发现他们购买的正版授权 MATLAB 软件开始提示反激活通知，多次通知之后授权许可失效，也不能重置密码。

在咨询之后，MATLAB 公司的一位员工表示他们已经无法再向我国一些大学提供正版软件授权，需要遵守美国政府的规定。

#### 2. 入侵问题

在网络环境下，入侵时刻都在发生，并且这种入侵有可能是国家行为。

（1）后门与漏洞

如果仅仅是没得用的问题，那么我们还有应对的办法。但是在操作系统中，非故意或者故意留下的后门很难被完全查找出来，而这些后门就成了窃取数据、控制设备的非常隐蔽和畅通的渠道。操作系统是各类计算设备的基础平台软件，它的后门与漏洞不仅导致这个平台本身不安全，还会导致所有安装在这个平台上的应用软件不安全。

后门还表现在网络协议上，TCP/IP 存在大量漏洞，就算是现在被普遍认可的 IPv6 也存在不少安全问题。利用这些后门和漏洞，就可以建立全球性的侦听和监控网络，比如 2013 年的斯诺登事件。

芯片中的漏洞和后门也不能忽视，我国的一些研究团队已经发现了在一些芯片中设计的“多余”和“有害”的逻辑。

（2）网络攻击武器

2017 年，勒索病毒横行全球，有报道说，勒索病毒是相关国家的武器库泄露出来的武器。

美国利用网络与计算机环境中的漏洞制造网络攻击的武器，这已经不是什么秘密了。并且，他们早已将网络空间定义为第五作战域。

面对网络战，除了军事、国防领域的目标外，重要的经济体系也是攻击者攻击的目标。重要的城市、重要的基础设施、一些和国计民生相关的领域，都可能是攻击者重点攻击的目标，并且可能还会伴随相应的电磁战和电子战。

### 3. 舆情导向

网络的媒体作用是不能忽视的。同时，网络的无界性会使这种作用的影响极为迅速，并且范围广大。

还有一个动向需要注意，就是国外正在建设的低轨道卫星通信网。我们原来的通信卫星要发射到地球的同步轨道，即距地球 38 000km 的轨道上，与地球的自转保持同步。地面上需要精确地对准这个卫星才能进行通信。

低轨道卫星是一个由多个卫星组成的星网，它们与地球的自转并不同步，而是存在相对速度，但是，如果这个星网中的星足够多，那么在某一时刻总会有几颗卫星在我们头顶上，这些卫星就成了可以连接到全球各地的中继器。这些卫星不需要在地面上建相应的地面站，我们的手机就可以与之连接。这当然便于通信，可是，网络攻击、网络私联也会变得容易，是重大的网络安全风险。

## 小结

本章回顾了人们对网络安全的认识，说明了人们对信息（数据）安全属性的认识过程，也回顾了我国的网络安全事业，同时也说明了各类网络风险及我国面临的网络安全形势。

# 第4章
# 隔　离

避险是进行安全保护最基本的方法。但是，在许多时候我们并不能清楚地知道危险源在哪里，这时，最好的办法就是把不相关的主体（人）隔离起来。隔离的例子在现实社会中比比皆是。我们的家、单位、一个组织的机构都可以用墙壁隔离出独立的空间。当要进入某个隔离的空间时，是需要证明的。比如，我们回家时，需要用钥匙开门才能进去，如果没带钥匙，就需要家人把门打开（家里的人认识我们），不认识的人是不允许进门的。

从保证正确的授权操作的意义出发，隔离有两个方面的贡献。一方面是将与资产（源）不相关的人（主体）完全隔离出去，使他们没有机会对资产（源）进行操作。这时的“授权”是零授权，即不给他们任何权力。另一方面，隔离也是对正确的授权操作的保证。尽管这种保证还不够严格和有效，但是可以防范相当多数人对“有授权操作权限的主体”的干扰。同时，也给那些想绕过授权机制的恶意入侵者制造了困难。

## 4.1　隔离的基本概念

在计算机网络中，也需要用这样的隔离措施把不相关的主体隔离出去。隔离的目的是不允许与客体不相关的主体接触到客体，所以有时候在形式上是隔离客体。

### 4.1.1　主体与客体

首先，我们要介绍两个概念——主体和客体。

实际上，从字面上我们也能理解这两个概念的含义。主体肯定是行为的发起者，而客体则是行为的目标。行为的主体最初是人，客体则是最终的目标。在人和目标中间，往往还会有一些起作用的中间物体。比如，打铁时，烧红的铁块是不能用手拿的，需要用钳子夹住铁块，那么对于铁块来说，钳子是主体，铁块是客体；对于控制钳子的人来说，人是主体，钳子就变成了客体。

在计算机中，最初的主体是计算机的访问者，而客体则是计算机中的各种资源，包括相关的硬件（如各个盘符）、相关的程序（如注册表、Office 工具）、各类数据（如相关的表格）等。应该说，这些数据都以文件的形式保存在计算机中。

### 4.1.2 隔离的基本方法

我们介绍完了主体、客体，下面再回到隔离上来。

在计算机中，隔离的方法主要有三种：空间上的隔离；时间上的隔离；利用代码进行隔离。

#### 1. 空间隔离

空间隔离很好理解，在现实社会中，空间隔离是最主要和最基本的隔离方法。院落、房间、楼体、街道、隔断、工位等都是现实社会中的空间隔离方法。当然，隔离的强度是不一样的。在开放办公环境中，工位虽然可以将每个工作人员隔离在一定的空间中，但是相邻的人员的动作、声音还是有可能干扰他人。而领导可能在相对封闭的房间内办公，封闭房间中的隔离效果肯定好于开放式的空间。一些重要的单位还建有高墙，高墙上有电网，门口有岗哨，进入时还有门禁等。这种隔离的强度更高。

在网络中也需要这样的隔离。当然，方法不同，隔离的强度也不一样。

#### 2. 时间隔离

时间隔离在现实社会中也是很常见的。我们去看一场电影，购买的电影票给定了我们在某个时间段在电影院某个座位上观看电影的权力。当然，看不看电影是我们的事，有了电影票，座位是可以坐的。但是，只能在电影票规定的时段使用座位，在另一个时段，这个座位就不归我们使用了。

在网络中，计算机也是可以分时工作的。比如，在云计算平台中，一台物理主机会被虚拟化为多台虚拟主机，CPU 就是被分时复用的。在某个时间片，CPU 支持 A 虚拟机的运算，在下一个时间片，则支持 B 虚拟机的运算。

#### 3. 代码隔离

代码隔离在现实社会中并不多见。举一个例子，以前，在一些条件较差的农村学校，往往几个年级的学生在一个教室中上课，老师给高年级的学生布置了数学作业，又马上给低年级的学生讲语文课。在同一个空间里，同一个时刻，两个年级的学生用不同的教学任务（类似于我们的不同的代码）实现了隔离。当然，干扰是存在的。在计算机系统中，可以利用协议的不同、密钥的不同，以及其他代码的正交性来实现代码隔离。比如，在移动通信中，就有码分多址这种代码隔离方式。

空间隔离就如同在一张白纸上划出好多格子，我们每个人只能在自己的格子里写字；时间隔离就如同我们在不同的时间分别在纸上写字；而代码隔离相当于我们用不同颜色的笔同时在同一张纸上写字，而我们都是色盲，只能认识一种颜色，其他的颜色对于我们的眼睛来说是茫然一片。

### 4.1.3 计算机网络中的隔离

#### 1. 计算机与网络的空间隔离

在计算机网络中，使用最多的还是空间隔离。空间隔离又包括主机内的隔离和网络隔离。

（1）主机内的隔离

首先，利用计算机主机的操作系统对内存（包括各类的缓冲区）进行隔离，使系统软件与用户程序不在一个区域里运行，即便内存空间存在空余，也不能占用。同时，不同的用户也必须在各自的空间内运行，各个用户之间不能交叉使用内存。

但是，这样的隔离也不是万无一失的。比较早的时候，有一个叫作缓冲区溢出的漏洞，入侵者就是利用每个用户的内存空间有限的这一漏洞而实现攻击的。

缓冲区是内存中存放数据的地方。缓冲区溢出是指当计算机向缓冲区内填充的数据位数超过了缓冲区本身的容量，溢出的数据覆盖在合法数据上，从而对计算机安全造成危害。理想的情况是，程序检查数据长度，并且不允许输入超过缓冲区长度的字符。但是，绝大多数程序都会假设数据长度总是与所分配的存储空间相匹配，这就为缓冲区溢出埋下隐患。操作系统使用的缓冲区又称为“堆栈”，在各个操作之间，操作指令会被临时存储在“堆栈”当中，“堆栈”也会出现缓冲区溢出 。

缓冲区溢出是一种非常普遍也非常危险的漏洞，在操作系统和应用软件中广泛存在。利用缓冲区溢出攻击，可导致程序运行失败、系统宕机、重新启动等后果。更为严重的是，可以利用它执行非授权指令，甚至可以取得系统特权，进而进行各种非法操作。第一个造成缓冲区溢出攻击的病毒——蠕虫病毒发生在 1988 年，它曾造成全世界 6000 多台网络服务器瘫痪。

（2）网络隔离

除了计算机主机内的隔离之外，在网络上也可以采取多种措施进行隔离。

**人为设置网络边界**

任何一个网络总是可以通过一个出 / 入口或者几个出 / 入口与其他网络进行连接，连接的目的就是在更大范围内共享网络资源，为人们提供更便捷的工作、学习、游戏、娱乐等手段。但是，这也给不法之徒提供了入侵的入口。为了防范这类入侵的发生，可以在出 / 入口处设置一个相关的设备，用这个设备作为网络的边界，通过边界防护来抵御入侵，最典型的边界防护设备就是防火墙。防火墙不仅起到隔离的作用，而且有相当多的功能（这里我们先不介绍其他功能）。防火墙用于隔离时，最简单的措施就是关闭一些 IP 地址，甚至关闭一段 IP 地址，这样就可以封闭入侵者的 IP 地址，使入侵者不能再利用这个 IP 地址对系统进行攻击。

当然，入侵者还可以换一个 IP 地址实施攻击，但是，一般一个地区的 IP 地址是按段分配的，如果把这一段的 IP 地址全部封闭，就可以更加有效地抵御攻击。

采用地址封闭虽然可以抵御入侵者，但如果正常的访问者也在这个 IP 地址段，那么他也不能访问网络了。而且，入侵者可以在网络上寻找跳板，跳板的 IP 地址可能不在这个 IP 地址段内，防火墙还要关闭跳板的 IP 地址才能抵御攻击。这是一个攻与防的对抗过程。

**在网络内部实现区域的隔离**

只在网络边界进行隔离是不够的，在网络内部还可以通过划分网段、设置 V-LAN（虚拟专用网）等方法来实现内部的隔离。内部隔离可以利用交换机来实现。

在网络内部隔离有三个目的：一是把不同的应用隔离开；二是考虑到保护策略，如不同的数据类型的保护策略是不一样的，有些数据需要进行保密性保护，有些则不需要，把需要保密的数据放在一起，就容易按照保护策略来实施保护；三是考虑到保护强度，不同数据的价值是不一样的，这就需要给予它们不同强度的保护。

当然，没有哪一项措施是完美无缺的。比如，把所有需要保密的数据放在一起，从策略上说容易操作，但是一旦保护措施被突破，保护区里的所有保密资料就面临泄露的风险，所以需要采取多种措施来进行保护。

**物理隔离**

空间物理隔离最有效，即信任的网络不与任何不信任的网络进行连接，但是这种做法会严重影响到应用，所以要在应用与安全之间选择一个平衡点。必须要指出的是，网络的物理隔离也不是最可靠的，有些方法能破坏这种隔离。伊朗的震网病毒事故就是在完全物理隔离的内网中发生的。任何信任的网络绝对不可能不与外部网络进行数据交换，而这种数据交换就有可能被入侵者利用。人类本身的脆弱性（比如金钱、物质的诱惑）、心理上的麻痹大意、工作中的疏忽等都有可能被人利用，进而被入侵者用于实施攻击。

计算机屏幕的辐射也可能泄露正在显示的数据。这种泄露可能是光学的泄露（如利用视频接收），也可能是电磁学的泄露（捕捉显示器扫描电路的辐射的电磁信号），为网络供电的电源线也可能感应各种信号，从而将重要的数据泄露出去。实际上，在计算机机房中的其他金属类设备也可以感应电磁信号，这也是泄露源。一些计算机机房中有供暖用的暖气设备，这很危险。一方面，供暖时暖气管可能爆裂，导致水和水蒸气在机房中跑冒；另一方面，暖气网络可能将泄露的信号传递出去。现在还有关于超声波攻击的报道。

在物理隔离时，有时候需要数据在网际间交换，通常的做法是用移动介质先在中间机器上进行操作，再将数据转移到相关的网络中。中间机的作用是，在外部连接时先断开与内部的连接，复制外部的数据后对这些数据进行安全处理，如脱去这些数据的外壳（很多恶意代码都在这些外壳中），只将裸数据传送到目标网络中。进行安全处理之后，再将外部网络断开，连接到内部网络中，将裸数据传输至内部网络，然后重新封装外壳。

这里所说的外壳是数据呈现的媒体形式，如图像、图片、声音、文本等。裸数据没有这些外壳就不能以相应的媒体形式呈现，人们也就无法识别，因为人们看到的只是二进制代码。

### 2. 计算机网络中的时间隔离

（1）计算机主机中的时间隔离

计算机主机的时间隔离主要体现在总线和CPU上。所谓总线就是一组线，用来连接CPU、内存等相关的元器件，是计算机内部信号传输的载体。这组线是多用户、多任务共享的，为了使各用户和各任务之间互不干扰，就要进行分时复用。

要实现分时复用，在计算机中，首先要有一个标准的时钟基准，俗称主频。主频也是衡量计算机性能的一个重要指标。有相同CPU处理能力、相同内存容量的计算机，主频越高，处理速度就越快。

以这个标准的时钟作为基准，就可以把时间分成若干多个小的时间片（英文为slot，在通信领域被翻译成时隙，在有的计算机著作中则被翻译为时间小片）。每个时隙就是处理一个用户或者一个任务的时间单元。在这个时间单元中，只处理这一项任务，而不会被其他用户或者任务干扰。在同一时刻执行同一任务时，这个任务占用的所有计算机资源就是一个进程。这个说法不是特别严谨，这里不会详细介绍进程这一概念，感兴趣的读者可以参考相关教材或资料。

（2）计算机网络中的时间隔离

在当前的计算机网络中，时间隔离的作用已经不太突出了。早期的计算机网络多数是总线网，执行以太网协议。几十台（甚至更多台）计算机都连接到一条总线上，就像现在各类电器都连接到总电源线上一样。只不过我们的电源线是两条，一条是火线，另一条是0线，这样就构成了电流的回路（还有一种情况是三条线，其中一条称为保护地线）。而网线则不只两条，当然，对于不同类型的网线，线的数量是不同的。例如：同轴电缆相当于两条线，而五类线、六类线则是更多条线。

以太网协议上的各计算机之间是要通信的，否则建立网络就失去了意义。

通信的发起方必须要找到接收方才能通信。如何在总线网上找到其他计算机（这个过程叫寻址）呢？发起通信的计算机先在网络上广播，告诉所有计算机“我要找谁”，那么被找的计算机会应答，其他计算机则当作没听见。找到要通信的这台计算机后，发起方就和接收方开始进行会话了，在它们会话期间，其他计算机是不能通信的。如果另一台计算机也想发起通信，它要先到总线上听一听，如果没有其他计算机在使用网络，就可以发起通信主叫。

实际上，在一条光纤上能连接多组用户，他们的通信是分时的，即每个时隙代表一个信道，每组通信都是在各自的时隙内完成的，相邻时隙间相互不干扰。这个时隙很短，人完全察觉不到产生的延迟。

（3）代码隔离

在计算机网络中，利用代码进行隔离也是非常重要的手段。

可以在网际之间建立隔离的信道，还可以用 VPN 实现隔离。VPN 是利用加密技术形成的隧道效应实现的以代码方式进行的隔离。还有一些代码能够让计算机不显示这些数据的存在。

在无线通信中，代码隔离的应用更为普遍，特别是从第三代移动通信开始，CDMA 技术被广泛应用。码分多址就是利用各代码之间的正交性实现隔离。从数学理论上来讲，隔离就是利用正交性，电视和广播的频道的隔离（利用频率进行隔离）、光纤通信中的时隙的隔离实际上都利用了这种正交性。我们可以用相似度理解正交性，正交是两个比较物之间不存在任何的相似度，甚至同一个物体在不同的时刻也是完全不相似的。

## 4.2 常用的隔离类产品

### 4.2.1 网络安全隔离卡

网络安全隔离卡（Network Security Separated Card）的功能是用物理方式将一台计算机划分为两台计算机，实现工作的双重状态，这样既可在安全状态下工作（接入安全网络中），又可在公共状态下工作。这时，两个状态是完全隔离的，从而使一台计算机可在相对安全的状态下连接内、外网。该卡实际上被设置在计算机中最低的物理层上，一边的 IDE 总线连接主板，另一边连接 IDE 硬盘，内、外网的连接均须通过该卡。计算机硬盘被物理分隔成两个区域，在 IDE 总线物理层上，通过固件控制磁盘通道，任何时候数据只能通往一个分区。

我们可以结合网络层次结构的思想理解隔离卡。它构造在物理层上，对上层提供接口服务，这些服务中包括安全功能。因为它构造在这样的低层上，所以使用中需要重新启动操作系统，这是它的不足之处；如果不重新启动操作系统，就不能保证数据不会通过内存被窃取。目前，网络安全隔离卡在政务专网和公网安全中经常使用。

### 4.2.2 防火墙

将防火墙归类到隔离产品有点“委屈”它。实际上，防火墙不仅有隔离功能，还有一定的控制功能，只是控制的粒度不太细，没办法像操作系统那样在主体与客体之间建立一对一的操作关系。

防火墙是部署在网络边界的防护产品，如同一个单位的门卫。门卫可以根据规定允许一个人进入单位的院子或者大楼内部，但是他无法控制这个人进入大门之后去哪些房间，他只能决定不让哪些人进入院子或者是大楼的内部。不允许不符合条件的人进入，这就是隔离作用。

防火墙是由软件和硬件组成的一个固件产品，可以部署在内部网络与外部网络之间，起到相应的隔离作用，防火墙是一个很形象的说法。

防火墙主要有包过滤（路由 + 包过滤）型和应用代理型两类。

#### 1. 包过滤型防火墙

包俗称 IP 包。在网络上传输数据时，会将所有要传输的二进制数据切分成一个个的块，再利用 TCP/IP 协议对要传输的数据块进行“封装”，封装后的数据块就是 IP 包。为什么要封装包呢？我们在 2.2 节中介绍了交换机，图 2-2 中的交换机只是一个原理示意。在通信中，交换机非常重要，有了交换机，才能够保证所有连接在这台交换机上的终端正常通信。

交换有两种基本的模式，一种称为电路交换，另一种则是包交换。

所谓电路交换，是指图 2-2 中节点处的开关在通信双方都在线时一直处于闭合状态，我们打电话时采用的就是这种电路交换，只有当一方“挂机”之后，电路中的开关才会断开连接。但是，通话的双方并不是每时每刻都在讲话，等待、思考都会使这条连接的电路上没有信号传输，这对资源来说是极大的浪费。根据统计的结果，两个人在打电话时，空闲时间至少会占 30%。

包交换采用的不是这种模式。在包交换中，一个数据包被传输后，电路就会立即释放（图 2-2 中的节点开关断开），这时电路显示处于空闲状态，允许其他用户使用这个节点电路。

包交换能更有效地利用电路资源，但是也带来了一个新的问题：由于一次通信是以“包”为单位传输的，每个“包”所走的路径不一样，到达最后的信息接收者时，需要将这些“包”按原来的顺序进行组合，才能恢复原始的信息。

包过滤就是对这些 IP 包进行检查，如只允许这些包的源地址为已知源地址安全的包通过，而其他的包则不允许通过，或者包的内容中不得包含不允许传输的内容等。要进行包过滤就要“拆包”，拆包就会影响传输的速率。特别是对包中的数据进行过滤时，对速率的影响会更大。所以，一般包过滤防火墙只对包的封装进行过滤，但这样许多恶意代码可能穿透防火墙。如果对包的内容也进行过滤，并且根据已知的恶意代码库、攻击类型库进行匹配的话，则这就成为一款将防火墙和防恶意代码、防攻击功能集成在一起的边界反入侵设备，IPS 就是这样的产品。

对封装进行过滤可以不允许某些 IP 地址的包通过，这就意味着封堵了这些 IP 地址的终端访问防火墙保护的网络。如果这个 IP 地址上的终端设备是一个攻击者，那么攻击者就被“隔离”了。

较新的防火墙能利用封包的多样性进行过滤，如 IP 地址、端口、服务类型（如 HTTP、FTP 等），也可以通过通信协议、域名、网段等进行过滤。

#### 2. 应用代理型防火墙

应用代理式防火墙，主要在应用层工作，应用层防火墙可以拦截进出某些应用程序的所有封包或者丢弃所有的非白名单应用中的所有封包，只允许特定应用的封包通过。

### 4.2.3 网闸

网络隔离是为了保证安全，特别是完全的物理隔离，虽然不能保证 100% 安全，但确实是一个相对可靠的手段。隔离必然会导致数据交换的困难，特别是对于远程的传输，数据交换更加困难。这就要用到网闸，网闸是一种可以实现两个物理上没有连接的网络数据交换的工具。

安全隔离网闸是由一组具有多种控制功能的软硬件组成的网络安全设备，它在电路上切断了网络之间的链路层连接，并能够在网络间进行安全的应用数据交换。第二代安全隔离网闸通过专用交换通道、高速硬件通信卡、私有通信协议和加密签名机制来实现高速、安全的内外网数据交换，处理能力较第一代网闸大大提高，能够适应复杂网络对隔离应用的需求；私有通信协议和加密签名机制保证了内外处理单元之间数据交换的机密性、完整性和可信性。

网闸通过内部控制系统连接两个独立网络，利用内嵌软件完成切换操作，并且增加了安全审查程序。作为数据传递的“中介”，网闸在保证重要网络与其他网络隔离的同时进行数据安全交换。

由于 Internet 是基于 TCP/IP 协议实现连接的，因此入侵攻击都依赖 OSI 七层数据通信模型的一层或多层。理论上讲，如果断开 OSI 数据模型的所有层，就可以消除来自网络的潜在攻击。网闸正是根据此原理实现了信息的安全传递，它不依靠网络协议的数据包转发，只有数据的无协议“摆渡”，但阻断了基于 OSI 协议的潜在攻击，保证了系统安全。

网闸工作的原理可以描述为：中断两侧网络的直接相连，剥离网络协议并将其还原成原始数据，用特殊的内部协议封装后传输到对端网络。同时，网闸可通过附加检测模块对数据进行扫描，防止恶意代码和病毒，甚至可以设置特殊的数据属性结构实现对通过与否的限制。网闸不依赖 TCP/IP 和操作系统，而是由内嵌仲裁系统对 OSI 的七层协议进行全面分析，在异构介质上重组所有数据，实现了“协议落地、内容检测”。因此，网闸真正实现了网络隔离，在阻断各种网络攻击的前提下，为用户提供安全的网络操作、邮件访问以及基于文件和数据库的数据交换。

### 4.2.4 VPN

VPN 是虚拟专网的英文缩写，是在一个公共网络中隔离出一个只供某些主体共同使用的“专网”，也可以认为 VPN 是一种码分的隔离方式。当然，这与 CDMA 的码分多址是不同的。

#### 1. VPN 的原理

通常情况下，VPN 网关采用双网卡结构，外网卡使用公网 IP 接入 Internet。

网络一（假定为 Internet）的终端 A 访问网络二（假定为公司内网）的终端 B，其发出的访问数据包的目标地址为终端 B 的内部 IP 地址。

网络一的 VPN 网关在接收到终端 A 发出的访问数据包时，对其目标地址进行检查，如果目标地址属于网络二的地址，则将该数据包进行封装（封装的方式根据所采用的 VPN 技术的不同而不同），同时 VPN 网关会构造一个新 VPN 数据包，并将封装后的原数据包作为 VPN 数据包的负载。VPN 数据包的目标地址为网络二的 VPN 网关的外部地址。

网络一的 VPN 网关将 VPN 数据包发送到 Internet，由于 VPN 数据包的目标地址是网络二的 VPN 网关的外部地址，因此该数据包将被 Internet 中的路由正确地发送到网络二的 VPN 网关。

网络二的 VPN 网关对接收到的数据包进行检查，如果发现该数据包是从网络一的 VPN 网关发出的，即可判定该数据包为 VPN 数据包，并对该数据包进行解包处理。解包的过程是先将 VPN 数据包的包头剥离，再将数据包反向处理，还原成原始数据包。

网络二的 VPN 网关将还原后的原始数据包发送至目标终端 B，由于原始数据包的目标地址是终端 B 的 IP，因此该数据包能够被正确地发送到终端 B。在终端 B 看来，它收到的数据包和从终端 A 直接发送过来的一样。

从终端 B 返回终端 A 的数据包的处理过程和上面相同，这样两个网络内的终端就可以相互通信了。

通过上述说明可以发现，在 VPN 网关对数据包进行处理时，有两个参数对 VPN 通信十分重要：原始数据包的目标地址（VPN 目标地址）和远程 VPN 网关地址。VPN 网关能够根据 VPN 目标地址判断对哪些数据包进行 VPN 处理，对于不需要处理的数据包，通常情况下可直接将其转发到上级路由；远程 VPN 网关地址则指定了处理后的 VPN 数据包发送的目标地址，即 VPN 隧道另一端的 VPN 网关地址。由于网络通信是双向的，因此在进行 VPN 通信时，隧道两端的 VPN 网关都必须知道 VPN 目标地址和与此对应的远程 VPN 网关地址。

### 2.VPN 的分类

VPN 可以按几个标准进行分类。

（1）按 VPN 的隧道协议分类

VPN 的隧道协议主要有三种，即 PPTP、L2TP 和 IPSec，其中 PPTP 和 L2TP 在 OSI 模型的第二层工作，又称为第二层隧道协议，IPSec 是第三层隧道协议。

（2）按 VPN 的应用分类

1）Access VPN（远程接入 VPN）：客户端到网关，使用公网作为骨干网在设备之间传输 VPN 数据流量。

2）Intranet VPN（内联网 VPN）：网关到网关，通过公司的网络架构连接来自同一公司的资源。

3）Extranet VPN（外联网 VPN）：与合作伙伴企业网构成 Extranet，将一个公司与另一个公司的资源进行连接。

（3）按所用的设备类型进行分类

网络设备提供商针对不同客户的需求，开发出不同的 VPN 网络设备，主要为交换机式 VPN、路由器式 VPN 和防火墙式 VPN。

1）交换机式 VPN：主要应用于连接用户较少的 VPN 网络。

2）路由器式 VPN：容易部署，只要在路由器上添加 VPN 服务即可。

3）防火墙式 VPN：最常见的一种 VPN 实现方式，许多厂商都提供这种配置类型。

（4）按照实现原理划分

1）重叠 VPN：此 VPN 需要用户自己建立端节点之间的 VPN 链路，主要包括 GRE、L2TP、IPSec 等技术。

2）对等 VPN：由网络运营商在主干网上完成 VPN 通道的建立，主要包括 MPLSVPN 技术。

## 小结

隔离是现实社会中保障安全的基本方法，目的就是不允许那些与某客体不相关的主体接触到客体。本章介绍了主体与客体的概念，以及隔离的基本思想与基本方法——空间隔离、时间隔离、代码隔离，在此基础上介绍了计算机和网络中常用的隔离手段，还介绍了网络安全隔离卡，以及既保证有效隔离，又能实现数据交换的隔离产品。

# 第5章

# 控　　制

共享是建立计算机网络的重要目的，这样信息资源就可以被更多的用户共享使用，使这些信息资源发挥出更大的效用。这和我们建立交通网络的目的是一样的，建立交通网络后，我们能共享更多的社会资源，享受更多的空间。但是，共享必然会导致一些主体对另外一些主体的合法权益的侵害。如果不能消除这种侵害，就不能进行更好的共享。所以，在现实社会中，我们制定了相应的法律和制度来限制、保障每个人的权力，并进行监督，这就是控制。可以说控制是防范侵害的核心手段。

在计算机系统中，很多环节都要使用控制手段。由于篇幅的限制，笔者不想将这些控制手段罗列出来，这里将主要介绍访问控制技术。应该说，控制手段中最主要的是访问控制，它也是计算机系统中核心的安全措施。所谓访问控制，就是在保证授权人完成任务的前提下，限制其权力，并且监督其对权力的执行。之所以说它是核心的安全措施，是因为访问控制是保护静态数据和暂态数据的最有效的措施，而静态数据和暂态数据都是计算机主机上（特别是在服务器上）最完整、最大量、最核心的数据。这些数据一旦泄露，其后果不堪设想。

基于数据安全属性的访问控制是网络安全等级保护的核心思想。

在现实社会中也存在很多访问控制的例子。比如，在一个单位里，每个人都有相应的角色，每个角色有相应的职责，履行这些职责需要一定的权力，但是权力不能过大，并且必须接受监督，这样才能正确地履行职责。

在利用或针对计算机信息系统的犯罪中，有不少因访问控制不当导致危害的例子，笔者由于工作也接触过这样的事件，深感访问控制的重要性。

有这样一个案例：一位社保信息中心的技术人员作为系统管理员负责维护系统的运行，他拥有控制系统的最高权限（超级管理员的权限），结果他贪污社保资金达60余万元，最终锒铛入狱。

举这个例子的目的是要告诉大家，很多计算机网络犯罪都发生在系统内部，并且就是因为没有贯彻“正确的授权操作”这一原则。

因此，控制是保障计算机网络安全的第一关，可以把控制叫作基线，做不好这一点，所有的安全措施都会失去意义。

## 5.1 访问控制的概念

在计算机网络中，控制技术被普遍使用。但是，在计算环境中，“访问控制”技术最为重要，其目的就是建立一个主体，对应一个客体的操作权限关系，也就是授权机制。为了保证访问控制的实施，还要有其他的安全功能作为辅助和补充。本节我们先来讨论访问控制，然后讨论其他安全功能，以及它们与访问控制功能之间的关系。

在计算机中，有三类集合：第一类是主体，第二类是客体，第三类是操作。

在前面已经介绍过主体和客体，这里就不重复了，我们重点说说操作。在现实社会中，人类的行为是复杂的，相关联的操作也是复杂的，但是在计算机中，操作就没那么复杂了，所有操作都可以归结为四大类：读、写、控制和执行。

“读”就是从计算机向外部输出，包括直接从屏幕上读取各类信息，也包括打印、输出、发邮件、发起通信等，只要是向计算机外部输出，都可以认为是“读”操作。

“写”就是向计算机内输入，包括通过键盘向计算机内输入，也包括接收邮件、接收文件、接收通信等。也就是说，凡是往计算机中输入的都可以认为是“写”操作。

“控制”和“执行”是在计算机内部的操作。例如，修改了一个文件的名字，当然，在我们的客户端上，这个文件是我们自己创建的，并且只为自己服务，那么修改文件的名字肯定没有什么问题。但是，如果这个文件是在服务器上共享的，那么修改了文件名，别人不知道修改后的文件名，查找文件就会很困难。也就是说，“控制”和“执行”的权力是不能随便授予的。这类操作比较多，在这里我们就不详细讨论了。在计算机中最重要的操作就是“读”和“写”。

我们的访问控制正是基于这样的思想。在计算机中，主要由操作系统为访问控制提供相应的基础，各类应用程序也要在操作系统的支撑下工作，因此也要完善相应的机制。

图 5-1 就是在操作系统中实现访问控制功能的一个子系统（称为“参照监视器”）的原理图。

在授权规则库中，事先由相关人员输入涉及该系统的所有主体的账户和他们可以进行的操作。当每一个主体访问每一个客体时，对读、写、执行和控制操作都进行了规定。当一个用户（主体）要对一个目标（客体）进行操作时，主体的操作请求就会提交到授权规则库中，授权规则库立即将这个请求与库中设置的规则进行匹配，如果匹配通过，那么这个主体就可以对相关的客体进行授权操作了。如果匹配没有通过，则这次的操作请求就不能通过。访问控制器就相当于一个开关，控制着将主体与客体进行关联还是断开。同时，操作申请和操作结果都会被审计工具记录下来，形成日志文件，以便事后进行追查。

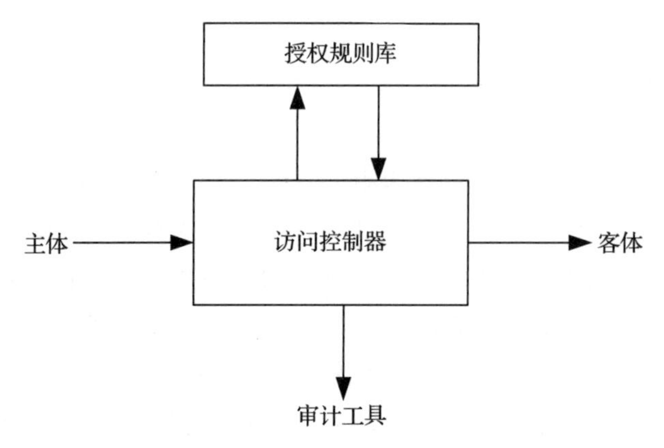


图 5-1　操作系统中访问控制器的原理图

当一个黑客企图入侵时，一开始在账户系统中没有他的记录，但是他可以通过系统的漏洞发现可以利用的账户或者创建一个属于自己的账户，然后不断提升自己的权限，直至获得最高的权限。这个最高的权限是由操作系统所采取的访问控制机制决定的。对于自主访问控制，入侵者甚至可能获得系统中所有的权限，包括创建一个用户、创建一个客体、删除所有的日志文件、改变注册表等，凡是计算机中的功能，他都可以控制。

在计算机网络中，有两类基本的访问控制：一类称为自主访问控制，另一类称为强制访问控制。这两类访问控制决定了计算机系统的安全等级。

### 5.1.1　自主访问控制

所谓自主访问控制，就是由自己主导的访问控制。而自己主导，就是自己决定属于自己的文件和谁共享、共享到什么程度。当然，不外乎就是读、写、执行和控制这四类基本的操作。

在现实社会中，属于自己的东西，我们是有权力赠送、租借给其他人的，这也包括我们自己写的文章、著作。这一类自主访问控制称为属主型自主访问控制。

在计算机系统中，除了属主型自主访问控制之外，还有层次型自主访问控制。层次型自主访问控制实际上也属于自主型访问控制，只不过相对于属主型，多了几个在系统中级别比我们高的人，他们也可以处置属于我们的那些文件。

在自主访问控制的系统中，有一个人的权力是最大的，在Windows类型的系统中，这个角色是Admin或者Administrator，我们通常称之为“系统管理员”。这个角色的权力是巨大的或者说是一权独大，计算机中的所有功能他都可以支配。在Linux系统中或者Unix系统中，和Admin类似的角色是Root用户，他也是一权独大。

自主访问控制的安全性较低，有三个机制方面导致的漏洞。

一是刚刚说的系统管理员一权独大，这就是说，他的权力是没有限制的，他所做的事别人无法限制，如果他再把日志数据删除，就无法对他所做的事追究责任。因此要求这个人一定是一个严格的、遵纪守法的人，还能够抵御各种诱惑，并且能够经受时间的考验。前面提到的案例中的犯罪分子就是一个系统管理员，可见如果系统管理员犯罪，危害是相当大的。另外还要保证，系统绝对不会被入侵，即便被入侵，系统管理员的权限也不会被窃取。但是实际上，这些要求是绝对做不到的。笔者也经历过这样的一个案件：一个入侵者侵入系统后，修改了系统中所有的口令，正常的用户（包括系统管理员）都无法进入系统，更无法保护系统。

第二个机制上的漏洞是层次型自主访问控制带来的。在一个组织内部，计算机系统里权限最高的往往不是这个单位的最高领导，而是级别并不高的系统管理员。前面说过，系统管理员有最高的权限，那么对于单位里级别比他高的所有“客体”，他都有能力来进行读、写、控制和执行操作。这是不是一件非常可怕的事情？在领导正式演讲之前，他可以先浏览一遍领导的讲话稿，甚至再“润色”一下，或者提前发布出去。如果讲话的内容还要限定传达的范围，他再把这个范围扩大一下，会有什么样的结果呢？如果这个单位对社会的影响比较大，或者这个单位涉及国家安全，是一个金融机构或重要的政府部门，那会有什么后果呢？大家可以想象一下。

第三个机制上的漏洞就是授权转移问题。

A创建了一个文件，他认为这个文件可以给B看，但是不允许他修改；他认为可以给C看并且允许C帮他修改。于是，他给了B“只读”的权力，给C“读”“写”的权力，而B和C关系比较好，B就可以向C要“写”权力，如果C把“写”的权力给了B，B就能获得“写”的权力。可能还有一个D，他什么权力都没有，可B因为某种原因，将所有权力都转移给了D。那么，一旦C或者D有不轨之心，就可能造成严重的后果。

在现实社会中，经常会有这样的现象：一个人和另一个人说：“这是个秘密，我只告诉你一个人，千万别说出去。”结果就这样一个人传一个人，很快这就不是秘密了。在计算机系统中，这种权力的转移完全是可以发生的。

通过这三个机制上的漏洞，大家就可以明白，自主访问控制在安全机制上是有严重缺陷的，那我们怎么来解决呢？这就有了强制访问控制。

### 5.1.2 强制访问控制

我们先不讨论什么是强制访问控制，先来看看现实社会中的管理机制。我们的政府机构一般都划分为一个一个的部门，各部门的官员会有相应的级别。级别和部门恰恰就是这些官员的标签，他们拥有某个级别的职务，就有了相应的权力和职责。他们根据职责可以下指示、听汇报、接收上级传达的文件和指示等。

不过，我们得想想以下两个问题。一是他们对下属做的指示、报告，是否能任意地让比他级别低的人起草，并且也不审查，就让下属以他们的名义发布呢？二是如果要参加一个重要的会议，会议明确说要传达重要的文件，这个文件只能传达到他这个级别，那么他能随便派一个下属去参加会议吗？或者对于一份只传达到他这个级别的文件，他可以让一个下属去阅读这份文件吗？ 他是否可以在没有得到上级部门的同意时，将这份文件的内容传达给他的下级呢？答案是显而易见的。传达到哪个级别、给什么部门，文件上会有明确的标记，这就是文件的标签。把公安部要传达给各地市公安局局长的关于刑侦工作的文件发送给一个地市级的不相关的文化局局长看，会导致重大的错误。

计算机系统中的强制访问控制也是这样的思想：首先，要把主体和客体按保护属性的要求、安全级别、部门的要求做上标记。强调一下，标记包含三重信息，即安全属性、安全等级和所属部门（范畴集），主体和客体都要做上这样的标记。

有了标记，就可以根据安全属性来制定访问控制策略了。我们说过，访问控制是网络安全的核心技术，那么这个访问控制策略就是网络（或者信息系统）的核心保护策略。有了这个策略，就可以指导整个系统的安全保护工作。

为什么要依据安全属性来制定访问控制策略呢？

在 1.3.4 节，我们举了杯子的例子。数据安全也一样，不清楚数据需要保护的安全属性，就不可能制定出正确的保护策略。如果没有正确的保护策略，就不能实施正确的保护措施。

有人也许会说，这是不是在危言耸听？读者可以把相关内容看完再评价。

我们先说保护机密性。先来回忆一下机密性的定义：不泄露给那些未授权的人或者其他实体。不向未授权的人泄露，这是保护机密性的根本。

我们回到前面关于刑侦工作的文件的例子。假设客体安全属性要求的是保护机密性，标注的安全等级是县（处级）（含县、正处）以上，范畴集是公安刑侦系统，那么可以阅读此文件的人员有哪些呢？大家思考一下，现有一位公安部政治部副主任（正局级，但是与此事完全无关），一位是某省公安厅的刑侦总队的总队长（副局级），一位是某市刑侦支队的大队长（正科级）。他们三个谁有权力读这个文件呢？只有某省公安厅刑侦总队的总队长才可以读此文件；政治部副主任虽然级别够高，但是不属于此范畴集内的人员，因此无权读此文件；而某市刑侦支队的大队长虽然属于这个范畴，但是级别不够。

所以在计算机系统中，为了保护机密性，“读”操作的条件是：在同一范畴内，主体的安全级别不能低于客体的安全级别。

那么“写”操作呢？为了保护机密性，“写”操作的条件是：在同一范畴内，主体的安全级别不能高于客体的安全级别。

这一点很容易理解，一个有资格获取机密信息的人不能把这个机密信息写入安全级别更低的文件中去，因为对于安全级别更低的文件，可以做“读”操作人的级别就降低了，如果把机密信息写进去，就会泄露机密信息。

这是保护机密性，那么怎么保护完整性呢？

在现实社会中，下属能在不经过领导同意的情况下以领导的名义发指示、报告吗？显然是不可以的！

所以在计算机系统中，为了保护完整性，“读”操作的条件是：在同一范畴内，主体的安全等级不能高于客体的安全级别。而“写”操作的条件是：在同一范畴内，主体的安全级别不能低于客体的安全级别。

读者也许觉得这两段话好像差不多，但仔细一看，它们正好是相反的。也就是说，保护机密性的策略与保护完整性的策略正好相反。这就需要我们仔细分析一下，数据是要做机密性保护，还是要做完整性保护，还是两个属性同样重要。

在计算机系统中，并不是所有的数据都需要做两个属性的保护。比如，网站上公布的那些信息就不需要保密，它们是公开的信息，是用于宣传的，这些信息就是要让大家知道。举个例子，宪法就是要让每个公民都知道，从保密性的角度来看，其授权是所有的人。但是，其完整性需要被很好地保护，在网站上，不能让一些恶意的黑客篡改信息。如果不分析这些属性，我们就把网站上的宣传信息加密，只允许有密钥的人阅读这些公开宣传的信息，这是我们想要的效果吗？当然，这是一个极端的例子，但在现实社会中，这可不是个别现象！

曾经某单位采用了一个操作系统加固产品，应该说该产品在保护系统完整性方面的作用是很大的，在保护数据完整性方面也做得相当不错。安装这个产品后，计算机很难感染各类恶意代码。但是，该产品在保护机密性方面功能不足，而这个单位恰恰有许多数据是需要做机密性保护的。

许多数据必须被保护好机密性。比如，一些级别比较高的单位，人事任免决定在没有发布前是要保密的；即使是级别不高的单位，关于人事调整、工资待遇、岗位设立等情况也都是比较敏感的，需要保密，如果不保密就可能引起不必要的麻烦。

当然也有这样的数据：机密性、完整性都非常重要，都得保护好。这时候，我们要遵循一个原则，那就是：**保密优先**。

因为机密性有实时性要求，一旦泄密，损失就产生了，而且是无法挽回的。而完整性则可以通过其他方法进行验证，不会造成更大的损失。

图 5-2 就是保护机密性和保护完整性的原理对照图。对于保护机密性，这是一个被称作 BLP 模型的数学描述模型中的核心内容；对于保护完整性，则称为 Biba 模型。在此我们不讲这两个模型的数学描述，有兴趣的读者可以自己阅读相关资料。

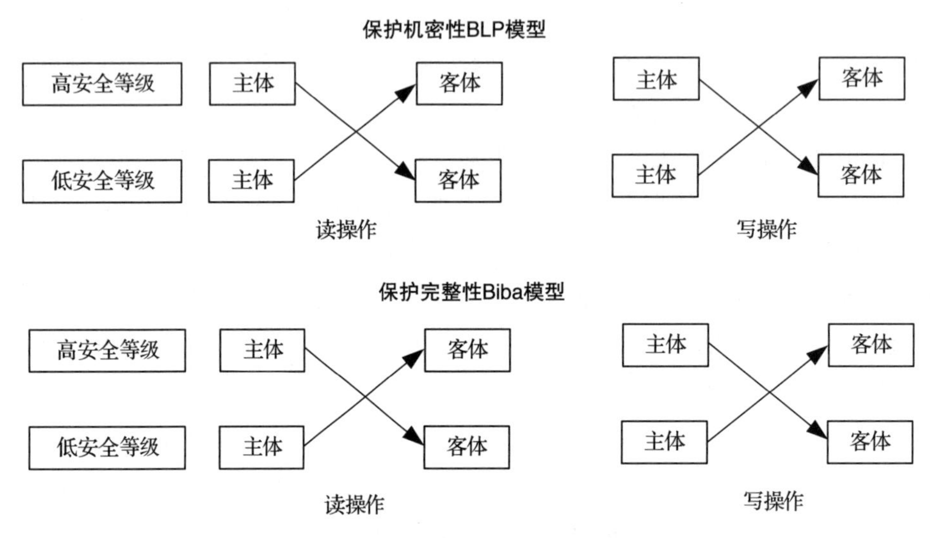


图 5-2　保护机密性和保护完整性的原理对照

强制访问控制不仅能获得严格的授权，同时由于这种严格的授权，它在防范恶意代码攻击、黑客入侵时也有不俗的表现。

道理很简单，强制访问控制把读、写、执行、控制的粒度划分得比较细，虽然系统可能存在一些漏洞，但是只要这个漏洞不破坏强制访问控制的机制，那么入侵者就无法利用这些漏洞。我们以恶意代码为例来分析强制访问控制的抵御能力。

恶意代码中最主要的就是计算机病毒和蠕虫。

计算机病毒是一段代码（不是一个完整的文件），这段代码必须找到相应的宿主才能发挥作用。也就是说，对于什么类型的病毒，就必须有什么样的文件作为这类病毒的平台。病毒感染这类文件，这类文件就是这类病毒的宿主。病毒感染这类文件时实际上是破坏了这类文件的完整性，是写入。而在强制访问控制机制中，谁可以写入这类文件是有明确的主体要求的，并且主体的身份必须符合相应的等级要求。对于一个病毒来说，在感染计算机之前，它本身就是一个主体，而这个主体是在强制访问机制中没有列出的主体。于是，计算机操作系统不允许这个主体向这类文件执行写入操作，所以病毒就无法感染这个文件。

蠕虫是一个独立的文件，它也要利用在计算机系统中存在的相关漏洞来感染这台计算机。在相连的计算机中，如果有一台计算机感染了蠕虫，蠕虫就会向相邻的计算机发起扫描，当发现被扫描的计算机上没有这个蠕虫，并且存在相应的漏洞时，它就将自己复制一份，复制到被扫描的计算机上，于是这台计算机也就感染了蠕虫。实际上，这个过程就是“创建”一个客体的过程。但是，采用了强制访问控制机制的计算机，创建客体的主体是明确的，并且只允许创建某种类型的客体。蠕虫在发起扫描时就是一个主体，这个主体的身份不符合创建客体的要求，同时蠕虫本身也不符合创建客体的类型，所以此操作是无效的，也就不会感染这台计算机。

实际上，这已经被实践证明过。2010年上海世博会时，世博会的计算机系统普遍安装了操作系统的加固软件，实现了强制访问控制。在测试中，反病毒厂商使用了近千个病毒样本对系统进行感染，结果全都是徒劳的。

另外，在强制访问控制机制中，除了打标记、按属性进行访问控制外，系统已经没有超级用户（Admin、Root）了，他们的角色至少被拆分成三类。

第一类是安全员，只负责给所有用户进行授权，包括给系统管理员进行授权，但是他不能进入系统。

第二类是各级别的系统管理员和操作员，他们在安全员给定的授权下进入系统工作，但是他们不能给自己授权，也不能给别人授权。

第三类是审计员，他们也不能对系统进行操作，但是可以审查各类日志信息。这相当于一个单位的监控室，监控人员不允许进入被监控的区域，但是他们在监控室里能看到监控区里每一个人的行为。同时，审计员也能监控安全员授权的正确性，安全员也会给审计员进行授权。这就形成了一个检查平衡、相互监督的局面。如果有入侵者入侵，就算他拿到了可以进入系统的操作员的权限，也没有办法给自己授权，无法提升自己的权限，也无法给自己创建一个账户。这就给入侵者造成极大的困难，他很难拿到最高的系统权力，想在系统中为所欲为就难多了。

但是，二十多年来，大家把防护的重点基本都放在了网络，特别是网络边界上，对主机的防范则是非常薄弱的。这是因为主流操作系统的核心知识产权都在别人手里，而且这些操作系统只支持自主访问控制，没有强制访问控制功能。我国开发的一些高安全级别的操作系统在生态上受到了一定的影响。核心技术控制在别人手里，靠买是买不来的，我们必须支持和开发自己的核心技术。可喜的是，目前国产的一些操作系统以及用国产CPU制造的计算机，正在从“能用”向“好用”迈进。

强制访问控制是基于数据安全属性的访问控制。

实际上，在自主访问控制的环境下，也需要考虑所要保护的数据的安全属性。笔者亲身经历的一个案例能说明这个问题。

一个安全厂商的代理机构向某单位销售了一台两端口的防火墙，一个端口对应于Internet网络，另一个端口对应的则是这个单位的网站和办公系统。检查的时候，笔者问他们："网站信息要不要向Internet公开？内部办公系统要不要向Internet公开？"回答这个问题并不难，网站要向Internet公开，否则就失去了建网站的意义；而对于内部办公系统，自然是不希望其他的Internet用户来访问。我接着问："一个要公开，一个不能公开，两个系统放在一块儿来保护，策略怎么做？"但是，我的问题并没有引起这个单位和安全代理商的重视，他们拖了很久也没有解决相关的问题。结果，一个并不出色的黑客入侵了这个单位的网站，进而入侵了整个办公系统，一些敏感的文件还被拿出来公开了。

### 5.1.3 访问控制功能的实施

我们说，访问控制是网络安全的核心功能，那么在哪里实施访问控制才好呢？答案是在主机上，更确切地说是在服务器主机上，通过操作系统和应用程序两个级别来实施。虽然在网络上也能实施一些控制，但是，在网络上不能建立一个主体对应一个客体的细粒度的操作关系。所以，在主机上实施访问控制才是真正有效的。不过这里也要考虑数据的形态，如Hadoop类的大数据，在以分布式方式对数据存储和处理的系统中，访问控制措施就需要适应分布式的方式。单纯在一台主机上进行访问控制就显得力不从心。

对于这类分布式数据库带来的访问控制的难题，也是有办法解决的。一个被称为大数据防火墙的产品就很好地解决了这个问题。

## 5.2 访问控制功能的补充与辅助

我们先不讨论大数据的访问控制，还是从传统的数据保护的角度来继续分析和讨论访问控制。

### 5.2.1 主体的标识与鉴别以及设备的标识与鉴别

在现实社会中，对人进行授权的一个大前提是，我们得认识这个人。对于一个不认识的人，我们敢给他授权吗？在计算机系统中，也要遵循这样的原则。

#### 1. 主体的标识与鉴别

在计算机系统中，为了实施访问控制，也需要知道主体的身份，这一功能在计算机系统中被称为标识与鉴别（也叫身份认证）。

标识与鉴别是实现访问控制的大前提，不能识别主体就无法对他进行授权，这一功能也是防范入侵的关键。

最简单的标识与鉴别技术就是键盘口令字。在计算机系统中，分配给我们一个账号（标识），我们输入口令后（系统进行鉴别），就确认了我们在计算机系统中的身份。当然，计算机不知道我们姓甚名谁，也不关心我们是男是女，它只关心我们是不是计算机系统的合法用户，在计算机系统中的权力有哪些。

但键盘口令字是最不可靠的认证方法。第一，需要有一定的复杂度才能保证这个口令字的安全性，而我们习惯用的口令字则是简单的，比如生日、姓名、单位名、街道名等都经常被用来做口令。这些口令很容易就能被破解，甚至不用计算机破解就能猜出来。举两个例子，一个例子是某市网络警察支队干警查扣了一个犯罪嫌疑人的计算机，让他说出口令，犯罪嫌疑人说忘了，而我们的干警利用他的姓名、出生年月日等基本信息，猜测了七八次就猜出来了；还有一个例子是在2016年的一次攻防演练中，第一个被攻破的系统账户是Admin，口令也是Admin。第二，键盘口令字在网上传输时，如果不加密，也很容易被截获。如果在计算机中植入木马，这个木马也会在输入口令时将口令记录下来，并把它发送给木马的主人，从而造成口令字的泄露。

所以，在安全等级较高的计算机系统中，不仅要求设置键盘口令字，还要求有第二个认证的因子，并且这个因子是不易于伪造的。

目前，比较好的第二个认证因子是令牌和视网膜。令牌是一个与时间相关的口令。在计算机主机内安装一个与手持令牌变化规律完全相同的程序，当需要验证时，输入手持令牌，如果和主机的程序相匹配，就可以证明我们身份。

视网膜是一种可靠的生物验证方式，利用每个人的视网膜都不一样的特性。实际上，还有其他的生物验证方式，如指纹、人脸等，但是由于指纹和人脸容易伪造，因此可靠性不如视网膜。

令牌也好，其他的生物识别系统也好，都要在计算机主机中安装相应的程序，如果删除相应的程序，这些识别的功能也就失效了。

#### 2. 设备的标识与鉴别

由于主体的标识与鉴别功能有被伪造的可能，因此在一些特别的应用中，还需要进行设备的标识与鉴别，以增强访问控制的可靠性。例如，进行一些重要网站的信息维护时，应该采用固定的设备，并且只有经过认证的设备才可以实施信息的上传和维护。设备的鉴别主要通过网卡的物理地址、设备的某些硬件参数来实施。

必须要说明的是，网卡的地址和这些硬件的信息也是可以伪造的，但是我们增加了时间戳参数安全性得到大大提高。

### 5.2.2 审计

第二个辅助访问控制实施的功能是审计，它具有监控主体进行的操作是否合法、是否有异常、操作是否成功等作用。同时，它还会对与计算机本身安全不相关的行为进行记录，监察利用计算机进行犯罪的行为。审计就是利用访问监控器记录下的日志进行分析的。

审计功能可以分为主机审计和网络审计，通过分析主机或者其他网络设备中的日志来进行。

审计功能非常重要：一是可以监控所有用户的操作；二是可以监督安全员给各个用户的授权的合法性。安全员只能给用户进行授权，自己不能进入系统，如果安全员给自己授权进入系统，那么审计记录可以被发现。当然，审计员只能阅读、分析审计数据，自己也不能进入系统。

### 5.2.3 客体的重用与回滚

第三个安全功能是客体重用，也称为剩余信息保护，这个功能不是访问控制的辅助功能，但它是对访问控制机制的补充。

客体重用，听起来有点拗口，不容易理解。实际上，它的意思是如果从外部存储器（如硬盘）上删除了一个文件，那么其他人（当前用户）就不能将这个文件恢复；同样，当在计算机中退出一个程序或者文件时（相当于从内存中退出），其他人（当前用户）则不能读取原来在内存中的信息。

为什么会有这样的要求呢？原来，在计算机上删除一个文件，并不是把这个文件从硬盘上擦除得干干净净。这不是不能做到，但是需要时间，要占用大量 CPU，因为要擦除干净，就要反复对这个区域做写入操作（用全 0 或者是全 1）。经过每次的删除或者写入后，以前的数据痕迹还是存在的，只有通过多次用全 0 或者全 1 写入，才能使这些痕迹越来越模糊，最后分辨不出原有的记录。这样的操作需要计算机提供大量的计算资源才能完成。所以，删除实际上就是标注出这个区域可以重新写入信息。

内存也是如此。当退出一个程序后，使用的这部分内存就会被分配给一个新的用户，如果这个用户有意，就可以通过读内存，获取刚刚使用的程序或者处理的文件的信息。

如果删除的文件是需要保密的或者刚处理的文件是保密的，那么新的用户读取到这些信息时就会造成信息泄露。

在这里，我们必须说明，在计算机系统中，访问控制不是直接对数据进行的，而是对存放数据的“容器”进行的。我们不允许一个用户访问一个文件，不是针对这个文件本身，而是针对存放这个文件的存储空间（容器），即不允许用户访问这个存储空间。

当删除文件之后，这个容器就不再受保护了，操作系统也就不限制其他用户访问这个区域，于是数据就可能泄露。

所以，对于需要保密的信息，在删除时一定要用“粉碎功能”，即用全0或者全1来反复写这个区域，使痕迹模糊，到别人再也不能恢复为止。

对于内存，则需要通过断电进行保护，如果不能做到断电，那么就需要用专门的工具将这个区域暂时封闭，然后对这个区域进行反复擦除。

刚刚我们说的是要对保密的信息采取上述措施，那么对于需要完整性保护的信息，还需要这样做吗？

当然不需要，不但不需要，如果做了还是有害的。试想，我们对所有需要做完整性保护的数据都进行粉碎，如果误操作，还能恢复我们的文件吗？特别是一些病毒会删除文件，如果不能恢复，就永久地损失了这些数据。曾经有一位在美国读博士的学生，笔记本电脑被病毒感染，所有的文件都被删除了。她急得不得了，当时她认识的一位地方银行的信息中心主任找到了我寻求帮助，我们用工具恢复了文件，她大哭了一场。她说这是她三年的心血，她害怕文件再也不能恢复。试想如果她的笔记本电脑实行了剩余信息保护措施，那么这些数据还能恢复吗？

在剩余信息保护中，还有一类信息必须得到很好的保护，那就是用户登录系统的信息，包括账号、口令等。当从系统中退出时，内存中可能还会保留这些信息，如果下一个用户登录，就可能从内存中读取到我们的身份信息。所以，剩余信息保护不仅要保护用户的数据，还要保护用户的登录数据。

现在，我们在介绍访问控制时强调过要基于数据的安全属性来制定安全保护策略，并且保护机密性和保护完整性在策略上是“冲突”的。对于剩余信息（客体重用）功能也是如此：对保护机密性，它非常必要，而对保护完整性则是有害的。所以我们必须要清楚所要保护数据的安全属性要求，而这一点恰恰被很多人忽略了。

接下来，再说说回滚。回滚也就是撤销，它是一个对正在处理的数据非常有用的功能。当出现误操作时，可以用撤销来把系统恢复到以前的状态，这对于保护数据的完整性特别有用。一些人还利用这一功能创建了沙箱，先把一个未知的程序放到沙箱里运行一下，如果这个程序有恶意目的，会对系统造成损害，那么就可以一步一步地撤销，使系统得到恢复。但是，撤销可能会造成泄密，比如利用撤销功能，可以查看一个人起草、修改数据的过程。在这个过程中，可能会有秘密信息。

现在可以想一想，如果安全策略做得不对，花钱越多是不是破坏性越大呢？

笔者以自己20多年在网络安全一线工作的经验告诉大家：真的有不少人没有清楚地认识到这一点，有些人虽然认识到了，但是由于计算机中保存的数据太多，因为嫌麻烦而不愿意做这种深入的数据安全属性的分析。如果你是一位领导，那么一定要督促下属把这项工作做好。

### 5.2.4 隐匿与隐藏

我们在网上经常用到隐匿功能，就是把真实身份隐藏起来，如很多人的微信名就不是真实姓名，可能是怕暴露身份信息。在内部网络里，也是需要隐匿的，比如有些单位需要把领导或者身份特殊的人的真实身份隐匿起来，从而便于这些人在系统中或者网络上处理相关事件。

隐藏是指我们将客体隐藏起来，后面会专门讨论数据的隐藏技术。

### 5.2.5 可信路径与可信通路

有一次，我们去一个商场买一些不太常用的东西，因为是第一次到这个城市，而这类物品的价格差异比较大，为了买到物有所值的产品，我们特意找了当地的一个熟人，这个熟人介绍我们到商场的 B 摊位去买。我们到了商场后，因为不熟悉摊位的位置，而且因为熟人的口音没有听清楚摊位名称，于是错找到了 C 摊位。我们和摊主说是某某介绍我们来的，摊主很热情，还说和某某是好朋友。正在我们挑选商品时，B 摊主给我们打来电话说某某给他打电话，让他认真地接待我们。接到这个电话，我们才知道搞错了，赶快从 C 摊位去了 B 摊位。

在计算机系统中，也会存在这样的情况。一些恶意者会将木马程序安装到有漏洞的计算机系统中，一是这个木马程序会伪装成操作系统的内核和用户打交道。这样，用户输入的各类信息都会被木马程序掌握，如果用户输入了银行卡号和口令，那他的资金就危险了。二是这个木马程序会伪装成用户与计算机内核打交道，让计算机内核以为这是一个合法用户，从而向它开放一些资源，如果这个木马程序能获得较高的权限，那么计算机就可能向它报告更多的信息，这样计算机中的其他用户和各类数据就都比较危险了。为了防范这一风险，一方面要采用强制访问控制措施，因为安装一个木马程序相当于创建一个客体，前面介绍的强制访问控制防范蠕虫病毒的原理同样也适用于防范木马程序。

当然，对于熟悉计算机的人来说，还有一个办法就是利用 Windows 系统下的三个热键来查看有没有非法的进程，如果有，就可能是木马。在 Linux 系统下也有类似的热键。但是，对计算机不熟悉的人就只能靠杀毒工具了。但是，杀毒工具并不总是那么有效，在 6.4.1 节，我们会简单介绍杀毒工具的原理。

可信路径要确保用户是在和操作系统的内核打交道，而不是和木马打交道；反过来说，可信路径要确保操作系统的内核是在和用户打交道，而不是和木马打交道。关于木马的概念，我们也会在 6.4.1 节中介绍。

可信通路是指通信双方使用的信道是可靠的，不会被第三监听或者插入。要保证这一点，物理线路上需要有安全措施，传输重要信息的通路还需要有加密措施。

可信路径和可信通路是对访问控制措施的补充。

回顾一下，以访问控制为核心，还有多少相关的安全功能呢？我们整理如下。

- 主体的标识与鉴别：识别登录计算机的主体的身份。
- 设备的标识与鉴别：识别接入系统的各类设备，特别是识别执行特定操作的设备，如维护网站信息的设备。
- 审计：对主体的操作进行监督。
- 客体重用：保护已经删除或者退出的数据。
- 撤销：保证正在处理数据的正确性。
- 隐匿：隐藏特别主体的真实身份。
- 可信路径：确保用户（或操作系统内核）在与操作系统内核（或用户）打交道，而不是和木马打交道。
- 可信通路：保证通信双方的通信安全。

再次强调，访问控制对于保护静态数据和暂态数据是非常重要的，是核心的安全措施。但是，在网络上传输数据时，数据离开了容器，以上访问控制措施就不那么有效了，还需要其他的安全措施。

不过从广义上讲，对通信信道的保护也属于访问控制，只不过这时数据不是在容器里，而还是在信道中。如果我们能限制非法主体对信道进行侵害，那么信道是安全的，数据也就是安全的。

在现实生活中，运钞车就是对动态货币的保护，在特定的情况下，运钞车的行车路线也要被保护或者是保密的。在前几年，一些领导视察下层工作时，道路也是需要保护的，甚至要封闭一些路段。这些都是为了安全。而在网络安全中，这些思想是可以借鉴的。

- 第一，规定数据只能流向安全等级不低于它们的客体（容器），这样一些想截获数据的人就会遇到极大的困难，因为当他想把某些文件保存在他的存储器中时，存储器这一客体的安全等级如果低于数据文件的标记，那么根据策略规定，数据就不能被写入这个容器。
- 第二，要对数据进行加密。
- 第三，要对信道进行隐藏，如利用 VPN 等。

## 5.3 资源控制

对资源的控制也属于安全的范畴。在计算机中，资源主要包括两方面：计算资源，比如 CPU 的处理能力、各种缓存器的容量及速度、内存的大小及处理速度、外部存储器的容量等；网络资源，如带宽、各种路由交换能力、网络地址、端口等。

使用这些资源时，要考虑到系统中任务的重要程度，对重要的任务优先分配资源。

另外，要保证这些资源不被恶意占用。一是要防范某些合法用户强行占用资源，并造成资源浪费，如用户利用单位的网络下载电影、电视剧、玩大型网络游戏等。二是要防范有人恶意利用服务器资源从事与本组织完全无关的业务和事务。再看一个笔者本人经历过的例子。一个人利用给某个单位维护网站的机会，利用服务器的空闲资源自己创建了一个网站，并从事违反电信条例的活动。实际上，这类事件并不少见，这个人在开办的网站上从事违规的活动，被执法部门监控到并惩处了，而其他占用服务器资源的情况还有很多。比如近年来，连接到 Internet 上的许多计算机还被非法使用者控制用来进行“挖矿”，这是一种既耗电又十分损耗计算机资源的活动，已被相关部门禁止。所以，要特别重视资源的控制。

## 小结

控制是实现授权操作的根本手段。在计算机和网络中，访问控制是最核心的安全功能。本章先从访问控制的概念出发介绍了自主访问控制和强制访问控制的原理，接着介绍了访问控制所依赖的其他安全功能，如标识与鉴别、审计、客体重用等，最后介绍了访问控制的其他补充安全功能。

# 第6章

# 检查、验证与处置

在现实社会中，为了保证安全，会有各类安全检查，常见的有机场和火车站（现在叫火车已经不准确了，但我们仍按照惯常的说法）的安检、森林防火进行的安全检查（包括对人员携带火种的检查）、建筑物的防火检查、特定场景下对刀具的检查，等等。在网络安全中，检查也是必需的。当然，对于检查的异常结果要做针对性的处置。

检查既是对“授权操作”的正确性的检查，也是对“正确的授权操作”的“保证”。检查要从几个方面入手，检查的目的是及时发现异常情况。

一是脆弱性检查。脆弱性包括两方面：

- 机制上的脆弱性，即与保护目标的保护强度、保护策略不符合，也就是说“授权不正确”；
- 系统和网络上存在的漏洞、行政工作中的不适用项等，也就是说“正确的授权机制”有被绕过的可能。

二是威胁检查。威胁检查是要检查那些企图突破、正在突破或者已经突破了“正确授权操作”机制的各类行为。威胁检查要从三个方面入手。

- 环境中存在的威胁：威胁源、威胁源的能力分析等。
- 正在发生的安全事件：正在发生的安全事件是指威胁源利用系统或者网络本身存在的脆弱性实施了相应的入侵，包括恶意代码事件、黑客入侵事件、其他的网络入侵事件等。
- 已经发生的事件：要对事件进行分析、溯源、取证、善后处置等工作。

一个非常重要的安全模型称为PDRR模型，该模型就是从安全事件的角度来分析应该如何进行安全事件的应对。

- P：保护，事件发生前要做的，就是要提高系统和数据本身的强壮性（或者说减少脆弱性），使之能够有效地抵御相关的入侵行为。

- D：检测，既有事件前的检查和测评、测试等，也有事件中的检测。
- R：响应，指在事件发生过程中进行的响应和处置措施，包括反制。
- R：恢复，是指事件后的恢复能力。

所有对脆弱性、威胁的检查都离不开对信息资产进行检查，而对信息资产的检查和估值需要以对业务流程、场景等进行的分析为基础。

在计算机网络中，这类检查是非常必要的，并且已经出现许多技术和产品可以用于网络安全的检查。

检查可以在系统运行的不同阶段进行。从开始设计系统时，就可以进行相应的检查；当系统废弃时，也要进行检查。当然，这两个阶段检查的重点是不同的。在系统废弃阶段，重点要检查系统废弃后哪些数据还需要机密性保护、哪些数据会继续支撑新系统的运行等。在系统全生命周期的各个阶段，要有不同的检查项目，当然检查的目的也不尽相同。

在本章中，我们重点介绍检查，当然也包括监控、测试等，这些也属于检查的范畴。

## 6.1　业务场景及流程分析

业务场景和业务流程的分析是对信息资产进行正确估值的保障。信息资产包括两个方面：一方面是数据，另一方面则是这个系统所能提供的信息化功能。当然，各类计算机设备、设施等也是资产，但它们是物理资产，是系统服务功能的载体，可以归类到“信息化功能”中进行赋值。这里再次强调，数据是一个信息化系统中的核心信息资产。

这里使用“信息资产”这一概念而没有使用“数据资产”的原因是，信息化系统包含数据，同时也包含“信息化功能”，即信息化系统所提供的服务功能。

这里使用的“信息化系统”这一概念的定义是：信息化系统包含信息系统、基础信息网络和各类工业控制或物联网系统，即一切可以采集、处理、传输、加工各类数据和信号的系统。

### 6.1.1　分析业务的重要性

如果我们把信息化系统所承载的业务当成主体的话，那么这些主体一旦发生安全事件，就会影响国家安全、经济建设、公众利益、社会秩序、法人组织、个人利益等客体。当然，不同主体所影响的客体也不同。一个军工产品的计算机辅助设计系统影响的是国家安全，而一个游戏网站所影响的只是玩家的利益。通过业务场景和业务流程的分析与检查，我们可以确认信息化系统所承载的业务与这些客体之间的关系。我国于 1994 年提出信息安全等级保护制度，并在 2004 年开放推进，相应地，各个信息系统的安全等级确定所依据的正是信息化系统与国家安全、公众利益和社会秩序、公民和法人的利益的关系，也就是这个系统对上述三大客体的影响。比较遗憾的是，没有将经济建设作为第四个客体，作为评估其信息与信息系统的重要程度的一个依据。

### 6.1.2　划分子系统

我们不仅要从整体上分析信息化系统所影响的相关客体，还要具体到各个业务流程、相关业务流程中的具体数据、出现的安全事件会影响哪些客体。根据信息安全等级保护的规定，我们要给系统定级。虽然在《信息安全技术 信息安全等级保护定级指南》这个标准中没有提及如何给子系统定级，但它实际上已经指出了如何给子系统定级。该指南要求将一个大的系统划分为一个个只有单一应用的小系统，把这些小的系统看成要定级的信息系统。在业务场景与业务流程的分析中，也要这样做，这样才能把一个复杂的系统拆分为一个个相对简单的系统，同时也容易找出系统中那些确定系统安全等级的关键数据和关键信息化功能，进而对它们进行评价。

### 6.1.3　确定各子系统的重要程度

确定各子系统的重要程度，就是要分析出一旦发生安全事件后，可能导致的影响程度。《信息安全技术 信息安全等级保护定级指南》中给出了一个矩阵，如表 6-1 所示，这个表中给出了被侵害客体和侵害程度，构成了确定信息与信息系统安全等级的依据。

**表 6-1　信息安全等级保护定级指南**

| 被侵害客体 | 侵害程度 | | |
|---|---|---|---|
| | 一般侵害 | 严重侵害 | 特别严重侵害 |
| 公民、法人自身利益 | 1 | 2 | 2/3 |
| 公众利益　社会秩序 | 2 | 3 | 4 |
| 国家安全 | 3 | 4 | 5 |

在指南中，明确提出了信息系统安全的目标。这里主要有两个大目标：一个是数据（指南中给出的是业务信息）的安全，另一个是系统服务功能的安全。我们可以分别按照这两个目标并结合上面的矩阵来分析，当这两个目标中的任何一个出现安全问题时，会侵害到哪个客体，分析相应的侵害程度，并依据这个矩阵来确定相应的子系统的安全等级。

在风险评估中，给信息资产的赋值也基于这样的思想。从这一点来说，风险评估和等级保护完全是一码事。它们的目标本来就都是维护信息化系统中的数据安全或者系统的服务功能的安全，在目标上完全一致，方法上也没有根本性区别。

当然，由于不同的人对于系统的理解有差异，视角不同，对事务的认识也会有不同，因此在分析业务场景与业务流程的过程中，对于一些资产对相关客体的影响以及影响程度会得出不同的结论。为了尽可能客观，在这个标准中给出了一些可以参考的要素。当然，给出这些要素也不能完全消除人们主观上的一些认识。我们可以采取“就高不就低”的原则，轻度的过保护总比欠保护更安全一些。

### 6.1.4 识别与业务相关联的核心软硬件及数据

在业务识别过程中，还要梳理出在业务场景与业务流程中，支撑核心功能的软件、硬件和数据，并分析这些软硬件或者数据一旦发生安全问题会导致什么样的结果。这样做的目的是为数据资产的普查做准备。

要对业务流、数据流进行分析，结合网络拓扑图分析这些业务和数据之间的相互关系，分析各个环节上可能的威胁源，并将此作为整体安全策略的分配与部署的依据之一。

## 6.2 资产的普查

应该在了解和分析业务的基础上进行资产普查。资产普查是安全需求分析的重要依据，也是制定总体安全策略的依据，同时是保证“授权操作”正确的重要依据。

资产普查是指检查在线的系统上有多少设备、这些设备的作用（通过对开放端口的检查就可以知道）、这些设备上运行了哪些协议、是由什么操作系统支持的、有什么样的应用程序、应用程序的版本、有哪些数据，等等。

资产普查看似和安全不相关，但是这项检查对安全十分有用。试想，如果对系统的基本情况都不了解，也不知道哪些设备、哪些软件上存在已经公布的漏洞，怎么能进行有效的防范呢？不过，现在有一个名为 ZoomEye 的资产普查产品，在发生心脏出血漏洞时，能及时向主管部门报告。对于 2017 年发生的勒索软件事件，这类产品能及时发现存在相关漏洞的设备，提醒相关部门及时修补漏洞。还有一款大数据雷达产品能及时发现 Internet 上有多少个类似的 Hadoop 系统、有多少个文件、各个系统的数据量有多大，甚至会发现更详细的信息。当然，它也可以发现其他的分布式平台。

如果是一个全国性或者是全球性的网络，就能利用这些工具和产品及时检测、发现系统中存在隐患的设备。

总之，资产普查是安全检查的基础，家底都不清楚，怎么能够保证其安全呢？下面来介绍资产普查的内容。

### 6.2.1 系统设备的普查

系统设备的普查包括软硬件的普查，涉及主机、网络和其他支撑与保障类的设备和设施。

1）系统的设备、设施：包括主机设备、网络设备、端设备、移动设备、各类安全设备和设施、各类系统运行的保障设备和设施（如供电设备、空调、接地线、防雷、应急电源与照明设备、机架等）。另外，还包括系统的网络规模、核心节点数、核心节点设备、网络接口、无线网络接入情况、网段、VLAN 的划分情况、隔离与交换、传输线路、带宽（包括运行带宽、出口带宽等）、网络登录设备（包括系统内部人员的登录和外部登录）等。要分析它们的功能、承载的任务、在系统中的作用等。

2）系统软件：包括操作系统的类型、操作系统的安全等级；数据库类型、数据库的安全等级、是否采用分布式的数据库；对于云平台，还要考虑虚拟机划分软件、虚拟机隔离工具软件等。

3）应用软件：应用软件是完成信息化功能的基础，对这些应用软件更要进行调查，要了解它们是购买的成品软件，还是定制化开发的软件，或者是二次开发的软件；这些软件的开发商、程序的版本号、程序的检测情况（是否进行过检测，属于哪一类检测，是功能性检测、性能检测还是安全检测，等等）、程序检测的版本号与在线使用的版本号是否为同一个版本号，等等。

4）安全产品：安全产品是解决安全问题的重要部件，所以对安全产品的普查是非常重要的。安全产品的普查不仅包括普查产品类型、版本号、数量、电信能参数，更重要是的普查这些产品部署在网络的哪个位置、其作用是什么，并且要查看这个产品上安全策略的部署情况。安全策略的部署尤其重要，要查看这个策略和总体策略的关系，与部署的位置是否匹配，是否能够符合总体策略的要求。同时，要对总体的策略与各产品上的策略进行分析，查看策略部署上的完整性。

### 6.2.2 数据资产的普查

数据资产分为两大类：一类是用户数据；另一类是信息安全功能数据（一些标准中称为 TSF 数据或其他类似的名字），包括用户登录和相关授权信息以及其他相关的安全策略数据，如用户登录到系统的账户和口令、日志等。这两类数据我们都必须保护。用户数据主要是指用户的业务数据，是保护的目标；保护信息安全功能数据是为了保护用户数据。数据资产的普查就是要列出相应的数据清单，分析出各个数据客体的保护需求，即安全属性的分析。

这一步必须要认真做。在信息系统中，最需要保护的是数据，而保护数据就是保护数据的安全属性。数据的安全属性直接决定了整个系统的保护策略。

我们已经在前面介绍过数据的安全属性，此处再次强调一下：

- 数据的机密性：不泄露给未授权的实体的属性。
- 数据的完整性：不被未授权实体改变的属性。
- 数据的可用性：保证授权实体正常使用的属性。
- 数据的真实性：数据所表征的信息与实际完全符合的属性。

关于数据属性的详细分析和说明，这里不再赘述，一定要记住：数据的每个安全属性之间是存在关联关系的。

对数据进行资产普查时，要给这些数据客体进行赋值，或者说确定相应的安全等级要求。

对于某一个数据客体，并不是对所有的安全属性都需要进行同等保护，也就是说，对于不同的数据客体，在某一个属性的赋值会与其他的安全属性不同。例如，Web 数据用于宣传，其授权的范围可能是全国人民或者全世界人民，那么就不存在保密的问题，机密性要求赋值为 1，对应的机密性安全等级要求是最低的。而网站上的信息则不允许有未授权的修改，更不允许恶意组织和个人对信息内容进行篡改，其对完整性的保护要求比较高，根据网站涉及的信息内容，可以将安全等级设成 2、3、4 级。

在信息化系统环境下，一般对数据的真实性考虑得不多，但是在大数据环境下，则必须对数据的真实性进行甄别。数据的真实性是不能通过“保护”手段来实现的，当然数据的完整性被破坏后，其真实性也丧失了。但虽然数据的完整性被破坏了，也必须搞清楚其因果关系。如果数据原来是真实的，在完整性没有被破坏的情况下，真实性也能够得到保护。

对于 TSF 数据，首先要保护这些数据的机密性。试想一下，如果一个用户的账户和口令信息被泄露，那么入侵者就可以用这个账户和口令登录系统，用户的所有权限就都被入侵者获得了。同样的，对 TSF 数据也要做到完整性保护，否则用户信息被篡改之后，用户就不能正常登录系统，更不能完成相应的任务。当然，TSF 数据的可用性也是非常重要的，机密性、完整性的保护在一定程度上保护了相关 TSF 数据的可用性，另外还要保护好系统资源，在用户实行操作时，提供合理的资源，以保障合法用户的正确操作行为。

再次强调，TSF 数据的安全是非常重要的，但这不是我们要保护的目标，我们的目标是用户数据的安全。

## 6.3 脆弱性检查

脆弱性来自两个方面：一是授权的正确性存在漏洞，甚至是没有授权；二是存在能绕过这些授权机制的漏洞。

### 6.3.1 授权的正确性检查

授权的正确性也来源于两个方面：一方面是保护策略与安全需求的一致性，即安全策略是否与被保护数据的安全属性要求一致；另一方面是保护强度是否符合要求。

#### 1. 保护策略的检查

授权机制反映了整体安全策略，从网络拓扑的角度来看，这个策略会分散部署在主机服务器上、网络边界上、网络通信传输中、客户端的安全策略中等。而在软硬件体系中，则反映在两个方面：一是硬件的安全策略，如 BIOS 的保护；二是软件的安全策略，软件的安全策略反映了整个信息系统的安全保护核心思想，是安全策略的集中体现。这些策略必须保证操作系统、数据库、中间件、应用程序等在策略上的一致性。

安全策略的核心是访问控制。在信息系统中，有两大类访问控制机制，一类是自主访问控制机制，另一类是强制访问控制机制。关于这两种访问控制机制，我们已经在 5.1 节中进行了介绍，此处不再详述。

在这里，我们要强调的是如何检查这些机制的落实情况。

根据我们对业务和数据资产的普查中获得的信息，确认所要保护的数据是否得到了恰当的保护。

首先要检查数据的安全属性是否与访问控制策略一致。2005 年，有一家企业开发了操作系统加固产品，使操作系统的安全等级得到了提升。该产品在保护系统的完整性方面也做得非常好，使升级后的操作系统能有效抵御恶意代码，甚至不用修补一些系统的漏洞，入侵者也不能利用它们。但是，该产品在保护数据的机密性方面采用了完全相反的策略，因此在需要进行数据机密性保护的场景下，不但不能起到保护作用，还会有很大的破坏作用。恰恰有数据机密性保护需求的单位采购了该产品，保护效果可想而知。

所以，我们必须结合 5.1 节介绍的内容，分析在业务普查和资源普查中获得的信息，进而分析保护策略的正确性。

下面通过访谈和工具检查来确认实际的信息系统是否采取了正确的授权机制。

例如，对于保护机密性，要求必须做到剩余信息保护。剩余信息保护有两个方面的要求。一是对于安全功能数据，当前的主体不能获得以前主体登录系统的信息，这类数据是需要保密的。这就需要检查在内存中会不会保留以前主体登录时的登录数据，包括账户和口令及其他认证信息。二是要检查在删除用户数据时是否使用了粉碎功能。当然，有些系统为了保证系统资源的有效性，当删除机密性保护数据时，并不是立即进行粉碎，而是先将这个系统进行封闭，不允许任何主体再进行访问，等系统不忙时再进行粉碎。这种做法对一些机密性要求不高的文件来说是允许的。

除了对删除的文件进行粉碎性检查外，还要对用户的鉴别信息进行检查，包括检查系统用户鉴别信息所在的存储空间（包括硬盘和内存）在被释放或再分配给其他用户之前是否得到了完全清除。这时可以点击“本地安全策略”→“安全设置”→“本地策略”→“安全选项”，查看“不显示最后的用户名”是否已启用，结合系统管理员的访谈结果进行判断。

对系统来说，要做的检查工作包括以下几项：检查系统内的文件、目录和数据库记录等资源所在的存储空间在被释放或重新分配给其他用户前是否得到了完全清除；通过访谈和文档查阅，检查主要操作系统的维护操作手册中是否明确了文件、目录和数据库记录等资源所在的存储空间被释放或重新分配给其他用户前的处理方法和过程；打开“本地安全策略”→“安全设置”→“本地策略”→“安全选项”，查看“关机清除虚拟内存页面文件”是否已启用；打开“本地安全策略”→“安全设置”→“账户策略”→“密码策略”，查看“用可还原的加密来存储密码”选项是否已启用；等等。

对于用户的鉴别信息，机密性保护和完整性保护都非常重要。从某种意义上来说，对机密性保护的要求会更强，因为一旦鉴别信息被泄露，就可能被人利用；而完整性被破坏，我们还可以补救。

### 2. 保护强度的检查

除了访问控制策略必须与数据的安全属性需求一致外，还必须注意相应的保护强度要求，而这个强度要求也是从业务普查和资源普查中获得的信息。

保护强度检查一方面要看系统确定的安全等级是否符合要求。我们在表 6-1 中已经给出了相应的定级要求，要检查系统的定级是否符合这个要求。前面说过，这些要素往往会因为主观立场不同、角度不同而得到不一致的结果，原来系统的主管部门与检查人员在定级问题上可能会有不同意见，这种情况下，对于高安全等级的系统，就需要有专家介入，重新确定安全等级；也可以由检查人员和系统的主管人员共同分析，重新确认系统的安全等级。

在确认系统安全等级之后，就需要根据所保护目标的确切性及相关国家标准、国际标准对系统的保护强度进行检查。总的原则是安全要求较低的系统可以采用自主保护策略，而安全要求较高的系统必须采用强制保护策略。

在这方面，美国走在了前面。早在 20 世纪 80 年代，美国国防部就出台了《可信计算机系统评估准则》（TCSEC，俗桔皮书），该准则将计算机系统分为四类七个等级。第一类为 D 类，是无保护类。第二类为 C 类，是自主保护类，其中又细分为 C1 级和 C2 级两个等级，两个等级主要的差异是，C2 级要求有审计功能。第三类为 B 类，称为强制保护类，其中又细分分为 B1、B2 和 B3 三个级别，要求是主、客体都按安全属性和等级打标记，标记中还要含有相关的部门要求（称为范畴集），主要差异是：B2 级要求用半形式化语言（自然语言和数学语言）描述安全策略要求，同时要结构化关键要素与非关键要素（B2 级也称为结构化保护级），还要标注出隐蔽信道；B3 级要求用完全的形式化语言描述安全策略，并且要求能标注出隐蔽信道的带宽。A 类只有一个等级，称为验证保护级，即安全应该是状态计算出来的。

我国的第一个强制性等级保护技术标准是《计算机信息系统安全保护等级划分准则》（GB 17859—1999），虽然这个标准存在一些不足，但是它科学地将我国的信息系统保护工作纳入标准化的轨道中。

桔皮书后来被许多国家采用，并且经过不断演进形成了通用计算机系统评测准则（简称 CC），并且由国际标准化组织发布（ISO 15408）。这个标准仍然在不断改进中，我国也引进了这个标准，国标为 GB/T 18336。该标准分为三个部分：第一部分是总体说明，从两个角度提出了保护轮廓（PP）和保护目标（ST）的概念；第二部分介绍了安全功能要求，从技术的角度提出了相关要求；第三部分是保障要求，从工程的角度提出了相应的要求。这个标准在我国的等级保护工作中具有很重要的地位，等级保护系列标准（GB/T 20269 ～ GB/T 20273）的内容大量参考了该标准，并进一步提出了操作系统安全标准、数据库安全标准、网络安全标准、管理安全标准等一系列标准。

任何一个标准都有其适用的范围，也都有制定标准时人们的一些考虑；任何一个标准都需要与具体的系统相结合，与具体的保护目标相结合。例如，CC 关注的是数据保护，而对其他的保护则考虑得较少，基本上没有考虑系统运行环境的安全。

在国际上，各类测评的标准也有很多。比较有名的是 BSI（英国标准协会）颁布的 BS7799、美国国家安全局颁布的《信息保障技术框架》（IATF）、美国国家标准学会（American National Standards Institute，ANSI）和国际标准化组织（ISO）颁布的相关标准等。这里不详细介绍这些标准，在后面的内容中，将以我国的《信息安全技术 信息系统安全等级保护基本要求》为基础给出相应的检查要求。

### 6.3.2　漏洞检测

漏洞是指一个系统存在的弱点或缺陷，任何可以导致“正确的授权操作”失效的路径都可以被认为是漏洞，它们可能存在于硬件、软件、网络协议，甚至行政机制等诸多方面中。这些弱点或者缺陷可能源于设计者或者编制者的失误，也可能是有意而为的，有的是为了方便工作和测试，当然也有主观上恶意导致的。

漏洞可能来自应用软件或操作系统设计时的缺陷或编码时产生的错误，也可能来自业务在交互处理过程中的设计缺陷或逻辑流程上的不合理之处。这些缺陷、错误或不合理之处可能被有意或无意地利用，从而对一个组织的资产或运行造成不良影响，如信息系统被攻击或控制、重要资料被窃取、用户数据被篡改、系统被作为入侵其他主机系统的跳板。从目前发现的漏洞来看，应用软件中的漏洞远远多于操作系统中的漏洞，特别是 Web 应用系统中的漏洞更是在信息系统漏洞中占绝大多数。

### 1. 漏洞与系统环境之间的关系及其时间相关特性

漏洞会影响很大范围内的软、硬件设备，包括操作系统本身及其支撑软件、网络客户和服务器软件、网络路由器和安全防火墙等。换言之，在这些不同的软、硬件设备中都可能存在不同的安全漏洞。在不同种类的软 / 硬件设备之间、同种设备的不同版本之间、不同设备构成的不同系统之间，甚至同种系统在不同的设置条件下，都会存在不同的安全漏洞。

漏洞问题是与时间紧密相关的。一个系统从发布的那一天起，随着用户的深入使用，系统中存在的漏洞会不断暴露出来，这些先被发现的漏洞也会不断通过系统供应商发布的补丁软件修补，或在以后发布的新版系统中得以纠正。而在新版系统纠正旧版本中漏洞的同时，又会引入一些新的漏洞和错误。因此，随着时间的推移，旧的漏洞不断消失，新的漏洞又不断出现，漏洞问题也会长期存在。

所以，脱离具体的时间和具体的系统环境来讨论漏洞问题是毫无意义的。只能针对目标系统的操作系统版本、其上运行的软件版本以及服务运行设置等实际环境来讨论其中可能存在的漏洞以及可行的解决办法。

同时应该看到，对漏洞问题的研究必须要跟踪当前计算机系统及其安全问题的最新发展动态。这一点和计算机病毒发展问题的研究相似。如果在工作中不能保持对新技术的跟踪，就没有谈论系统安全漏洞问题的发言权，以前所做的工作也会逐渐失去价值。

### 2. 漏洞产生的原因

漏洞的存在很容易导致黑客的入侵及病毒的驻留，进而造成数据的丢失和篡改、隐私的泄露乃至金钱上的损失。例如，网站因漏洞被入侵，网站用户数据将会泄露，网站功能可能遭到破坏，进而导致网站服务中止乃至服务器本身被入侵者控制。目前，随着数码产品的发展，漏洞从过去以计算机为载体延伸至数码平台，如手机二维码漏洞、安卓应用程序漏洞等。

产生漏洞的原因无外乎以下几个方面。

（1）编写软件错误

软件编写时不可避免地会出现错误，也就是业内人常说的 bug，无论是服务器程序、客户端软件还是操作系统，只要是用代码编写的东西，都会存在不同程度的 bug。bug 主要有以下几类。

- 缓冲区溢出：入侵者在程序的有关输入项目中输入了超过规定长度的字符串，超过的部分通常就是入侵者想要执行的攻击代码，而程序编写者又没有进行输入长度的检查，最终导致攻击代码占据了输入缓冲区的内存而执行。不要以为为登录用户名留出 200 个字符就够了，不再做长度检查，入侵者会想尽一切办法尝试各种攻击途径，因此千万不能掉以轻心。
- 意料外的联合使用问题：一个程序经常由功能不同的多层代码组成，甚至会涉及最底层的操作系统。入侵者通常会利用这个特点为不同的层输入不同的内容，以达到窃取信息的目的。例如，对于 Perl 编写的程序，入侵者可以在程序的输入项目中输入类似“mail</etc/passwd”的字符串，从而让操作系统调用邮件程序，并给入侵者发送重要的密码文件。这种借 Mail 送“信”的入侵是很隐蔽的。
- 不对输入内容进行预期检查：有些编程人员怕麻烦，对输入内容不进行预期的匹配检查，导致入侵者轻易就能完成输送“炸弹”的工作。
- 条件竞争（race condition）问题：每个任务在计算机中执行都会有一个对应的线程。实际上，我们在现实生活中的工作也是有线程的，要完成一项工作，总是要几个步骤——第一步做什么，第二步做什么，…，最后做什么，这就是线程。多任务就会有多线程，而当程序越来越多时，在提高运行效率的同时也要注意条件竞争问题。比如，程序 A 和程序 B 都按照“读 / 改 / 写”的顺序操作一个文件，当 A 进行完“读”和“改”的工作时，B 启动立即执行完“读 / 改 / 写”的全部工作，这时 A 继续执行写工作，结果导致 B 的操作消失了。入侵者就可能利用这种处理顺序上的漏洞改写某些重要文件，从而达到入侵系统的目的。所以，编程人员要注意文件操作的顺序以及锁定等问题，避免条件竞争的漏洞。

（2）系统配置不当

造成系统配置不当主要有以下几个原因。

- 默认配置的不足：许多系统安装后都有默认的安全配置信息，通常被称为 easy to use。遗憾的是，easy to use 还意味着 easy to break in。所以，一定要对默认配置进行扬弃的工作。
- 管理员懒散：管理员懒散的表现之一就是系统安装后保持管理员口令为空值，而且随后不进行修改。要知道，入侵者首先会做的事情就是搜索网络上是否有管理员口令为空的机器。
- 临时端口：有时候为了进行测试，管理员会在机器上打开一个临时端口，测试完成后却忘记了禁止它，这样就会让入侵者“有洞可寻、有漏可钻”。通常的解决策略是——除非一个端口是必须使用的，否则必须禁止它。一般情况下，安全审计数据包可用于发现这样的端口并通知管理者。

- 信任关系：网络间的系统经常建立信任关系以方便资源共享，但这也给入侵者提供了间接攻击的可能。例如，只要攻破信任群中的一个机器，就有可能进一步攻击其他机器。所以，要对信任关系进行严格审核，确保是真正的安全联盟。

（3）口令失窃

口令失窃主要有以下几个原因。

- 弱不禁破的口令：虽然设置了口令，但口令简单得不能再简单，入侵者不费吹灰之力就可破解这样的口令。
- 字典攻击：指入侵者使用一个程序，该程序借助一个包含用户名和口令的字典数据库不断尝试登录系统，直到成功进入。毋庸置疑，这种方式的关键在于有一个好的“字典”。
- 暴力攻击：与字典攻击类似，但这个字典是动态的，也就是说，字典包含所有可能的字符组合。例如，一个包含大小写的 4 字符口令大约有 50 万个组合，一个包含大小写和标点符号的 7 字符口令大约有 10 万亿个组合。对于后者，一般的计算机要花费大约几个月的时间才能试验一遍。看到了长口令的好处了吧，真正是“四两拨千斤”。

必须指出的是，容易被破解的口令都是弱口令，弱口令问题仍然是目前必须重视的一个问题。许多系统安装了非常好的安全产品，结果却因为弱口令的问题导致系统被入侵。2016 年，笔者组织贵阳市的网络攻防演练时，第一个被入侵的系统仅用了几分钟时间就被攻破，原因就是弱口令。再强大的防盗门，如果我们把钥匙放在门边，那防盗门还有什么用处呢？

（4）嗅探未加密通信数据

嗅探未加密通信数据的途径主要有以下几种。

- 共享介质：传统的以太网结构（总线式，家庭或者单位的供电系统是类似的结构，只不过供电电路是两条线，而总线网的线要多一些，所有的设备都可以并接到这个网上）采用广播式的寻址方式，即一个要发起通信的主机会在网上广播，要和另外的哪一台主机通信，相应的主机就会打开接收通道，与主叫主机进行通信。这就很便于让入侵者伪装成一台计算机，无论被叫的是哪一台主机，它都能伪装成被叫的主机，这就是嗅探器。在网络上放置一个嗅探器就可以查看该网段上的通信数据。但是，如果采用交换型以太网结构，嗅探行为将变得非常困难。
- 服务器嗅探：交换型网络也有一个明显的不足，即入侵者可以在服务器（特别是充当路由功能的服务器）上安装一个嗅探器软件，就可以利用它收集到的信息入侵客户端机器以及信任的机器。例如，虽然不知道用户的口令，但当用户使用 Telnet 软件登录时，就可以嗅探到他输入的口令。

- 远程嗅探：许多设备都具有 RMON（远程监控）功能，以便管理者使用公共体字符串（public community strings）进行远程调试。随着宽带的不断普及，入侵者对这个后门越来越感兴趣了。

（5）设计存在缺陷

虽然现在 TCP/IP 协议应用广泛，但它是在很早以前设计出来的，那时还没有如此猖狂肆虐的入侵活动。因此，该协议存在许多不足，造成安全漏洞在所难免，例如 smurf 攻击、ICMP Unreachable 数据包断开、IP 地址欺骗以及 SYN Flood 攻击等。然而，最大的问题在于 IP 协议是非常容易“轻信”的，也就是说，入侵者可以随意地伪造、修改 IP 数据包而不被发现。现在，人们开发了 IPSec 协议以弥补这个不足，但 IPSec 协议还没有得到广泛的应用。

（6）软件编制者的疏忽或恶意

软件编制者在编制、调试、检测的过程中，为了方便自己的工作，可能会设置一个方便的入口，如一个特殊的命令。当交付软件时，这个入口应该被封闭。但由于编制者的疏忽，忘记封闭这个入口，就会带来极大的安全隐患。

当然，有一些这样的入口是编制者故意保留下来的。

（7）一些可以被利用的机制

在现实生活中，家门是我们必经的出入口。如果有一些恶意的犯罪嫌疑人在特定的情况下知道了我们家的位置，在家门口堵着，不让我们进家门；或者在我们打电话时，有一个人频繁给我们打电话，当接听时他又不讲话。这些日常生活中会遇到的问题虽然是小概率事件，但是对于遇到的人来说，可能就是困扰他的生活的安全问题了。

网络上也有这类问题。典型的就是利用网络建立通信的“三次握手”协议实施的拒绝服务攻击或者是针对某个特定地址的流量攻击，这些都会导致系统不可用。严格来说，三次握手协议并不是漏洞，而是建立通信必需的过程。如同我们给一个人打电话，一方先拨号，对方回铃，或者示忙（一次握手）；对方接听并回应（二次握手）；确认对方身份（问－答，三次握手），开始通话。当然，现在移动智能终端有显示对方号码的功能，很多的问答确认语言可以省略，但是并不等于过程也可以省略。如果一个人给我们打电话，我们回应了之后（2.5 次）对方不讲话，挂机后，他又打来，然后还是不讲话。这时如果有正常的电话打进来，我们就无法接听了，或者我们因为不堪其扰干脆关机，那么有恶意的人就达到了让我们的手机不能提供服务的目的。

### 3. 漏洞检测工具

一般人是识别不了漏洞的，还好有专业人士帮助我们。他们中有一些人会帮助我们在软件中寻找漏洞，称为漏洞挖掘；还有一些人会把人们已经发现的漏洞进行汇总，开发出检测工具，用于扫描相关的软件产品，从中发现可能存在的漏洞，这类工具称为漏洞扫描工具。

漏洞扫描的原理很简单，就是用已知漏洞与软件代码比对，发现匹配项就报警。现在存在很多这类工具，这里以安赛科技的 Web 漏洞扫描产品为例介绍其原理和功能。

图 6-1 给出了该产品的原理框图。

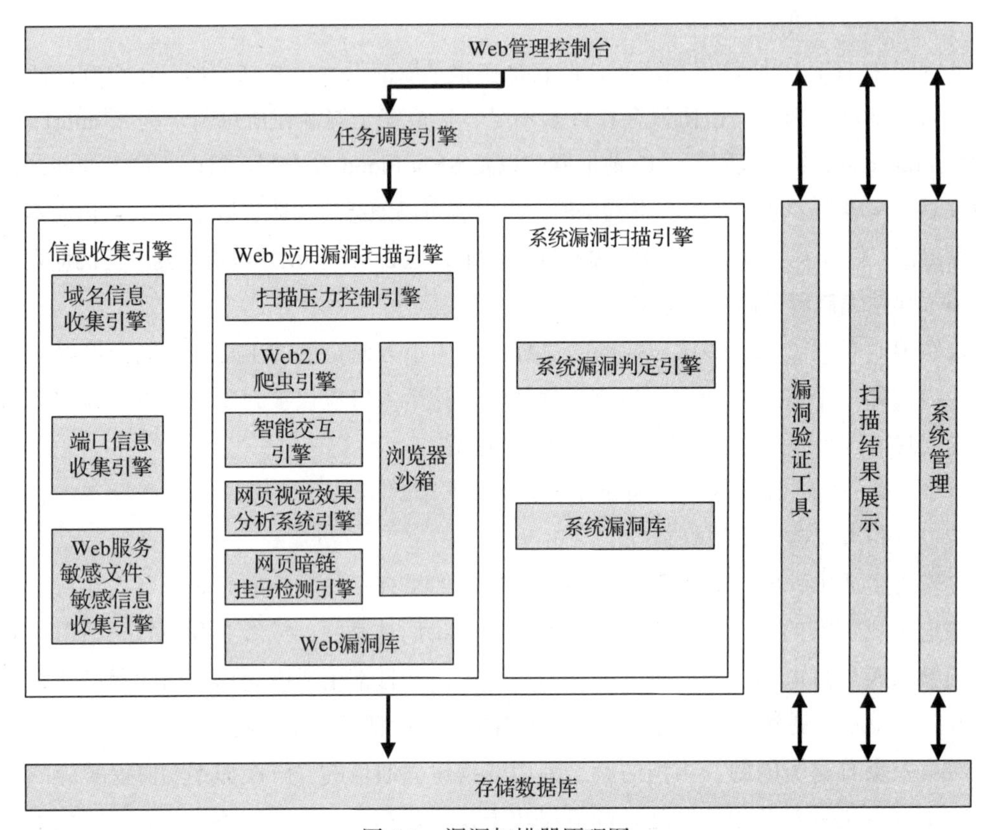


图 6-1　漏洞扫描器原理图

该系统采用 B/S 架构，按照模块化设计思路，整个系统由 Web 管理控制台、任务调度引擎、信息收集引擎、Web 应用漏洞扫描引擎、系统漏洞扫描引擎、扫描结果展示、系统管理、漏洞验证工具和存储数据库等模块组成。

漏洞扫描也是一种规则匹配模式，将已经漏洞存储在漏洞数据库中，在对程序的扫描过程中，与漏洞库中的已经漏洞规则进行匹配，发现相同或者是可疑的问题，均可报警。

## 6.3.3　软件的安全检测

软件的安全检测也是出于上述两种目的，这里主要介绍检测方法。

### 1. 白盒检测

白盒检测或者软件白盒测试，也称为代码测试或结构化测试。

这种方法把测试对象看作一个打开的盒子，测试人员依据程序内部逻辑结构的相关信息，设计或选择测试用例，对程序所有逻辑路径进行测试。通过在不同点检查程序的状态，确定实际的状态是否与预期的状态一致。

白盒检测可以分析设计的安全机制是否符合“正确的授权”，当然还是从访问控制策略和相应的强度两个方面来测试。

常用的软件白盒测试方法有两类：静态测试方法和动态测试方法。其中，静态测试不要求在计算机上实际执行所测程序，主要通过一些人工模拟技术对软件进行分析和测试；而动态测试是通过输入一组预先按照一定的测试准则构造的实例数据来动态运行程序，从而达到发现程序错误的目的。

白盒检测的优点包括：使测试人员能够仔细思考软件的实现，可以检测代码中的每条分支和路径，揭示隐藏在代码中的错误，对代码的测试比较彻底、最优化。

白盒检测的缺点是：昂贵，无法检测代码中遗漏的路径和数据敏感性错误，不验证规格的正确性。

### 2. 黑盒检测

黑盒检测与白盒检测相对应，是不打开“盒”的检测。黑盒测试也称为功能测试，它通过测试来检测每个功能是否能正常使用。在测试时，把程序看作一个不能打开的黑盒子，在完全不考虑程序内部结构和内部特性的情况下，对程序接口进行测试。它只检查程序功能是否按照需求规格说明书的规定正常使用，程序是否能适当地接收输入数据并产生正确的输出信息。黑盒测试着眼于程序外部结构，不考虑内部逻辑结构，主要针对软件界面和软件功能进行测试。

从理论上讲，黑盒测试只有采用穷举输入测试，把所有可能的输入都作为测试情况考虑，才能查出程序中所有的错误。实际上，测试情况有无穷多个，人们不仅要测试所有合法的输入，还要对那些不合法但可能的输入进行测试。这样看来，进行完全测试是不可能的，所以要进行有针对性的测试，通过制定测试案例来指导测试的实施，保证软件测试有组织、按步骤、有计划地进行。

黑盒测试以用户的角度，从输入数据与输出数据的对应关系出发进行测试。很明显，黑盒测试并不能发现所有的安全问题。

### 3. 灰盒检测

准确地说，灰盒检测是软件的交互式动态检测，这项检测不仅可以在软件完成后进行，也可以在软件的开发过程中进行。

在软件开发或测试阶段发现软件存在的安全漏洞，可有效降低安全漏洞的修复成本。随着各行业业务对市场快速响应的诉求，应用系统的开发技术不断发展，软件开发、测试和部署的周期大大缩短，应用系统版本的快速迭代也对安全测试的速度提出了更高的要求。传统的白盒静态安全检测（SAST）和黑盒动态应用安全检测（DAST）已不能满足应用安全检测在时效性上的需求。

交互式应用安全测试（Interactive Application Security Testing，IAST）是一项新技术，被 Gartner 公司列为信息安全领域的 Top10 技术之一。IAST 融合了 SAST 和 DAST 技术的优点，无需源码，支持对字节码的检测。而且可大幅提升安全测试的效率和准确率，良好地适用于敏捷开发和 DevOps，可以在软件的开发和测试阶段无缝集成现有开发流程，让开发人员和测试人员在执行功能测试的同时无感知地完成安全测试，解决了现有应用安全测试技术面临的问题。

深圳开源互联网安全技术有限公司的 SecZone VulHunter（以下简称 VulHunter）是国内首款基于 IAST 技术的灰盒代码审计、安全测试和第三方软件检测产品。VulHunter 采用了动态插桩技术，通过向运行时的程序插入探针代码，利用探针代码获得程序运行信息及数据信息，从而达到进行程序测试或分析的目的。动态插桩提供了获得应用程序运行时信息和数据信息的抽象方法，使用户不再面对复杂的二进制代码。插桩针对应用程序执行代码，不需要分析程序源代码和重新编译被分析程序。现在的软件系统拥有动态加载模块和动态生成代码机制且都是在运行时进行组装的。因此，在程序运行时可以在编译时对每条指令进行观察、检测和操作，可以在运行状态下对应用程序进行分析、检测、指令搜集和流程跟踪等一系列操作。

目前，SecZone VulHunter 已经在电信、金融、保险、能源等领域的大型研发团队中得到广泛应用，还得到了众多第三方检测机构的认可。

灰盒检测的核心基础理论是动态污点分析技术。动态污点分析技术是近几年非常流行的一种攻击检测技术。其主要思想是将外部输入数据标记为污点（tainted data），在应用程序运行时跟踪这类数据，同时把与外部输入数据具有传播关系的数据标记为污点，最终在安全敏感处（执行外部输入方法、输出到客户端方法等）进行检查。

目前，动态污点分析有三种实现方式。第一种方式是对源代码进行插桩，插桩完成后在程序运行时跟踪污点传播并检测漏洞攻击。与其他类型的污点分析方法相比，该方法的优点是具有更小的运行时开销，缺点是不能作用于闭源软件和第三方库，不适用于针对商业闭源软件的漏洞攻击和第三方库漏洞的攻击。此外，为了跟踪污点传播库方法的信息，需要提供每个库方法的摘要信息，对于大型应用程序来说，提供每个库方法的摘要信息是一项繁重并且易出错的工作。第二种方式是针对二进制文件进行插桩，插桩后在应用程序运行时动态跟踪污点信息传播并检测漏洞攻击。对比其他类型的动态污点分析方法，此方法具有更大的运行开销，插桩后动态监控应用程序运行时信息流的传播，能够准确跟踪包括库里面的污点传播。第三种方式是硬件级跟踪信息流的传播，该方法在检测漏洞攻击上没有太大的运行时开销，缺点是需要硬件级的支持，不适用于许多现有的系统。

灰盒检测分析过程中存在对源代码依赖程度大、结果受编译器和运行环境的影响、检测速度慢、前后期需要大量人工操作等一系列问题。动态插桩技术及其工具的出现使动态跟踪污点数据流成为可能，也促使了动态污点分析的流行。

#### 4. 工程检测

工程检测的目的是确认经过测试的软件版本与实际运行的版本是否为同一个版本，即运行的软件是否是经过安全检测的版本。

这一点是在 CC 标准的第三部分提出的，称为分发与操作项。

虽然白盒检测、黑盒检测与灰盒检测并不能发现所有的安全问题，但是检测后的软件在安全性上有比较大的提升，特别是软件开发者恶意或者非恶意保留下来的后门会大大减少。如果检测是由第三方执行的，那么对于恶意的软件编制者来说是一个威慑，他可能会主动在软件交付时去掉后门。

但是，分发给用户的产品可能是另外一个版本。一些厂商为了应对国家指定机构对软件进行的检测，会将一个符合要求的版本送去检测，而将他们认为更好用的版本分发给用户，这就给安全带来了极大的隐患。

举两个笔者亲身经历的例子。一是一个软件开发企业的技术总监是某非法组织的成员，利用给某政府部门开发软件的机会，在软件中保留了可以登录的后门。他偷偷利用后门登录到这个系统，向非法组织发送消息。二是某市的交警系统被开发者保留了可以远程登录的后门，该软件开发者就利用后门来非法牟利。如果不是一个偶然的事件导致其败露，这种非法活动可能会一直进行下去。

所以，软件的工程检测也是非常重要的，其检测方法比较容易，只要安全检测机构将检测后的软件进行“哈希”（即给检测过的软件拍个照）并把这个哈希值（照片）发给用户单位，用户单位将软件提供商交付的软件用相同的方法进行“哈希”（拍照），再将两个哈希值进行比对即可，如果发现两者不一致，那么其版本号肯定不相同。

## 6.4　威胁源及事件的检测

威胁当然是由人造成的，根据攻击方式的不同，威胁可分为恶意代码攻击与入侵性攻击两大类。实际上，恶意代码攻击也具有入侵性质。两者不太容易区分，不同在于，恶意代码攻击的目标不一定是固定的而入侵性攻击的目标是固定的。这样说也并不准确，比如恶意代码中的木马、逻辑炸弹也是针对特定目标的，但这是入侵者所利用的工具。为了方便说明问题，我们暂且将威胁分为这两大类。

威胁如果成功地利用了脆弱性，那就构成了安全事件。对于已经发生的安全事件，一方面要及时发现和处置；另一方面，在检测时还要发现那些发生过的安全事件。由于我们的防范措施不足或者其他原因，往往安全事件发生了很久，我们却没有发现。笔者经历过好几次这样的事件，比如某部门的主页被入侵达半年之久，如果不是经过检查，这个部门仍然不会发现网站被入侵。实际上，很多安全事件是很明显的，没有发现的原因有时不是技术水平问题，而是相关人员缺少责任心。

### 6.4.1　恶意代码

#### 1. 恶意代码的概念

病毒是大家熟知的恶意代码，但恶意代码（unwanted code）不只包括病毒。恶意代码是指故意编制或设置的、会对网络或系统产生威胁或潜在威胁的计算机代码。

恶意代码从感染方式上可以分为两大类：一类是具有自我复制功能，包括病毒和蠕虫；另一类则不具备自我复制功能，常见的有特洛伊木马（简称木马）、后门、逻辑炸弹等。

（1）病毒和蠕虫

计算机病毒和蠕虫都具有自我复制功能，从广义来说，它们都是计算机病毒。1994年，我国出台的第一部保护计算机系统的法规《中华人民共和国计算机信息系统安全保护条例》中给计算机病毒下的定义是：计算机病毒，是指编制或者在计算机程序中插入的破坏计算机功能或者毁坏数据，影响计算机使用，并能自我复制的一组计算机指令或者程序代码。此定义一方面包含了计算机病毒和蠕虫，另一方面指出了它们的特征与区别。

计算机病毒是一组计算机代码，能够自我复制，并具有破坏计算机的功能。它本身不是一个完整的程序文件，需要有宿主客体。也就是说，它必须寄生在某些类型的文件中，在特定的条件下启动。例如，宏病毒就寄生在Office文件中，有些病毒则寄生在可执行文件中，还有一类病毒称为引导型病毒，寄生在操作系统的引导扇区中。

蠕虫则是一个完整的程序文件，不需要寄生的客体。它会对被感染的目标计算机进行扫描，当发现目标有相关的漏洞并且没有被感染时，就可以将自己复制一份并安装到目标计算机上。

（2）木马和逻辑炸弹

木马的全称是特洛伊木马，这个名字来源于《荷马史诗》中斯巴达人攻击特洛伊城的故事。斯巴达人攻击特洛伊城久攻不下，佯装撤兵，并在城外留下一个很大的木马，特洛伊人看到敌人撤走，就把木马当成战利品推回城里。晚上，藏在木马肚子里的士兵发起攻击，特洛伊被攻陷了。木马就是间谍软件，隐藏在系统或者某种应用程序内窃取各类重要的信息。还有一种木马可以用来远程控制计算机，被控制的计算机就成了“肉机”，入侵者可以把它当作跳板，也可以利用它攻击其他计算机。

逻辑炸弹是一种具有破坏功能的软件程序，它会被远程控制“引爆”，也可以在特定的条件下“引爆”。

实际上，这些恶意代码往往会被联合使用。

除了以上介绍的恶意代码，垃圾邮件、一些恶意插件等都属于恶意代码。

#### 2. 恶意代码的查杀

恶意代码的查杀一般是使用专门的工具软件完成的。在有专门的工具前，一般通过比对文件的大小或者查看是否有不明的安装等方法来查杀。

最早的在线检测产品就是恶意代码的查杀工具，这类工具是把已经被发现并且证明是恶意代码的基本代码作为特征样本，存放在数据库中，然后对相应的文件或者软件、系统进行比较性检测。如果发现与样本符合的代码或者文件，就意味着文件或者系统已经感染相应的恶意代码，这时计算机会发出报警或者直接进行删除（清除）。

除了安装恶意代码查杀工具外，还要及时进行病毒库的更新。另外要注意，不要从非正规网站上下载 App、不浏览各类色情 / 赌博类的网站等，以免将恶意代码引入自己的计算机或系统。当发现计算机功能异常时，要及时利用相关的工具进行查杀，有时候还要用不同厂商的工具进行查杀。

### 6.4.2 入侵检测

#### 1. 网络入侵的概念

入侵就是一个没有获得“授权”的人，利用包括漏洞在内的各种可能机制，想办法获得授权的过程。当然，入侵的目标和渠道会有不同。

例如，攻击者会利用网络来窃听。前面说过，对于总线网上的计算机，由于寻址方式是广播，可以伪装成一台被叫计算机来“嗅探”，从而获得相应的数据。如果在一个交换机上安装了木马程序，就可以监听相应通道上传输的数据信息。

对计算机主机的入侵则是更为普遍的现象，特别是对有域名的网站，因为入侵目标是明确的，很容易找到。还有一些入侵者会对一个 IP 地址网段进行扫描，看哪些目标计算机有相应的漏洞。发现有漏洞的计算机后，就可以利用漏洞侵入相应的计算机先对其浏览一遍，如果该计算机上有自己感兴趣的数据，就有可能通过安装木马长期潜伏下来，进而窃取这台计算机上的数据；如果这台计算机又连接了其他的计算机，就可以利用这台计算机作为跳板断续入侵。

还有利用邮件进行入侵的，入侵者会给用户发一封看似非常重要的邮件，发件人也可能会伪装成用户熟悉的人或机构。如果用户打开附件或者一个链接，木马就会被传入系统。

还有一些人会利用“社工”方式进行攻击。“社工”全称为社会工程学，实际就是间谍行为，通过欺骗或者其他手段来赢得用户的信任，然后达到他们侵入计算机系统的目的，如伪装成消防检查人员、赠送鼠标或U盘等。

这里分享一个故事。有一个国外的军工企业，这个企业的网络与Internet是没有物理连接的。一天，某员工在董事长的车里发现了一个标有董事长名字的U盘，出于好奇，这个员工并没有将U盘立即上交，而是在自己工作的计算机上查看U盘内容，发现了企业战略规划、员工奖励机制、福利待遇等他非常感兴趣的内容。实际上，这个U盘自带一个无线发射装置，同时装有蠕虫病毒，这个病毒会收集各类敏感的数据。就这样，这个企业的重要技术情报被泄露了。

入侵过程往往是一个复杂的过程，但是一般都会按以下步骤进行：渗透、获取登录的权限、驻点、提升权限、内部侦察、数据外传或者控制当前的计算机。一些入侵者很有耐心，有些入侵行为不是单一的个体行为，而是有组织的群体行为，甚至是国家层面的网络战争。

入侵的目的主要有三个方面：一是窃取相关的数据；二是篡改计算机上的数据，其中网站是最大的受害者；三是破坏计算机的功能，使其不能正常提供服务，甚至导致整个网络瘫痪。例如，对域名解析服务器的攻击就可以导致大面积的网络瘫痪。

### 2. 网络入侵的防范

这里介绍几类防范网络入侵的技术和产品。

（1）入侵检测

如果说防火墙、网闸等边界防护设备相当于门卫，那么入侵检测系统就是内部的监控设备。入侵检测可分为实时入侵检测和事后入侵检测。

实时入侵检测在网络连接过程中进行，系统根据用户的历史行为模型、存储在计算机中的专家知识以及神经网络模型对用户当前的操作进行判断，一旦发现入侵迹象就会立即断开入侵者与主机的连接，并收集证据和实施数据恢复。这个检测过程是不断循环进行的。

事后入侵检测则是由具有网络安全专业知识的网络管理人员实施的，管理员会定期或不定期进行事后入侵检测。由于事后入侵检测不具有实时性，因此防御入侵的能力不如实时入侵检测系统。

一个入侵检测系统（IDS）的通用模型分为以下组件：

- 事件产生器（event generator）；
- 事件分析器（event analyzer）；
- 响应单元（response unit）；
- 事件数据库（event database）。

IDS 将需要分析的数据统称为事件（event），它可以是网络中的数据包，也可以是从系统日志等途径得到的信息。

按入侵检测的手段，IDS 的入侵检测模型可分为基于主机和基于网络两类。

1）基于主机的模型，也称为基于系统的模型，它通过分析系统的审计数据来发现可疑的活动，如内存和文件的变化等。其输入数据主要来源于系统的审计日志，一般只能检测该主机上发生的入侵。

这种模型有以下优点：

- 性能价格比高，在主机数量较少的情况下，这种方法的性能价格比可能更高。
- 更加细致。这种方法可以很容易地监测一些活动，如对敏感文件、目录、程序或端口的存取，而这些活动很难在基于协议的线索中发现。
- 视野集中。一旦入侵者得到了一个主机用户名和口令，基于主机的代理是最有可能区分正常活动和非法活动的。
- 易于用户剪裁。每一个主机都有自己的代理，用户剪裁当然就更方便了。
- 较少的主机，基于主机的方法有时不需要增加专门的硬件平台。
- 对网络流量不敏感。用代理的方式一般不会因为网络流量的增加而放弃对网络行为的监视。

2）基于网络的模型，即通过连接在网络上的站点捕获网上的包，并分析其是否具有已知的攻击模式，以此来判别是否为入侵者。当该模型发现某些可疑的现象时，也会产生告警，并会向一个中心管理站点发出“告警”信号。

基于网络的模型具有以下优点：

- 侦测速度快。基于网络的监测器通常能在微秒或毫秒级发现问题，而大多数基于主机的产品则依靠对最近几分钟内审计记录的分析。
- 隐蔽性好。一个网络上的监测器不像主机那样显眼和易被存取，因而也不那么容易遭受攻击。由于不是主机，因此基于网络的监视器不用响应 ping，不允许别人存取其本地存储器，不能让别人运行程序，而且不让多个用户使用它。
- 视野更宽阔。基于网络的方法甚至可以作用在网络的边缘上，即攻击者还没接入网络就被制止了。

- 较少的监测器。由于使用一个监测器就可以保护一个共享的网段，因此不需要很多监测器。相反，如果基于主机，则在每个主机上都需要一个代理，这种方式花费昂贵，而且难于管理。但是，如果是在一个交换环境下，每个主机都要配一个监测器，因为每个主机都在自己的网段上。
- 占资源少。在被保护的设备上不占用任何资源。

这两种模型具有互补性。基于网络的模型能够客观地反映网络活动，特别是能够监视主机系统审计的盲区；基于主机的模型能够更加精确地监视主机中的各种活动。基于网络的模型受交换网的限制，只能监控同一监控点的主机；而在基于主机的模型中，装有 IDS 的监控主机可以对同一监控点内的所有主机进行监控。

按入侵检测的技术基础，IDS 的入侵检测模型可分为两类：基于标识的（signature-based）入侵检测和基于异常情况（anomaly-based）的入侵检测。

对基于标识的检测技术来说，首先要定义违背安全策略的事件的特征。通过检测来判别这类特征是否在所收集到的数据中出现，这与杀毒软件的工作原理有些类似。

基于异常情况的检测技术则是先定义一组系统正常情况的数值，如 CPU 利用率、内存利用率、文件校验和（这类数据可以人为定义，也可以通过观察系统并用统计的办法得出）等，然后将系统运行时的数值与所定义的正常情况比较，得出是否有被攻击的迹象。这种检测方式的核心在于如何精确定义所谓的正常情况。

实际上，还可以从采用技术的角度进行划分，如分为专家型、神经网络型等。

（2）基于行为的检测

前面我们已经介绍过，基于规则的恶意代码检查和入侵检测方法对于新的恶意代码和入侵方式无可奈何。同时，新的攻击方式不断涌现，特别是 APT 攻击（高级的持续性攻击），更是给防范者出了很大的难题。基于行为的检测方法因此应运而生。

基于行为的检测实际上是利用大数据分析方法进行的检测分析。

在基于行为的攻击中，攻击的每一步看上去都是合法的、无害的，但是这些行为共同作用后产生的危害是很大的。为了说明这一问题，我们来看一个真实的例子，这个例子是在一个初创公司的全流量检测产品中发现的。

在检测中发现某一个主域名服务器不断接收来自子域名的链接，而这些子域名都是由 8 位英文字母构成的。子域名链接主域名，这在网络环境下是再普通不过的行为，不会被认定为有害。但是，这样连续不断并且每次都是不同的字母组合的链接则被检测为异常。进一步分析发现，这实际上是在以链接操作为掩护向主域名服务器发送数据。

我们知道，在计算机网络上，数据的传输与处理都是利用二进制完成的，而一大串二进制数据可以被拆分成 4 位、6 位、8 位的数据单元。一个 4 位的二进制数据只有 16 种状态，我们可以选择用 16 个英文字母来代替这些状态。例如，用 A 来代表 0000（对应的十进制是 0），用 B 代表 0001（对应的十进制是 1），用 C 代表 0010（对应的十进制是 2），以此类推。用 16 个字母就可以将任意的二进制数据发送出去。

这只是基于行为的攻击的一个例子，类似的例子还有很多。非法窃取数据是入侵行为，而一般的基于规则的检测是发现不了这种攻击的，基于行为的检测则是应对这种情况的有效方式。

（3）基于计算的检测

实际上，无论是基于规则的检测还是基于行为的检测，基于验证的方法都不可能完全检测出攻击行为，也不可能将系统的脆弱性完全检测出来。真正能够保证安全的检测方法是要基于计算的，即利用状态机转换原理来进行计算。其基本的思想是：先计算初始状态与初始条件的安全性，由于初始状态和初始条件有限，其安全性可以通过计算而证明出来，那么再看转换条件，如果通过计算能够证明其是安全的，那么转换后的状态也是安全的。

基于这样的思想，目前有一种基于路径遍历的检测方法，虽然这还不能算完全的状态机检测，但已经吸收了状态机转换的思想。对于一个操作命令或者一组操作命令，对这组命令可能产生的路径进行遍历，就能够发现可能产生危害的路径。利用这一思想，一种被称为沙箱的工具就诞生了。其原理是先把一个软件放到这个沙箱中，让它自己任意执行，然后对执行结果进行分析，看看是否存在危害，如果出现危害，就可以利用回退操作，将状态一步步返回，进而分析产生危害的代码。

沙箱实际上是一个虚拟计算机，当然也可以将实际的计算机当作测试机。再次声明，安全不是绝对的，一些恶意程序可以检测出这时所处的究竟是实际环境还是沙箱环境，如检测是否为虚拟计算机，或者沙箱工具特有的一些功能。如果发现是沙箱，这个恶意程序就不会执行其恶意的动作，而等到处于实际的环境中再执行。

（4）态势感知

态势感知技术和产品是近年来兴起的，关于它的讨论和争论也比较多，甚至有一部分人认为这是一个伪命题。还有人认为，态势感知就是一个筐，任何与网络安全相关的东西都可以往里装。为了使读者能与时俱进，笔者在这里对态势感知技术和产品做一些介绍，当然其中也集合了不少人的观点。

态势感知就是“知彼知己”，“感”和“知”是两个方面。

“感”是对态势的了解，是一个知“彼”的过程。可以认为态势分析是对威胁的分析。威胁分析主要分析威胁源和威胁能力两个方面。

态势感知体系是一个把各个单点的防护有机组合成一个整体的防御体系，是把静态防护变成动态防护的防御体系，是将威胁因素与自身脆弱性进行关联的监控防御体系，是将被动防御变为主动应对的防御体系，是在一个界面就可以完整地、一目了然地观察到安全态势的防御体系，是将头疼医头、脚疼医脚的千疮百孔式的防御变为整体策略指导下的完整的防御体系，也是一个技术、运行维护过程和人有机结合的防御体系，是一个基于已知来分析、检测未知的防御体系。

既然如此，就需要“感”得全面、深入，不仅能“感”表面的、直接的、显现的东西，还要能“感”那些潜在的、隐藏的、间接的东西。

同样，“知”不仅要全面，还要深入；不仅要知当前，还要知过去，更要知未来。

要知道谁在攻击，攻击的目的是什么；要对攻击者进行画像，知道这个攻击者是个人行为还是团队行为，是一般的过路性攻击者还是目的性非常明确的攻击者；攻击能力（包括技术水平、掌握的漏洞资源、相应的工具）如何；攻击者是一位老手，还是新手；要对攻击过程进行画像，了解攻击进展的阶段、攻击的类型、使用了哪些工具、利用了什么漏洞、攻击的手法、攻击的具体位置等；要确定是否已经产生了后果，对后果进行画像，知道被侵害的是什么，以及受侵害程度、影响的范围、损失评估，等等；要知道被攻击的目标是谁，它为什么被攻击，攻击目标有什么重要的数据资产，被攻击目标存在哪些脆弱性，被攻击目标维护团队的防护能力如何，已经采取的防护措施有哪些，监控到了哪些数据，等等。还要对可能发生的安全事件进行预测、预判；考虑与其他系统的信息共享、知识共享、能力共享等。

这就要求数据的来源要全面，不仅要获取当前的数据，还要对历史数据进行获取和分析。而要对数据进行分析，就要有很好的模型、算法，这不仅需要人工专家分析，还要考虑利用人工智能的分析；不仅要分析当前数据，还要分析历史数据；不仅要关注本网络环境中的数据，还要关注其他相关网络的数据，特别是 Internet 上的态势数据。

威势感知中的“感”首要是对威胁进行分析，包括对威胁源的分析和威胁能力的分析。

- 威胁源分析：要分析威胁源是个人、组织，还是国家，如果是组织还要考虑其分布情况、人员的构成、相关人员的活跃度等。
- 威胁能力分析：首先要分析个人的技术能力，如挖掘漏洞的能力、反编译的能力、渗透能力、软件编制能力等；其次是对资源的掌握情况分析——已经掌握的漏洞资源、带宽、计算能力、新技术的创造能力、侦察能力、组织人员的构成结构、人员的技术特征与习惯等。

一般的单位是做不到以上这些的，这就需要有专门的组织来收集相关的情报信息，并加以汇总，也要看态势感知产品厂商的相关能力。

一个好的态势感知产品不仅能够静态地“感知”态势，还要能动态地及时获取相关的威胁情报信息，如“某组织对某目标发起了什么样的攻击”。如同雷达，不仅要能侦察到停在机场的飞机数量和机型，还要能对起飞的飞机的机型、动向都能给出及时准确的情报。

态势感知具有目标性（targeting）、针对性（focusing）和连续性（continuing）的特点，必须区分用途和目的，而不能成为一个泛指的术语（或包装）。

这就要解决“用在哪儿”的问题，这仍然是一个业务场景的问题，首先要看网络环境。比如，针对 Internet 的态势感知系统和针对某行业内网的态势感知系统由于业务场景不同，相应的风险点和安全的需求也不同，当然对于态势感知产品的要求也不同。

还有，相当一部分态势感知产品是用来保护已有系统的，而另一些产品则主要为了获取情报，当然也存在兼而有之的需求。

总之，对不同的业务场景就会提出不同的需求，产品必须符合相应的需求。

“感”就是数据采集，是必要条件。不同的业务场景下采集到的数据是不同的。数据的来源无非几个方面：一是出入口的流量数据；二是各个设备的日志数据；三是各个安全组织发布的漏洞信息；四是各个安全组织发布的威胁情报信息；五是其他相关的信息，如资产普查中获得的有关设备的脆弱性信息等。“知”是目的，是数据分析和数据学习的充分条件。

有效的态势感知还要考虑情报信息的分享和共享。

## 6.5 检查的方法

在前面几节中，我们分享了检查的一般思想和相应的技术。检查可以分为在线检测和工作检查。在线检测主要是利用工具及时发现各种异常，包括脆弱性和威胁两大方面。而检查则是定期或者不定期地对系统和工作进行的检查，目的是从行政手段上及时发现各类异常。

我们说过，网络安全问题的核心是“人祸”，是安全问题。我们既要考虑来自外部的威胁，也要考虑来自内部的脆弱性和威胁。对于内部的“人祸”，“分权制衡”是基本的原则。

在本节中，我们将重点介绍如何实施对工作的检查。实际上，6.1 节中已经涉及检查的一般思想，这里更多地说明具体的方法。

### 6.5.1 问卷调查

问卷调查是检查工作最基本的方法，不仅可以从工作的角度出发，还可以从网络与系统安全性的角度出发。

在网络安全工作中，不能完全依靠技术，因为技术并不能包打天下，将所有管理目标（也是安全的目标）全都实现。另外，技术要靠人来执行，拥有再好的工具和设备，如果人不能发挥作用，工具和设备甚至可能是有害的。即便人工智能进入网络安全的领域，也不可能完全取代人的作用。

问卷的项目很多，这里无法一一列举，但是有几个核心的环节还是要说明的。做问卷调查就要抓住这几个核心环节。

### 1. 安全策略是否符合“基于数据属性和等级”的要求

这一点特别重要。信息安全等级保护的核心思想在于“基于属性的访问控制”，如果忽视了数据的安全属性，就可能将安全策略做错，甚至做“反”了，结果不但无益，甚至有害。我们第5章中已经说明数据的安全属性与访问控制策略之间的关系，特别指出了保护数据的机密性和数据的完整性在策略规则上是冲突的。

实际上，根据笔者的经验，这一点在很多单位都没有被认真落实。这也是造成购买的设备不少，但是效果并不理想的重要原因之一。

### 2. 要检查有没有“检查机制”

许多单位都制定了很好的制度，这些制度的执行则是一个很大的问题，很多时候这些制度就是“墙上客”，仅供人观看，并没有真正落实。通过问卷调查，可以了解相关人员对制度的理解程度。当然，许多人甚至连制度条款也没掌握。

在掌握制度条款的基础上，就要设计一些问题来检查是否有人认真执行了这些制度。如果没有执行，是否有相应的处罚制度，制度是否得到执行。可以通过相关的工作记录来查看这些信息，特别是要关注人员的入职和离职信息，离职人员是非常容易出现安全问题的。更要关注那些非正常离职的人员，这些可以通过人力部门和信息化部门的相关信息进行印证。

### 3. 在访谈中看人对安全的理解程度

这也是非常重要的一个环节。对网络安全来说，涉及的人并不全是专业的人员，但是对系统产生危害的可能涉及这个系统中的所有人。特别是领导者，很多领导者的安全知识、理念、意识都不够，这可能造成严重的后果。

在访谈中还要对被检查单位的一些具体工作进行实物检查，如网络安全制度、相关的工作记录、交接班记录、设备运行记录、来访人员登记记录、设备变更升级记录，等等。在检查时，不仅要查看记录的内容，还要根据记录查看相关人员和事件是否符合。

另外，要对已经离职人员的情况进行调查，特别是要检查离职手续的办理流程，看看是不是存在有的人已经办了离职手续但是计算机系统中仍然有他的账号，甚至他还可以登录系统的情况。

### 6.5.2　实际网络环境的检查和检测

对于问卷调查得到的信息，有相当一部分内容需要在网络实际环境的检查和检测中进行验证。

实际网络环境的检查是对问卷调查的验证过程，可以使用一些工具进行检查。

例如，可以验证访谈中提出的关于数据文件安全属性的确定，分析这些数据客体的安全属性的确认是否符合真实的安全描述，并查看其是否带有相应的标记。

同时，在检查中要认真查看各个网络节点，确认网络边界、主机操作系统、数据库和应用程序制定的安全措施是否符合总体的安全策略要求。

关于使用检查工具进行检查的内容，我们将在第 7 章的扩展导读中逐项进行介绍。

### 6.5.3　检查的发起与实施

检查可以是由信息化单位自身发起的，以对自身的工作进行检查；也可以是由上级机关、主管部门发起的；更有必要的是由网络安全的监管单位发起的检查。

检查的时机可以是随时的，也可以在特定的时间节点前，如某些大型活动前或者系统发生变更后都可以进行相应的检查。

#### 1. 检查的要求

1）必须要有检查表。检查表中的检查项目是检查的依据，检查表的设计要根据国家相关的法律和法规要求、技术标准要求来制定，要科学合理。

检查中必须注意：检查表往往具有普适性，信息系统则是千差万别的；保护的目标不同，安全需求也不同，不能完全套用检查表的项目；被检查单位没有做某些项目可能是合理的、正确的，而做了则是错误的。所以，检查人员必须有很强的专业背景，并且对于要认定的不合格项，应该听被检查单位人员的解释，分析其合理性后做出最终决定。

2）检查人员要包括有权威的领导、技术专家和其他相关人员，同时要求被检查单位的相关人员参加，包括被检查单位的领导、相关技术人员、相关外部支撑单位的人员、相关部门的其他人员（如电工等）。

3）检查流程如下。

- 发检查通知：检查通知中要明确检查的时间、要求参加的人员等，不提倡在网络安全检查中进行突然袭击式的检查，意义并不大。
- 检查的实施。
- 检查后的反馈。

- 反馈后的再检查。

### 2. 检查的实施

检查可以是全面检查，也可以是专项检查，如对网站的检查。软件检查实际上是为了发现软件中存在的脆弱性而进行的检查。

对于系统软件，由于一般都是采购品，因此一般会采用漏洞扫描工具对可能存在的漏洞（已知的）进行扫描，以发现那些已经公布的漏洞。

对于应用程序，还要做以下检查。

1）安全机制的检查：根据正确的授权访问原则进行检查，看这个程序是否按照此原则设置了相应的安全机制。

2）对可能存在的 bug、漏洞等进行检查，检查的方法有以下几种。

- 黑盒检测：完全不掌握原代码，请有经验的专家或者技术人员进行各种试探性的测试。
- 白盒检测：对源代码进行检查，以发现可能存在的安全隐患。
- 灰盒检测：交互式的检测。

3）沙箱检测，让软件在沙箱中先运行，以检验可能存在的安全隐患。

对于检测过的软件，还要从工程上进行检测，主要验证检测过的软件与安装的软件是否为同一版本，采用哈希值比对的方法就能得到结果。

这一点应该引起重视，但往往是容易被忽视的环节。一些厂商为了达到某种目的，往往检测验证通过的软件，而不是他们向用户提供的运行的软件，这就带来了很多安全隐患。对于一些重要的程序，必须进行这样的检测，否则就可能产生严重的后果。

4）在线系统的检查。

在线系统的检查包括对机房等系统运行环境的检查、对系统及网络的检查、对应用系统的检查、对管理制度及执行情况的检查，等等。在这里，笔者不准备全面介绍所有的检查项，这些检查项会在第 7 章中介绍。这里主要介绍一些重要的检查项，以便读者更深入地理解检查的思想和方法，也增加一些网络安全的实用知识。

**恶意代码检查**

恶意代码是网络环境面临的最常见、最主要的安全威胁。

恶意代码的查杀主要依靠专门的工具来完成。这些工具一方面会通过已知的恶意代码的样本进行检查，另一方面则通过一些程序的异常行为进行检查。这一点与现实生活中的检查活动十分相似。我们可以通过样品的性状、体积、比重、气味等物理、化学和生物特征来判断被检测物品的类型，并判断其是否为危险品；也可以通过人的行为、表情等来判断是否为异常行为。例如，一个盗窃犯的眼神总是会盯住可能的“猎物”，而不像普通人那样观察前方道路。

恶意代码的检查思路主要是看系统、软件和应用程序的完整性是否被破坏，如果没有发生“未经授权”的改变，那么可以肯定整个系统没有受到恶意代码的侵入；反之，如果发生了这种改变，那就要进一步检查，这时被入侵的可能性是极大的。当然，这个入侵不仅包括恶意代码的入侵，也包括有恶意的人的入侵。保护计算机系统（从硬件到系统软件和应用软件）不被“未授权”地改变，是保护计算机系统的基本原则。沈昌祥院士提出的“可信计算”思想正是基于这一原则。利用 TPCM 检查硬件是否发生了未授权的改变，利用可信软件检查系统软件和应用程序是否发生了未授权的改变，如果都没有问题，那么就意味着计算机系统没有发生被入侵的情况。

从这一思路出发，如果我们没有计算机病毒检查工具，检查是否发生恶意代码感染的方法就是看看它发生了哪些变化。例如，对照一个标准的操作系统进行检查，看看哪些文件的长度发生了变化、账户是否发生异常的变化，特别是是否增加了一些不明的账户。那些在异常时间里增加的账户、权力较大的账户或者是平时并不活跃但突然活跃的账户都是我们要检查的点。

**入侵行为检查**

入侵检测（IDS）是网络安全领域出现最早也是最基本的安全工具，被称为“老三样”的工具是防火墙、入侵检测工具、防病毒工具。

入侵检测实际上是基于规则的检测。

对于入侵行为的检查，要重点检查以往的攻击痕迹，通过日志分析并借助于其他工具、手段，获取曾经被攻击的事件。要看这些事件是否被发现过，当时是如何处置的，对于没有发现的攻击事件，还要找出相应的原因。

## 6.6　处置

检查不是目的，对检查、检测、监控中发现的问题及时进行处置才是目的。

处置包括以下几个方面（当然并不能包括所有的处置）：打补丁、软件升级、清除恶意代码、数据备份、取证、对威胁源溯源跟踪、反制、系统的恢复、其他的处置，等等。总之，要根据脆弱性发生的情况、威胁发生的情况、已经或者正在发生的安全事件的情况进行有针对性的动作。

### 6.6.1　打补丁

当某个软件出现漏洞时，软件的供应商会主动发布补丁程序。作为运维者，第一时间就应该关注到发布的漏洞信息和补丁程序。在保证应用的前提下，尽早修补漏洞是非常必要的。

但是，打补丁必须要保证应用。一个应用程序往往是在当前环境下开发的，如果是应用程序本身出现了漏洞，那么开发商给出的补丁程序会考虑当前的应用情况，一般不会对应用产生太大的影响。但是，如果是操作系统、数据库、其他中间件出现的漏洞，补丁程序很可能会对原有的应用程序产生影响。所以，在打补丁前一定要先搭建一个测试环境，将应用迁移到这个环境下，先试运行，看看结果再考虑如何处置。如果确实会对应用产生影响，那么要考虑影响有多大，并及时与软件开发商进行沟通，看是否能进行修改。对于确实不能修改的，要在保证应用的前提下，对漏洞进行监控和隔离，并且要特别关注与之相关的安全态势，以便及时采取措施。

### 6.6.2 清除恶意代码

恶意代码目前仍然是网络安全的主要威胁，并且恶意代码的编制者多为与经济、政治利益挂钩的黑产人员。与早期恶意代码编制者只是为了“炫技”不同，现在的恶意代码编制者通常有明确的利益目标。他们编制出的恶意代码往往都经过了所谓的“免杀”处理，反病毒工具并不能及时发现和清除这些恶意代码。这就需要运维人员更加细心，定期检查注册表、检查最近安装的客体、检查文件是否发生改变。当发现各类异常时，应该对系统进行完整性检查，进而发现这些恶意代码。当然，这些都需要专业人员来进行操作。下面主要说明恶意代码的清除。

清除恶意代码就是将这些恶意代码删除，对于一些新型的恶意代码，要向反病毒厂商求援，请这些厂商提供专杀工具。清除恶意代码的流程如下。

1）备份：清除恶意代码之前必须将所有的数据进行备份，特别是重要的数据一定要备份，甚至要多备份几份，然后再清除恶意代码。

2）断网：将所有的被恶意代码感染的联网计算机与网络完全断开，一台一台地清除，直到彻底清除干净后，才可以恢复网络连接。

3）打补丁：按 6.6.1 节给出的思路，利用补丁程序进行修复。

4）数据恢复：对于备份的数据要进行恶意代码检验，确认没有恶意代码后再恢复数据；

5）取证：对于恶意代码的样本要进行取证并上报给公安机关，并对日志和其他数据进行保留和证据固定。如果需要提起诉讼，这些取证工作应该在公安或者其他有资质的第三方见证下进行。

6）系统恢复。

### 6.6.3　应急响应和处置

没有绝对的安全，发生了安全事件就必须处置，而且发现得越及时、处置得越快越好。

对安全事件的处置一定要有应急预案。没有预案，进行处置时就会很忙乱，而且很容易忙中出错。有了预案，按流程进行处置就会有条不紊。

处置预案中一定要有以下内容。

- 组织指挥者：要指定总体指挥者，还要有现场指挥。
- 响应人员：包括运维人员、专业的服务人员、专家等。
- 通信联络方式。
- 工具：不同的安全事件要有不同的工具准备。
- 事件的分类分级。
- 流程：不同的安全事件要有不同的流程。

预案应该进行演练，演练应该是“背靠背”的。

在处置正在发生的安全事件或者已经结束的安全事件时，要考虑溯源和取证。同时，还要考虑采取必要的反制措施，如关闭相应的端口、封掉相应的 IP 地址；还可以用一些特殊的手段进行反制，如可以利用木马感染入侵者的计算机，以获得入侵计算机的各类信息；必要时对攻击者的计算机发起攻击；等等。

## 6.7　验证

验证与检查从本质上来说是一回事，或者说是一种方法相辅相成的两个部分。

检查是指要依据已知的规则、标准、知识、信息等进行验证，看是否是合格的或者是达标的；而验证也需要通过查看、计算、核对等检查方法来实现。

在本节中，将介绍一些在检查中没有涉及的事项。

一个理想的安全系统是可以通过验证的。验证机制的最完美状态是通过“状态机”的计算而得到验证。状态机验证的思想是：一个初始状态是可以验证的，因为它是最小系统，处于最原始的状态，如果这个初始状态是安全的，相应的转换条件也是安全的，那么转换成的新状态就是安全的。

状态机的概念比较复杂，在此不对它进行介绍。

目前，这种通过状态机转换进行验证的做法还没有得到真正意义上的实现。

现实中的网络安全虽然不能利用这种“计算”方式得到验证，但是并不妨碍验证的实施。实际上，检查就是一种验证的方法。

### 1. 主体验证与主体网络行为的验证

我们说，安全涉及两大方面：天灾和人祸。而对于人祸的防范，首先就是要认识这些人，而且最初的主体肯定是人。

主体的验证是为了保证系统中的授权操作。同时，考虑到现实的网络空间变得越来越复杂，网络功能越来越强大，网络与现实社会中的交集也越来越多，人们在网络中的行为已经不仅仅是对网络中的数据进行操作，因此仅仅从对网络中数据的操作方面来考虑安全是不够的，还需要保留人们在网络上的所有行为的相应证据。这样就需要有能够证明网络用户身份的通用的、通行的身份证明。

这类网络身份的证明中，目前使用较多的就是数字证书。

### 2. 数字证书

在网络上有这样一种说法：不知道网络另一端的计算机前坐着的是一只狗还是一个人。也就是说，在网络上，身份是不容易识别的。数字证书为在网络上（特别是在 Internet 上）通信提供了可验证身份的方式。可以说，它就是网络上的身份证。

说到数字证书，就不得不提到 CA 中心，CA 中心是发放数字证书的中心。

CA（Certificate Authority，认证中心）采用公开密钥基础架构（Public Key Infrastructure，PKI）技术，专门提供网络身份认证服务。CA 可以是民间团体，也可以是政府机构。CA 通常是负责签发和管理数字证书且具有权威性和公正性的第三方信任机构，它的作用就像现实生活中颁发证件的公司，如护照办理机构。目前，国内的 CA 主要分为区域性 CA 和行业性 CA。

### 3. 数字证书的原理

数字证书中存在很多数字和英文，当使用数字证书进行身份认证时，它将随机生成 128 位的二进制身份码，每个数字证书生成相应的但是每次都不可能相同的数码，从而保证数据传输的保密性，即相当于生成一个复杂的密码。数字证书绑定了公钥及其持有者的真实身份。

### 4. 根证书

根证书是 CA 与用户建立信任关系的基础。用户的数字证书必须有一个受信任的根证书才是有效的。从技术上讲，证书包含三部分信息：用户信息、用户的公钥、CA 对该证书中信息的签名。一份证书的真伪需要用 CA 的公钥进行验证，而 CA 的公钥存在于对这份证书进行签名的证书内，故需要下载该证书。但是，使用该证书验证又需要先验证该证书本身的真伪，故又要用签发该证书的证书来验证，这样就构成了一条证书链。根证书是一个特殊的证书，签发者是它本身。下载根证书就表明对该根证书是信任的。

### 5. 数字签名技术

数字签名是基于非对称密钥加密技术与数字摘要技术的应用，是一个包含电子文件信息以及发送者身份，并能够鉴别发送者身份和发送信息是否被篡改的一段数字串。一段数字签名数字串包含电子文件经过哈希编码后产生的数字摘要，即一个哈希函数值、发送者的公钥和私钥三部分内容。发送方的信息通过私钥加密后发送给接收方，接收方使用公钥解密，通过对比解密后的哈希函数值就可以确定数据电文是否被篡改。

哈希是单向函数技术，可以将其理解为现实生活中的照相技术。照片可以真实地反映实物的“像”，便于人们进行鉴别。可以通过照相技术生成物品的照片，但是照片是不能还原成物品的实物。如果在拍摄物品的照片时，相机还能把当时的时间信息、位置信息及相机本身的信息等同时加入照片中的话，想用伪造的方法来伪造一张完全相同的照片就不那么容易了。

关于 PKI 技术和单向函数技术，我们将在第 12 章中介绍，此处不做详细说明。

CA 负责数字证书的审批、发放、归档、撤销等工作，CA 颁发的数字证书拥有 CA 的数字签名，所以除了 CA 自身，其他机构无法不被察觉地实施改动。

### 6. 网络行为的证明

在网络上，为了保证主体行为的可信和不可否认，就要利用数字证书技术。

当在网络进行某种活动（如交易）时，作为交易的主体双方，都会用自己的数字证书对自己的交易行为进行签名。

PKI 技术是非对称加密技术，加密和解密的密钥是唯一的。如果 B 想给 A 发送一份加密文件，就可以用 A 放在网上的公开密钥对文件进行加密，因为只有 A 手中有解密的密钥，所以文件只有 A 才能打开。放在网上的是公开的密钥，也称为公钥；而放在手里的是私钥，是不公开的。当进行交易时，交易的发起方用自己的私钥对交易行为加密，而公钥是放在 CA 的，CA 可以证明交易行为的发起方是谁。同样的道理，交易的接收方用自己的私钥对行为加密，接收方的公钥也放在 CA，所以 CA 也能够证明接收方已经接收到了相应的交易信息。

CA 证书由 CA 签发，目前由银行提供的各类 U 盾都是具有这种证明的网上“信物”。

### 7. 客体的证明

网络空间中的客体基本上可以分为两大类：一类是可以直接在计算机中存储和处理的各类数据；另一类是映射到计算机中的可关联各类现实社会的物品信息。

客体证明的主要目的是证明其真实性和完整性。

在传统的信息系统中，真实性是一个并不需要特别重视的问题。但是在网络空间中，数据及其他客体的真实性必须得到重视，否则可能产生极其严重的后果。尤其是在目前的大数据产业、物联网及智慧城市蓬勃发展的环境下，不重视客体的真实性证明会造成很严重的后果。

比如，笔者在调研中发现，一些机构为了骗取国家的医疗卫生健康补贴，竟然伪造数据。如果没有验证这些上报数据的真实性，就把它们当作真实数据参与挖掘和流转，那么后果是可以预见的。

客体的真实性验证要求还源于客体数据可能会被攻击者篡改。例如，在物联网环境下，物品可能会使用无线标签技术（RFID），而这些无线标签是可以被伪造的，同时这些无线标签所代表的物品的数据库也可能被篡改，这样无线标签的真实性就失效了。再如，入侵者可能会通过向数据池中添加假数据对数据池进行污染。

客体证明最简单的方法就是利用上面提到的哈希技术，当然仅用这项技术不能对所有客体进行证明。我们说过，哈希相当于一个物品的照片，这个照片只能证明它所代表的物品，但是证明不了这个物品本身的真实性。就如同一个人拿着一个证件，声称自己具有证件上所标明的身份，但是证件本身的真伪是需要证明的。我们没有办法建立一个能够签名的统一的 CA 来验证客体。

客体验证目前使用的方法主要有两大类：一类是数据治理技术，就是用大数据的方法来验证数据的真实性；另一类是将哈希函数与时间戳技术相结合形成哈希链，来验证数据的真实性。此外，还可以利用区块链技术，对数据或者映射到数字空间的现实社会中的物品的真实性进行验证。

#### 8. 通信路径的证明

通信路径的证明要解决两个问题，一是受信对象的验证，二是通信路径的可信验证。

在网络社会中，网络钓鱼欺诈是经常发生的事件。一些不法之徒会利用假冒的网页和其他一些手段骗取登录者的信息，再用自己的信息进行填写，进而进行诈骗和盗窃。

从通信的角度来说，这是由于通信的对象发生了错误，因此将信息传递给了错误的对象。在网络中还有一类行为是入侵者导致的，如搭线窃听。搭线窃听不是新技术，早在二战时期，各交战方就通过这种方式侦查到对方的通信信道，进行窃听。在网络环境下，搭线窃听是更容易做到的，用一个带侦听口的交换机就可以侦听所有通信方的信息。当然，交换机一般都会部署在计算机的机房中，如果机房是自己的，当然可以认为是安全的；如果机房是公共的，那么是否存在这种窃听的可能性呢？

域名解析错误也会导致与错误的通信对象建立链接。还存在一种攻击，叫作暗链，就是本来所访问的对象是 A，但由于中继转发的界面中存在暗链，会把我们连接到 B。当然，还可以举出一些通信对象错误的例子。

再有就是通信路径的不可信。电话通信采用的是电路交换，即由交换机将通信双方用一条连接导线连接起来，无论这条导线有多长，中间有多少个转接环节，这条电路都是属于当前通信的双方的。并且这条电路的转接也是按一定的规则进行的。只有当前通信双方中的一方挂机了，这条电路才会被释放。而计算机的数据通信采用的不是这种电路交换，而是数据包的交换。其原理是：将一个要传输的信息块（称为数据报）切分为一个个长度一致的小份（称为数据包），包头和包尾告诉网络这个数据包的目的地址和源地址，并且这些数据包上都标有序列号。在传输时，网络会识别空闲的路径来传送这些数据包，而各个路由之间是否空闲完全是随机的，所以数据包的传输也是随机的，从而路径是不可控的。

路径的不可控会导致信息泄露，解决的方法如下：一是对数据本身进行加密后再传输，二是对信道进行加密，即采用 VPN 技术。还有一种被称为可信计算的验证技术可以解决信道的可控性问题。通信的双方（包括中间的各个转接节点）都安装有相应的 TPM 芯片，这个芯片中会包含转接节点的验证信息，每个节点在转发时都会加入自身的验证信息，这样就形成了可信的通信链。

对于通信对象的验证有多种方法，这是由通信类型决定的。例如，在访问真实的网站时，不要从 URL 中直接复制访问地址，而是要在 URL 中逐个字母地输入真实地址。因为复制的地址中可能包含不易识别的符号，如小写字母“l”和数字“1”就很像。另外，要从可靠信源获取验证码信息。例如，一些银行会向手机发送短信，通过短信验证来证明访问对象是正确的。当发现访问了错误的对象时，不但不能向对方发送信息，也不能下载相应的信息，以避免中毒。

当然，还是那句话——只有相对的安全，没有绝对的安全！比如，恶意入侵者会使用“伪基站”来发送验证短信。当然，他也没那么容易成功，因为他必须知道我们的手机号，而手机号与访问网络的计算机被入侵者同时掌握的概率很小。当然，如果已经成为恶意入侵者的目标，他很可能用社工（间谍）手段获取我们的各类信息，然后再诱使我们上当。

#### 9. 控制信号的证明

控制信号包括各类传感器传送来的信号，还包括由控制中心设备（或通过人）发出的指令。这些信号和指令都是有实时性要求的，过时的信号意味着可能遭到重放攻击。解决的方法如下：一是给各个信号标上序列号，已经收到的序列信号不再接收；二是通过时间戳技术进行验证。

### 10. 计算环境的可信证明

计算环境的可信证明能够帮助用户验证系统的各个层面是否被人恶意修改过，而这种恶意的修改中，最有可能的是被人安装木马程序，导致系统的操作被监控。

沈昌祥院士提出的“可信计算”的思想就是从这个思路出发，对构成计算环境的系统的各个层面进行验证，证明系统还保持在“纯洁”的状态，没有被人动过手脚，这样的系统是可信的。

### 11. 网络犯罪的证明

网络犯罪既包括将网络作为犯罪对象的犯罪，也包括利用网络实现的现实社会中的犯罪。对这些犯罪行为的取证是把犯罪嫌疑人送上法庭并使其得到审判和处罚的必要条件。

一些网络犯罪分子会在作案后清理犯罪现场，擦除犯罪的痕迹。而计算机的犯罪取证和现实社会中的犯罪取证是同一目的，就是要还原犯罪过程，从而证明犯罪分子的犯罪行为。

应当说，犯罪分子手段再高明，也不可能将网络上的所有痕迹都清除掉，必然会在一些网络节点、目标主机上留下相应的蛛丝马迹。找到这些痕迹就是计算机犯罪取证要做的，计算机取证的原理在这里就不介绍了。

6.1 节至 6.6 节介绍的检查都是针对系统的，而我们说过，Security 就是人祸。对于人的身份的检查，我们虽然在 5.2.1 节中谈到了标识与鉴别，但那是主体登录到系统或者应用时的检查。虽然这种检查能够证明此时登录主体的身份，但是在网络环境下，由于一个主体对目标的访问是远程的，中间可能经过多个路由节点，其间可能会发生主体被“冒名顶替”的情况，有一类攻击就是主体的身份劫持。

主体身份的检查是网络安全中的重要机制，它是“保证正确的授权操作”的大前提。5.2.1 节中简要介绍了系统标识与鉴别（或者叫身份认证）的方法，这里不再赘述。在标识与鉴别中，除了账号与键盘口令字外，还有更可靠的第二认证因子，如指纹、眼底、人脸、皮下毛细血管等生物认证方法，以及令牌等类似时间戳的因子。

在现实社会中，主体身份识别也是安全保证的大前提，在一些必要的场合需要对人的身份进行验证。

任何一个攻击都会导致系统发生某些改变，这种改变当然是入侵者所希望的。如果我们能够及时发现并防范这种改变，或者在发生改变后能再改变回来，那么入侵行为就失败了。那么怎样才能及时有效地发现这种改变？

在现实社会中，假如要完成一项重要的运输任务，必然要对整个交通线路和线路周边的环境进行安全检查。同样，在网络上传输重要的数据时，也需要对信道的安全性进行检查，以保证传输数据的安全性。

## 6.7.1 TCG 的可信计算

TCG 是可信计算组织（Trusted Computing Group）的缩写，目前 TCG 中已有 190 多个成员。

可信计算是近十几来兴起的安全技术，在整个通信传输过程中，无论发生何种在多个主体和节点上的转移，都能保证数据是安全可信的。

法国的 Jean-Claude Laprie 和美国的 Algirdas Avizienis 于 1995 年提出了可信计算的概念，其思路是：在 PC 端硬件平台上引入安全芯片架构，通过提供安全特性来提高终端系统的安全性。实际上就是利用密码技术作为支持，安全操作系统作为核心，涉及身份认证、软硬件配置、应用程序、平台间的验证和管理等，这一切都需要一个可信计算平台模块（Trusted Platform Module，TPM）来支持。

TPM 最初的功能就是在通信链过程中建立一个信任链。通过对各通信终端间的 TPM 进行验证，建立一个可信的通信链路。后来又增加了对软硬件配置、应用程序的校验等功能。

## 6.7.2 沈氏可信计算

沈昌祥院士是我国最早从事网络安全的专家。沈院士提出了可信计算，并从 20 世纪 90 年代就立项进行研究，这是中国人完全自主设计的方案。沈院士的可信计算的核心思想是构造一个逻辑上独立于原系统的可信子系统作为系统安全机制的核心，对原有系统进行检查和监控、验证系统安全机制的完整性等，从而支撑高安全级别信息系统的安全机制。图 6-2 给出了沈院士可信计算的核心思想。

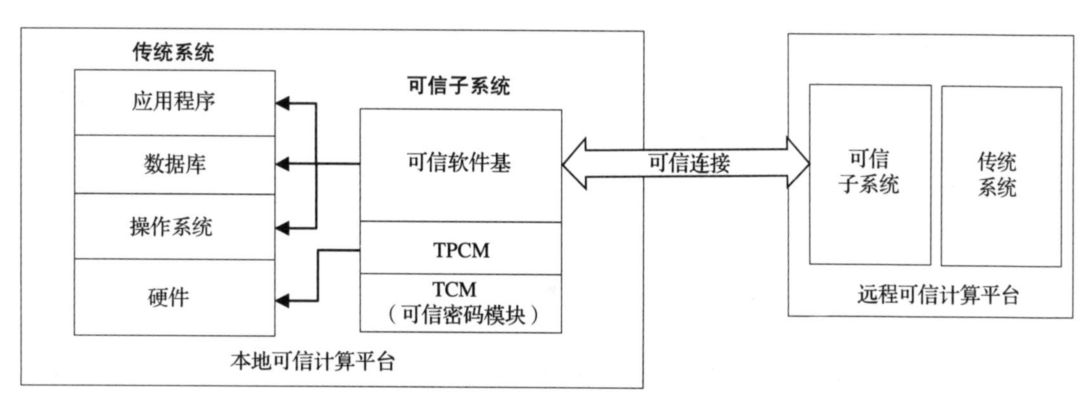


图 6-2 沈氏可信计算

可信子系统将包含可信密码芯片且有硬件控制功能的 TPCM 模块作为可信根，支撑可信软件基的运行。可信密码芯片可为系统提供高强度、高灵活性的密码功能支持；TPCM可先于CPU并独立于CPU对系统硬件实施安全控制；而可信软件基则用来监控软件系统，检查、验证其未发生未授权的改变，并对发现的异常行为给予及时响应。此外，不同节点的可信软件基可以互联互通，并与安全管理中心连接，构成一个分布式可信系统，支持政务系统、工控系统、云计算和物联网等场合的体系化安全保障。

沈院士的可信计算具有如下特点：一是可信计算以国产密码技术为支撑；二是可信子系统不是取代"正确的授权操作"，而是保障这一安全机制，是用来增强系统安全保障能力的，同时还可以作为不同安全机制集成为体系化安全系统的纽带；三是可信子系统的独立性，特别是TPCM可以先于CPU执行，实施监控机制时也可以绕过CPU，从而保证安全控制真正掌握于自己手中。国内目前已经有相关的验证产品。另外，可信软件基也可以独立于操作系统而运行。

### 6.7.3　可信路径与可信通路

可信路径用于保证一个用户主体确实在与计算机的内核打交道，主要关注点是在本地。因为我们虽然在操作计算机，但可能不是在与所操作的计算机的操作系统内核打交道，而是在与一个木马打交道。同样，计算机的操作系统也可能不是和一个合法的计算机用户打交道，而是在和一个木马打交道。这就需要在操作时进行检查。对于普通用户来说，这种检查是困难的，一般要靠恶意代码检查工具来发现木马程序。

可信通路是指在进行远程通信时，这个通道是可靠的。这就如同前面所讲的，我们有重要的运输任务时，要对整个运输路线及周边的环境进行安全检查。这在Internet环境下是不可能完全做到的，一般会采用VPN通道。

VPN（虚拟专用网络）的功能是：在公用网络上建立专用网络，进行加密通信，形成所谓有隧道效应。VPN在企业网络中得到了广泛应用。VPN网关通过对数据包的加密和数据包目标地址的转换来实现远程访问。VPN有多种分类方式，主要是按协议进行分类。VPN可通过服务器、硬件、软件等多种方式实现。

## 小结

检查是保证网络"正确的授权操作"最重要的方法，也是现实社会中保证安全的最重要的方法。本章从检查的目的入手，提出了相应的安全检查思路和方法，这些方法是网络安全等级保护和风险评估中的基本思路和方法，建议读者能熟悉并掌握这些方法。

# 第7章

# 检查项目

我们在第6章中介绍了检查的一般思想和方法，并简单介绍了一些检查、检测工具。本章将为读者介绍相关的检查项目，关于资源普查和业务了解，本章不做介绍。检查主要包括四个方面：第一是对自身的脆弱性进行检查，这个检查是静态的，当然，也要检查系统发生的变更，但是相对于威胁和其他方面过程变化较大的项目来说，脆弱性检查是静态的；第二是对威胁进行检查；第三是对人员的管理状况进行检查，其本质还是为了消除脆弱性；第四是对运行状态进行监控与检查。

## 7.1 系统脆弱性检查

### 7.1.1 网络层面的脆弱性检查

网络脆弱性检查的目的是保证网络连接、资源分配、传输、边界的安全等。网络脆弱性检查既考虑了对数据的保护，也考虑了对系统服务功能的保护。

在网络上，我们通过对边界的保护和对通信信道的保护，能够实现一定的隔离作用，并且在一定程度上实现访问控制的功能。

从保护数据安全性的角度出发，要进行以下检查：

- 对于要保证数据的机密性要求和完整性要求的，应检查业务终端与业务服务器之间是否建立了路由控制安全访问路径；
- 检查是否根据各部门的工作职能、重要性和涉及信息的重要程度等因素，划分了不同的子网或网段，并按照方便管理和控制的原则为各子网、网段分配地址段；
- 检查重要网段是否部署在网络边界处且直接连接外部信息系统（应该避免这种情况），检查重要网段与其他网段之间是否采取了可靠的技术隔离手段。

### 1. 网络访问控制检查

网络访问控制检查包括以下内容：

- 检查网络边界是否部署了访问控制设备，是否启用访问控制功能；
- 对于高安全需求，应不允许数据带通用协议通过；
- 对于高安全需求的数据，应根据数据的敏感标记允许或拒绝数据通过；
- 检查是否开放了远程拨号访问功能。如果开放了，对于高安全需求的系统来说，此项功能应该禁止。

访问控制主要在主机上实施，但是在网络上也可以进行一定程度的补充。从保护网络服务功能的角度出发，可以进行以下方面的检查。

### 2. 网络结构安全检查

网络结构安全检查包括以下内容：

- 根据网络（系统）服务功能的需求情况，对于高可用性需求，应该检查网络设备的业务处理能力是否具备冗余空间，以满足业务的高峰期需求；
- 检查网络各个部分的带宽是否满足业务的高峰期需求；
- 应按照对业务服务的重要次序来指定带宽分配的优先级别，保证在网络发生拥堵的时候优先保护重要主机。

### 3. 网络安全审计检查

网络安全审计检查既对保护数据安全意义重大，对于保护网络的服务功能也非常重要。网络安全审计检查包括以下内容：

- 应对网络系统中的网络设备运行状况、网络流量、用户行为等进行日志记录；
- 审计记录应包括事件的日期和时间、用户、事件类型、事件是否成功及其他与审计相关的信息；
- 应能够根据记录数据进行分析，并生成审计报表；
- 应对审计记录进行保护，避免出现未预期的删除、修改或覆盖等；
- 应定义审计跟踪极限的阈值，当存储空间接近极限时，能采取必要的措施，当存储空间耗尽时，应终止可审计事件的发生；
- 应根据信息系统的统一安全策略，实现集中审计，时钟保持与时钟服务器同步。

对于高安全需求的系统，还应该检查是否有独立的审计员。审计员不能进入系统，但是所有的审计数据只能由审计员审查。同时，审计员的行为还要接受安全员的监督，必须删除审计记录时，还应该在安全员或者特定领导的批准下才可以执行，并要有相关的记录，记录删除审计信息的时间、内容、审计信息本身的时间段等。对于安全需求较低的系统，可以设定删除审计信息的时间阈值，如一个月之前的审计数据等。对于一些特别的网络环境，需要执行网络安全法规定的 6 个月期限。

#### 4. 边界完整性检查

此项检查的目的是防范未授权接入其他网络（包括可信与不可信的网络），包括：

- 对非授权设备私自连接到内部网络的行为进行检查，准确找出位置，并对其进行有效阻断；
- 对内部网络用户私自连接到外部网络的行为进行检查，准确找出位置，并对其进行有效阻断。

目前以 MODEM 方式接入网络的现象已经很少了，但是，利用 Wi-Fi 破坏网络边界的现象时有发生。现在可以实现 Wi-Fi 功能的主机并不少见，在检查中应该考虑对此项的检查。

对于涉密的系统，还要考虑计算机主机屏幕泄露、电源线泄露、暖气泄露等问题。计算机屏幕泄露是利用显示电路的扫描特性实现的。而电源线和暖气都是金属导体，任何金属在电磁场中都会被激发出感生电动势，而这些恰好是信息泄露的渠道。当然，也不是没有防范的手段，信号的电磁辐射频率一般比较高，可以利用这种特性，通过良好的接地和滤波有效地进行防范。

#### 5. 网络设备防护检查

网络设备防护检查包括以下内容：

- 检查是否登录网络设备的用户进行了身份鉴别；
- 检查是否对网络设备的管理员登录地址进行了限制；
- 检查网络设备用户的标识是否唯一；
- 检查主要网络设备是否对同一用户选择两种或两种以上组合的鉴别技术来进行身份鉴别；
- 检查身份鉴别信息是否具有不易被冒用的特点，检查口令的复杂度以及更换的期限；
- 检查是否有一种网络设备用户的身份鉴别信息是不可伪造的；
- 检查登录失败处理功能，可采取结束会话、限制非法登录次数和当网络登录连接超时自动退出等措施；
- 检查当对网络设备进行远程管理时，是否采取必要措施防止鉴别信息在网络传输过程中被窃听；
- 检查是否实现了设备特权用户的权限分离。

#### 6. 已知网络协议漏洞检查

前面的五项都是规则的检查，也就是说，是为了确保对行为的“正确的授权”而进行的网络层面的检查。这些检查仅仅能证明授权的正确性，还不是相应的“保证”机制。没有相应的保证机制，正确的授权也会失效。

比如，网络协议的漏洞就会导致“正确的授权”机制失效。业内人士都知道，“心脏出血”漏洞就是网络协议漏洞。2014 年 4 月 9 日，Heartbleed（“心脏出血”）重大安全漏洞被曝光，一位安全行业人士透露，他在某电商网站上试验用这个漏洞读取数据，在读取 200 次后获得了 40 多个用户名、7 个密码，并用这些信息成功登录了该网站。

心脏出血漏洞是安全套接层（SSL）协议中的漏洞，SSL 协议是网上认证普遍使用的安全协议，是保证网络安全、证明登录网络主体身份合法性的一个非常有效的安全功能。对于网站来说，SSL 协议是保证合法用户登录最常用的网站加密技术，已为全球成千上万台 Web 服务器使用。Web 服务器通过它来将密钥发送给访客，然后在双方的连接之间对信息进行加密。URL 中使用 https 开头的连接都采用了 SSL 加密技术。在线购物、网银等活动均采用 SSL 技术来防止窃密及避免中间人攻击。攻击者可以利用这个协议中出现的漏洞披露连接的客户端或服务器的存储器内容，导致攻击者不仅可以读取其中机密的加密数据，还能盗走用于加密的密钥。

通过读取服务器内存，攻击者可以访问敏感数据，从而危及服务器及用户的安全。敏感的安全数据（如服务器的专用主密钥）可使攻击者在服务器和客户端未使用完全保密时，通过被动中间人攻击，解密当前的或已存储的传输数据。

漏洞还可能暴露其他用户的敏感请求和响应，包括用户的任何形式的请求数据、会话记录和密码，攻击者可以通过这些信息劫持其他用户的服务身份。据统计，约有 17% 通过认证机构认证的 Internet 安全网络服务器容易受到该漏洞的攻击。

漏洞让特定版本的 OpenSSL 成为无需钥匙即可开启的“废锁”，入侵者可以翻检用户的信息，只要有足够的耐心和时间，就可以翻检足够多的数据，拼凑出用户的银行密码、私信等敏感数据。因此，在网站完成修复升级后，需及时修改密码。

OpenSSL“心脏出血”漏洞的危害远比想象的严重，比如，手机上的大量应用也需要用账号登录，其登录服务有很多是用 OpenSSL 搭建的，因此用手机登录过网银或进行过网购的用户，需要在漏洞修补后更改自己的密码。

注意，更改密码只有在网站修复漏洞之后才有效，如果在漏洞修复之前就修改密码，新密码也会被攻击者截获。因此，在网站漏洞修复之前，最好不要登录。

漏洞检测的方法一般是使用漏洞扫描工具进行扫描，在 6.3.2 节中，我们给出了漏洞检测的初步方法。还可以利用渗透性攻击技术进行漏洞检测。

对于新漏洞的检测，并不是普通用户可以做的，但是一旦有组织发布了漏洞，就必须在第一时间应对，最好尽早利用发布的漏洞补丁程序进行修补。但是，计算机主机的漏洞则存在着漏洞修补风险，因为一些应用程序是在原来有漏洞的情况下开发的，一旦漏洞被修补，就会改变原来操作系统或者其他中间件的完整性，甚至导致应用程序不能使用。

#### 7. 网络通信安全检查

通信完整性检查主要包括检查是否采用密码技术保证通信过程中数据的完整性。使用密码技术保护数据在通信中的完整性，就要利用检验技术。

图 7-1 中给出了完整性检验的原理。一个信道传输的是正常数据，而另一个信道传输的是这些数据的检验值。这个检验值就像给一个人或者物体拍的照片，传输数据之前先给数据文件拍张照片，并把这张照片用另一个安全的信道发送给接收端，在信宿端再给数据拍张照片，并对这两张照片进行比对。如果两者完全一致，说明数据在传输的过程中没有发生改变，数据的完整性没有问题；如果不一致，则需要检查是数据出现了问题，还是传输的照片出现了问题。可以利用重传的方式，再一次进行检验。

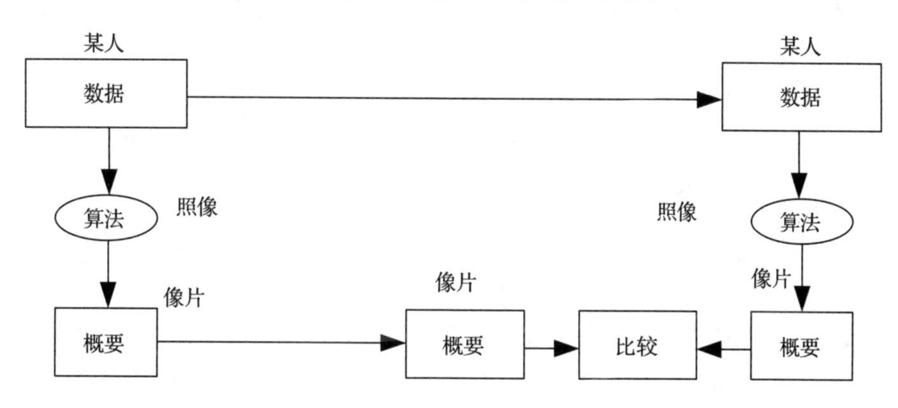


图 7-1 完整性检验的原理

对于重要的通信，还要考虑提供专用通信协议或安全通信协议服务，避免来自基于通用通信协议的攻击破坏数据完整性。

通信保密性检查包括以下方面：

- 在通信双方建立连接之前，应用系统应利用密码技术进行会话初始化验证；
- 在通信过程中，检查整个报文或会话过程是否进行了加密；
- 检查是否采用了基于硬件化的设备对重要通信过程进行加解密运算和密钥管理。

### 7.1.2 主机层面的脆弱性检查

#### 1. 核心安全功能的检查

核心安全功能能够提升系统的自我保护能力，为数据提供直接的保护，也保护了系统的服务功能。通过对主机核心安全功能的检查，可以发现系统存在的脆弱性。在国家标准《信息安全技术—信息系统安全等级保护基本要求》（GB/T 22239—2008）中，这些核心功能被冠以了保护数据的要求，并用S来标识。在笔者看来，所有保护数据的安全功能都对保护系统的服务起作用，所以本节的标题没有用“保护数据的安全检查”。

主机的脆弱性检查主要包括操作系统、数据库和应用程序的安全功能检查，是安全的核心部分。我们在前面讨论过，数据有三种形态——静态、动态和暂态，静态数据、暂态数据都保存在计算机主机上。动态数据分为两个部分：一部分是数据在计算机主机内部移动而产生的“流”，例如，我们从硬盘上打开一个文件实际上就是将该文件从硬盘（外部存储器）上移动到内存中，这就产生了流；另一部分是网络通信中动态的数据流，例如，在网络上发邮件就形成了相应的数据流。

静态数据和暂态数据在保护方法上有许多共同之处，但是风险并不完全相同。例如，很多类型的木马对静态数据没有威胁，因为这类木马监控的是内存和总线，数据在处理的时候很容易被记录，然后被发送给木马的属主。

可信路径功能对于保护暂态数据是非常有用的。另外，对异常进程的检测也是对暂态数据的有效保护手段。再有，要执行数据流访问控制策略，保证“数据不从高安全等级的客体流向比当前客体安全等级更低的客体”。

进程是计算机操作系统中的一个概念，另一个相关的概念叫线程。线程是执行一个任务时的过程，即先干什么、后干什么。进程则是执行一个任务时，在某一个阶段（或者某一个时刻），为了执行该任务而占据各类资源的总和。比如，执行一个任务时，要在同一时刻占用CPU资源、内存资源、总线资源等。目前的计算机可以同时处理多个用户的任务，所以操作系统能同时支持多个进程。木马也可以伪装成一个合法用户，计算机可以分配相关资源来执行它提出的任务，这就是异常的进程。一般用户很难判断进程是否异常，要用专门的工具来检测。杀毒软件是目前对付木马的主要工具。但是，由于目前的杀毒工具主要是“规则匹配型”的，因此杀毒工具不可能将所有的木马都查杀出来。特别是一些编写木马程序的高手，在编写完木马程序后，会进行“免杀”处理，即利用主流的查杀工具先对木马进行检验，看看这些查杀工具能不能发现这个木马，如果能发现，就会进行修改，直到查杀工具不能发现它为止。

对于来历不明的程序、软件、网站、移动App，我们不要去触碰，必须要安装某个程序的话，最好在专业人员的指导下安装。减少系统存在的脆弱性对防范木马是非常有效的，我们在前面曾谈到强制访问控制对于防范恶意代码的有效性。

（1）身份鉴别检查

前面说过，身份鉴别是实施访问控制的大前提。没有可靠的身份鉴别，那么正确的授权行为就非常容易被绕过。检查应该包括以下内容。

- 检查登录操作系统、数据库系统和应用程序的用户是否进行了完全身份标识和鉴别。
- 操作系统、数据库系统和应用程序的管理用户身份标识应具有不易被冒用的特点，口令应有复杂度要求并定期更换。复杂度要求包括两个层面：一是口令的长度一般不能低于8位；二是口令必须包括数字、字母（大小写）或特殊符号。最复杂的口令应该是随机产生的，没有任何规律。特别要避免使用生日、单位的名称、家庭成员的生日或家庭成员的姓名等容易被猜测的信息作为口令。一些暴力破解工具会保留大量的“字典”来猜测这些口令。这些口令在传输时也应该加密，如果能用变换的时间戳进行加密，其可靠度会大大增加。
- 检查是否启用登录失败处理功能，可采取结束会话、限制非法登录次数和自动退出等措施。也就是说，一个试图登录系统的非授权用户可能会利用猜测（或者其他方法获得）的用户账户进行登录。由于不掌握该账户的口令，他就会利用猜测的口令进行尝试性的登录，这种尝试往往会失败，当多次发生这种情况时，系统就应该发出告警并拒绝该用户登录。
- 检查是否设置了鉴别警示信息，描述未授权访问可能导致的后果。
- 检查当对服务器进行远程管理时，是否采取了必要措施，防止鉴别信息在网络传输过程中被窃听。
- 检查操作系统、数据库系统和应用程序的不同用户是否分配了不同的用户名，确保用户名具有唯一性。
- 对于安全要求较高的系统，检查是否采用两种或两种以上的鉴别技术对用户进行身份鉴别，并且身份鉴别信息至少有一种是不可伪造的。

（2）安全标记检查

对于安全需求高的系统，要对所有主体和客体设置敏感标记，对于重要的主体和客体都要打安全标记。要检查安全标记是否包括安全属性、安全等级和相关的范畴，同时还要检查这些标记是否容易被删除或者修改。

（3）访问控制检查

首先我们要进行访问控制策略的检查。对于安全需求高的系统，要确认需要保护的数据客体的安全属性，以及是否根据这些安全属性确定了相应的访问控制策略。对于需要机密性保护的客体，应该使用BLP模型；对于需要完整性保护的客体，则应该使用Biba模型或者其他保护完整性的模型。也可以采用基于角色的访问控制（RBAC）模型，确保：

- 依据安全策略以及所有主体和客体设置的敏感标记控制主体对客体的访问；
- 访问控制的粒度应达到主体为用户级或进程级，客体为文件、数据库表、记录和字段级。

- 应根据管理用户的角色分配权限，实现管理用户的权限分离，仅授予管理用户所需的最小权限；
- 应实现操作系统和数据库系统特权用户的权限分离；
- 应严格限制默认账户的访问权限，重命名系统默认账户，修改这些账户的默认口令；
- 应及时删除多余的、过期的账户，避免共享账户的存在。

（4）可信路径检查

- 检查在系统对用户进行身份鉴别时，系统与用户之间是否能够建立一条安全的信息传输路径。
- 检查在用户对系统进行访问时，系统与用户之间是否能够建立一条安全的信息传输路径。

此类检查需要专门的工具，并由专业人员进行。

（5）主机的安全审计检查

审计检查的目的是看主机能否执行正确的审计策略，对用户的操作是否保留了日志，并且是否开启或者采用了审计工具，具体包括以下方面：

- 审计范围是否覆盖了服务器和重要客户端上的每个操作系统用户和数据库用户。
- 审计内容是否包括重要用户行为、系统资源的异常使用和重要系统命令的使用等系统内重要的安全相关事件。
- 审计记录中是否包括日期和时间、类型、主体标识、客体标识、事件的结果等。
- 是否能够根据记录数据进行分析，并生成审计报表。
- 是否能保护审计进程，避免受到未预期的中断。
- 是否能保护审计记录，避免受到未预期的删除、修改或覆盖等。审计数据要保留一定的期限，此期限可根据实际的情况而定，也要根据系统对安全的需求而定。对于不太重要的系统，审计数据保留期限可以相对较短，如保留一个月；而对于安全需求较高的系统，审计数据保留的时间应比较长，《中华人民共和国网络安全法》规定要保留6个月。对于一些特殊的系统，可以永久性地保留数据。
- 是否能够根据信息系统的统一安全策略实现集中审计。

关于审计员，在等级保护的第二级中有要求，审计员应该是独立的。

（6）剩余信息保护检查

剩余信息保护也叫客体重用，对于实施数据的机密性保护非常重要，是访问控制功能的补充。其检查内容包括：

- 应保证操作系统和数据库系统用户的鉴别信息所在的存储空间在被释放或再分配给其他用户前得到完全清除，无论这些信息是存放在硬盘上还是内存中；

- 应确保系统内的文件、目录和数据库记录等资源所在的存储空间在被释放或重新分配给其他用户前得到完全清除。

请注意，前面已经谈到过，剩余信息保护对于保护数据的机密性是非常重要和必要的，但是对于保护数据的完整性则是非常有害的。必须清楚实施这一功能的前提，在检查时一定要考虑这个因素。

（7）系统及应用程序的漏洞检查

网络协议的漏洞远少于操作系统的漏洞，而应用程序的漏洞则更多。从最近几年通报的情况来看，报出的操作系统的漏洞较少，而 Web 的漏洞则非常多，应用程序的漏洞更是比比皆是。导致此种情况的原因，一方面是软件开发商不专业，另一方面，一些开发平台也存在安全漏洞，开发语言也存在一定的缺陷。

查找漏洞肯定不是普通用户的责任，但是对于系统的维护人员和相关的管理者来说，必须在漏洞公布的第一时间采取积极的应对措施，应该打补丁，并且能打补丁的一定要打补丁，不能打补丁的也要有相应的监控措施。

采取保护系统完整性的方法以避免漏洞被利用是一种值得研究的方法。漏洞是很难穷尽的，从理论和实践两个方面看，强制访问控制在一定程度上可以避免漏洞被利用。可信计算 3.0 对于保护系统的完整性是有价值的。

（8）数据保护的其他检查

数据完整性保护检查包括以下内容：

- 应能够检测系统管理数据、鉴别信息和重要业务数据在传输过程中的完整性是否受到破坏，并在检测到完整性错误时采取必要的恢复措施；
- 应能够检测系统管理数据、鉴别信息和重要业务数据在存储过程中的完整性是否受到破坏，并在检测到完整性错误时采取必要的恢复措施。

数据机密性保护检查包括以下内容：

- 应采用加密或其他有效措施实现系统管理数据、鉴别信息和重要业务数据的传输保密性；
- 应采用加密或其他保护措施实现系统管理数据、鉴别信息和重要业务数据的存储保密性。

### 2. 保护系统服务功能的检查

以下检查项目并不是应对入侵的，而是对主体所使用的资源是否合理分配进行检查，同时也考虑了系统故障给系统的可用性带来的影响。

（1）软件容错

软件出错并不是一个小概率事件，任何软件都有出现错误的可能。在早期的 Windows 操作系统中，计算机经常会莫名其妙地“死机”。现在这种现象少多了，但是应用程序出现错误的情况仍然不少见。当软件出错时，在一定程度上进行自动修复、避免出现大故障等都是软件容错功能所能提供的。此项检查要求：

- 应提供数据有效性检验功能，保证通过人机接口或通信接口输入的数据格式或长度符合系统设定的要求；
- 应提供自动保护功能，当发生故障时自动保护当前所有状态；
- 应提供自动恢复功能，当发生故障时立即自动启动新的进程，恢复原来的工作状态。

（2）资源控制

资源控制项检查对于系统内各个主体合理地使用计算机资源是非常重要的，确保不会因为人为的恶意或者其他原因导致系统资源被某些主体浪费，同时在系统资源紧张时保证一些特殊主体能够优先使用系统资源。此项检查包括以下内容：

- 当应用系统中的通信双方中的一方在一段时间内未做任何响应时，另一方应能够自动结束会话；
- 应能够对系统的最大并发会话连接数进行限制；
- 应能够对单个账户的多重并发会话进行限制；
- 应能够对一个时间段内可能的并发会话连接数进行限制；
- 应能够对一个访问账户或一个请求进程占用的资源分配最大限额和最小限额；
- 应能够对系统服务水平降低到预先规定的最小值进行检测和报警；
- 应提供服务优先级设定功能，并在安装后根据安全策略设定访问账户或请求进程的优先级，根据优先级分配系统资源。

对于主机而言，还要考虑从以下方面加以控制：

- 应通过设定终端接入方式、网络地址范围等条件限制终端登录；
- 应根据安全策略设置登录终端的操作超时锁定；
- 应对重要服务器进行监视，包括监视服务器的 CPU、硬盘、内存、网络等资源的使用情况；
- 应限制单个用户对系统资源的最大或最小使用限度；
- 应能够在系统的服务水平降低到预先规定的最小值时进行检测和报警。

（3）数据与系统的备份和恢复

任何一个系统都不能保证不出任何问题，故障、人的恶意行为以及误操作等都可能导致系统故障，也可能导致数据被破坏。在计算机系统中，数据是最重要的。对重要的数据进行备份，是保证数据资产安全的非常重要的环节。美国 9·11 事件发生后，某些受到侵害的机构很快恢复了元气，很重要的一点就是他们有很好的数据备份机制。虽然不能保证恢复全部数据，但是能够恢复大部分数据，对一个组织来说意义也是重大的。

对于一些有高可用性要求的系统来说，系统的备份也非常重要。双机热备更是应该提倡的。以下给出对数据与系统的备份和恢复的要求：

- 应提供数据本地备份与恢复功能，至少每天进行一次完全数据备份，备份介质在场外存放；
- 应建立异地灾难备份中心，配备灾难恢复所需的通信线路、网络设备和数据处理设备，提供业务应用的实时无缝切换；
- 应提供异地实时备份功能，利用通信网络将数据实时备份至灾难备份中心；
- 应采用冗余技术设计网络拓扑结构，避免出现网络单点故障；
- 应提供主要网络设备、通信线路和数据处理系统的硬件冗余，保证系统的高可用性。

对于备份的数据，必须考虑数据机密性与完整性保护的要求。特别是对于离线保存的数据，由于没有操作系统访问控制机制的保护，因此必须从行政手段上对数据进行保护。访问控制策略仍然是有效的，只是策略的执行由计算机操作系统来控制改成由人来控制。

## 7.2　对威胁的检查

### 7.2.1　网络层面的威胁检查

#### 1. 入侵防范

应在网络边界处监视以下攻击行为：端口扫描、强力攻击、木马后门攻击、拒绝服务攻击、缓冲区溢出攻击、IP 碎片攻击和网络蠕虫攻击等。

当检测到攻击行为时，应记录攻击源 IP、攻击类型、攻击目的、攻击时间，在发生严重入侵事件时应发出报警并自动采取相应的动作。

#### 2. 恶意代码防范

恶意代码防范包括以下内容：

- 应在网络边界处对恶意代码进行检测和清除；
- 应维护恶意代码库的升级并检测系统的更新。

### 7.2.2　主机层面的威胁检查

#### 1. 入侵防范

入侵防范包括以下内容：

- 应能够检测对重要服务器进行入侵的行为，能够记录入侵的源 IP、攻击的类型、攻击的目的、攻击的时间，并在发生严重入侵事件时报警；

- 应能够对重要程序的完整性进行检测，并在检测到完整性受破坏后采取恢复措施。

操作系统应遵循最小安装的原则，仅安装需要的组件和应用程序，并通过设置升级服务器等方式保证系统通过安装补丁及时得到更新。

### 2. 恶意代码防范

恶意代码防范包括以下内容：

- 应安装防恶意代码软件，并及时升级防恶意代码软件版本和恶意代码库；
- 主机防恶意代码产品应具有与网络防恶意代码产品不同的恶意代码库；
- 应支持防恶意代码的统一管理。

### 3. 网络与主机行政制度的检查

除了利用技术手段从网络和主机两个层面防范恶意代码，还要从对人的管理入手来防范恶意代码，主要检查是否执行了以下制度：

- 应提高所有用户防范恶意代码的意识，及时向用户告知防病毒软件版本，在读取移动存储设备上的数据以及从网络上接收文件或邮件之前，先进行病毒检查，将外来计算机或存储设备接入网络系统之前也应进行病毒检查；
- 应指定专人对网络和主机进行恶意代码检测并保存检测记录；
- 应对防恶意代码软件的授权使用、恶意代码库升级、定期汇报等做出明确规定；
- 应定期检查信息系统内各种产品的恶意代码库的升级情况并进行记录，对主机防病毒产品、防病毒网关和邮件防病毒网关上截获的危险病毒或恶意代码及时进行分析、处理，并形成书面的报表和总结汇报；
- 发现新病毒应该报告。

### 4. 抗抵赖检查

上述各类检查都是用于应对非授权主体的，也就是说用于应对入侵者。抗抵赖检查则用于防范由于授权者对自己行为的抵赖而导致的对系统或者数据使用产生的威胁，这种威胁可能会侵害其他的主体。这种抵赖最有可能发生在通信和交易的过程中。通信过程中，发送方（信源）和信息的接收方（信宿）都可能发生抵赖；交易过程中，交易的双方也都有可能发生抵赖。这种抵赖行为是现实社会中的抵赖行为在网络环境中的延伸。抗抵赖检查的内容包括：

- 应具有在请求的情况下为数据原发者或接收者提供数据原发证据的功能；
- 应具有在请求的情况下为数据原发者或接收者提供数据接收证据的功能。

效果比较好的抗抵赖方法是使用非对称加密技术，并且由第三方提供相应的证明。这和现实社会的交易过程需要一个中间人提供证明是一样的。

### 5. APT 攻击检查

APT（Advanced Persistent Threat，高级持续性威胁）是近几年被广泛关注的攻击行为。针对 Google 等公司的极光行动（2009 年）、Stuxnet 病毒攻击事件（2010 年）、McAfee 公司公布的针对西方能源公司的夜龙行动（2011 年）、RSA SecureID 遭窃取事件（2011 年）以及韩国金融和政府机构遭受的网络攻击（2013 年）都属于这类攻击。顾名思义，APT 攻击具有以下特点。

- 高级：此类攻击使用的手段、技术复杂多样，既会利用已知的漏洞、工具，也会利用一些未知的漏洞、工具，例如零日漏洞、特种木马等，还会结合社会工程学的相关知识、技能。此外，“高级”还包括攻击行为的目标明确、针对性强，经过了精心策划，这有别于撒网式的传统网络攻击。
- 持续：APT 攻击往往持续时间较长，如持续 1 个月、1 年、3 年，甚至更长时间。攻击者在此期间会不断对目标系统进行渗透，以搜集、窃取有价值的数据资料。攻击的过程往往具有极强的隐蔽性，有许多命令看上去并不是攻击，但是这些行为的组合会构成强有力的攻击。传统的入侵检测系统、安全审计系统等安全产品不易察觉到这种情况。
- 威胁：威胁是指能够利用漏洞或脆弱性对信息资产造成破坏、损失的事件或行为。APT 攻击无疑会对国家、企业的信息系统构成严重威胁。

APT 攻击一般分为 4 个阶段，即搜索阶段、进入阶段、渗透阶段、收获阶段。

**1）搜索阶段**。APT 攻击与普通网络攻击相比，在信息搜索的深度和广度上有明显不同。APT 攻击的攻击者会花费大量的时间和精力搜索目标系统的相关信息。他们要了解企业背景、公司文化、人员组织信息，还会收集目标系统的网络结构、业务系统、应用程序版本等信息。随后，攻击者会制定周密的计划，识别有助于攻击目标达成的系统和人员信息，收集、开发或购买攻击工具。APT 攻击可能会利用特种木马、零日漏洞利用工具、口令猜测工具，以及其他渗透测试工具。

**2）进入阶段**。在进入阶段，攻击者会进行间断性的攻击尝试，直到找到突破口，控制企业内网的第一台计算机。常见的方法如下。

- 恶意文件：精心构造，并以邮件、IM 软件等形式向内部员工发送携带恶意代码的 PDF、Word 文档。
- 恶意链接：以邮件、IM 软件等形式向内部员工发送携带恶意代码的 URL 链接，诱使员工点击。
- 网站漏洞：利用网站系统的漏洞，例如 SQL 注入、文件上传、远程溢出等，控制网站服务器并将其作为跳板，对网站内部进行渗透、攻击。

- 获取“肉鸡”：想办法获取企业内部已经被其他黑客攻陷的计算机。

**3）渗透阶段**。攻击者利用已经控制的计算机作为跳板，通过远程控制对企业内网进行渗透，然后寻找有价值的数据。

**4）收获阶段**。在本阶段，攻击者会取得初步成就，他们会构建一条隐蔽的数据传输通道，将已经获取的机密数据传送出来。本阶段没有时间的限制，因为APT攻击的发起者与普通攻击者相比是极端贪婪的，只要不被发现，他们的攻击行为往往不会停止，他们会持续地尝试窃取新的敏感数据与机密信息。

由于APT攻击是近年来出现的一种新型攻击行为，因此有效的检查手段还不是很多，国家也没有提出相应的技术标准。但是，一些研究单位和企业都基于自身的研究提出了好的检查方法和思路。

- **态势感知**。北京某企业研发的高级威胁检测（Advanced Threat Detection，ATD）系统将深度学习、大数据技术与安全技术相结合，能够实时分析网络全流量，结合威胁情报数据及网络用户和实体行为分析（UEBA）技术深度检测可疑的网络活动。
- **沙箱**。采用沙箱行为分析与入侵指标（IOC）确认技术，将可疑文件在沙箱虚拟环境中运行激活，对其行为进行恶意模式匹配及入侵指标确认，进而识别出未知威胁。此外，还可以对恶意代码及其产生的流量进行基因图谱的深度学习检测，从而准确识别病毒木马的变种及其家族分类，也可以对恶意代码进行同源性分析。
- **基于行为的检测**。这种方法将历史行为和当前行为进行匹配和分析，目前还没有成型的工具或者产品投入使用。但是这一思想是值得研究的。

从检查的意义上来说，通过行政手段加强组织成员的安全意识教育和检查也是非常必要的，如：

- 根据组织以往与哪些机构交互，进行不明来源的消息的检测。突然出现的有新来源的邮件或者其他消息时，是否有上报分析机制？
- 根据组织结构进行检查分析。突然有不相关的部门消息时，是否有上报制度？
- 现有的安全策略有哪些？
- 哪些数据是机密数据，需要加强保护？如果采用了强制访问控制，那么对于反APT攻击是有效的。
- 检查是否有检测APT攻击的技术手段。
- 检查是否有完善处理信息安全入侵事件的应急响应流程。
- 检查员工的安全意识是否需要强化。可以利用一些钓鱼方法来检查员工的安全意识，同时也是对安全意识的强化教育。

## 7.3　人员管理检查

人员管理检查既是脆弱性检查，也是对威胁的防范。对于人员的管理，首先要有一个管理组织，并且要有相应的管理制度，还要有相应的检查机制来保证制度的落实。

### 7.3.1　安全管理组织

任何一项管理都需要有一个组织来制定并落实相应的制度，管理组织是实施人员管理的关键。

#### 1. 岗位设置

岗位设置包括以下内容：

- 应设立完成信息安全管理工作的职能部门，设立安全主管以及安全管理各个方面的负责人岗位，并定义各负责人的职责；
- 应设立系统管理员、网络管理员、安全管理员、审计员等岗位，并定义各个工作岗位的职责；
- 应成立指导和管理信息安全工作的委员会或领导小组，其最高领导由单位主管领导委任或授权；
- 应制定文件并明确安全管理机构各个部门及岗位的职责、分工和技能要求。

#### 2. 人员配备

人员配备包括以下内容：

- 应配备一定数量的系统管理员、网络管理员、安全管理员、审计员等；
- 应配备专职安全管理员、审计员（不可兼任，但是可以由相关的领导人员兼职）；
- 对关键事务岗位，应配备多人共同管理。这条要求基于分权制衡的原则。

#### 3. 授权和审批

授权和审批包括以下内容：

- 应根据各个部门和岗位的职责明确授权审批事项、审批部门和审批人等；
- 应针对系统变更、重要操作、物理访问和系统接入等事项建立审批程序，按照审批程序执行审批过程，对重要活动建立逐级审批制度；
- 应定期审查审批事项，及时更新需授权及审批的项目、审批部门和审批人等信息；
- 应记录审批过程并保存审批文档。

#### 4. 沟通和合作

沟通和合作包括以下内容：

- 应加强各类管理人员之间、组织内部机构之间以及信息安全职能部门内部的合作与沟通，定期或不定期召开协调会议，协作处理信息安全问题；
- 应加强与兄弟单位、公安机关、电信公司的合作与沟通；
- 应加强与供应商、业界专家、专业的安全公司、安全组织的合作与沟通；
- 应建立外联单位联系列表，包括外联单位名称、合作内容、联系人和联系方式等信息；
- 应聘请信息安全专家作为常年的安全顾问，指导信息安全建设，参与安全规划和安全评审等。

#### 5. 审核和检查

审核和检查包括以下内容：

- 安全管理员应负责定期进行安全检查，检查内容包括系统的日常运行、系统漏洞和数据备份等情况；
- 应由内部人员或上级单位定期进行全面的安全检查，检查内容包括现有安全技术措施的有效性、安全配置与安全策略的一致性、安全管理制度的执行情况等；
- 应制定安全检查表格以实施安全检查，汇总安全检查数据，形成安全检查报告，并对安全检查结果进行通报；
- 应制定安全审核和安全检查制度，规范安全审核和安全检查工作，定期按照程序进行安全审核和安全检查。

### 7.3.2　安全管理制度

#### 1. 安全管理制度的内容

安全管理制度的内容包括：

- 应制定信息安全工作的总体方针和安全策略，说明安全工作的总体目标、范围、原则和安全框架等；
- 应为安全管理活动中的各类管理内容建立安全管理制度；
- 应为管理人员或操作人员执行的日常管理操作建立操作规程；
- 应形成由安全策略、管理制度、操作规程等构成的全面的信息安全管理制度体系。

#### 2. 安全管理制度的制定和发布

安全管理制度的制定和发布包括以下内容：

- 应指定或授权专门的部门或人员负责制定安全管理制度；

- 安全管理制度应具有统一的格式，并进行版本控制；
- 应组织相关人员对制定的安全管理制度进行论证和审定；
- 安全管理制度应通过正式、有效的方式发布；
- 安全管理制度应注明发布范围，并对收发文进行登记；
- 有密级的安全管理制度应注明安全管理制度密级，并进行密级管理。

#### 3. 安全管理制度的评审和修订

安全管理制度的评审和修订包括以下内容：

- 应由信息安全领导小组负责定期组织相关部门和相关人员对安全管理制度体系的合理性和适用性进行审定；
- 应定期或不定期地对安全管理制度进行检查和审定，对存在的不足或需要改进的安全管理制度进行修订；
- 应明确需要定期修订的安全管理制度，并指定负责人或部门负责制度的日常维护；
- 应根据安全管理制度的相应密级确定评审和修订的操作范围。

### 7.3.3 人员的安全管理

#### 1. 人员录用

人员录用包括以下内容：

- 应指定或授权专门的部门或人员负责人员录用；
- 应严格规范人员录用过程，对被录用人员的身份、背景、专业资格和资质等进行审查，对其所具有的技术技能进行考核；
- 应签署保密协议；
- 应从内部人员中选拔从事关键岗位的人员，并签署岗位安全协议。

#### 2. 人员离岗

对人员离岗的管理非常重要，许多安全事件都是由离岗人员掌握原系统的某些信息所导致的。从某种意义上讲，对离岗人员的管理比人员录用管理还重要，应做到以下几点。

- 应制定有关管理规范，严格规范人员的离岗过程，包括进行离岗谈话、签订相应的离岗保密承诺、交还各类证件，完成这些工作后才能办理离岗手续，还要及时终止离岗员工的所有访问权限；
- 应取回各种身份证件、钥匙、徽章以及机构提供的软硬件设备；
- 应办理严格的调离手续，并承诺调离后的保密义务后方可离开。

#### 3. 人员考核

人员考核包括以下内容：

- 应定期对各个岗位的人员进行安全技能及安全认知的考核；
- 应对关键岗位的人员进行全面、严格的安全审查和技能考核；
- 应建立保密制度，并定期或不定期地对保密制度执行情况进行检查或考核；
- 应对考核结果进行记录并保存。

#### 4. 安全意识教育和培训

安全意识教育和培训包括以下内容：

- 应对各类人员进行安全意识教育、岗位技能培训和相关安全技术培训，对于培训结果应进行考核并颁发相应的证书，持证上岗；
- 应对安全责任和惩戒措施进行书面规定并告知相关人员，对违反或违背安全策略和规定的人员进行惩戒；
- 应对定期安全教育和培训进行书面规定，针对不同岗位制定不同的培训计划，对信息安全基础知识、岗位操作规程等进行培训；
- 应对安全教育和培训的情况与结果进行记录并归档保存。

#### 5. 外部人员访问管理

外部人员访问管理包括以下内容：

- 应确保在外部人员访问受控区域前先提出书面申请，批准后由专人全程陪同或监督，并登记备案；
- 对外部人员允许访问的区域、系统、设备、信息等内容应进行书面的规定，并按照规定执行；
- 关键区域不允许外部人员访问。

## 7.4 运行过程的监控

运行过程的监控既能及时发现脆弱性并进行整改，也能对可能的威胁进行监控和处置，是 PDRR 模型中 D 的核心组成部分。

### 7.4.1 监控管理和安全管理中心

#### 1. 网络安全管理

网络安全管理包括以下内容：

- 应对通信线路、主机、网络设备和应用软件的运行状况、网络流量、用户行为等进行监测和报警，形成记录并妥善保存；
- 应组织相关人员定期对监测和报警记录进行分析、评审，发现可疑行为，形成分析报告，并采取必要的应对措施；
- 应建立安全管理中心，对设备状态、恶意代码、补丁升级、安全审计等安全相关事项进行集中管理；
- 应指定专人对网络进行管理，负责运行日志、网络监控记录的日常维护和报警信息分析与处理工作；
- 应建立网络安全管理制度，对网络安全配置、日志保存时间、安全策略、升级与打补丁、口令更新周期等事宜做出规定；
- 应根据厂家提供的软件升级版本对网络设备进行更新，并在更新前对现有的重要文件进行备份；
- 应定期对网络系统进行漏洞扫描，对发现的网络系统安全漏洞进行及时的修补；
- 应实现设备的最小服务配置和优化配置，并对配置文件进行定期离线备份；
- 应保证所有与外部系统的连接均得到授权和批准；
- 应禁止便携式和移动式设备接入网络；
- 应定期检查违反规定拨号上网或其他违反网络安全策略的行为；
- 应严格控制网络管理用户的授权，授权程序中要求必须有两人在场，并经双重认可后方可操作，操作过程应保留不可更改的审计日志。

### 2. 系统安全管理

系统安全管理包括以下内容：

- 应根据业务需求和系统安全分析确定系统的访问控制策略；
- 应定期进行漏洞扫描，对发现的系统安全漏洞进行及时修补；
- 应安装系统的最新补丁程序，在安装系统补丁前，要先在测试环境中测试通过，并对重要文件进行备份后，方可实施系统补丁程序的安装；
- 应建立系统安全管理制度，对系统安全策略、安全配置、日志管理、日常操作流程等工作做出具体规定；
- 应指定专人对系统进行管理，划分系统管理员角色，明确各个角色的权限、责任和风险，权限设定应当遵循最小授权原则；
- 应依据操作手册对系统进行维护，详细记录操作日志，包括重要的日常操作、运行维护记录、参数的设置和修改等内容，严禁进行未经授权的操作；
- 应定期对运行日志和审计数据进行分析，以便及时发现异常行为；

- 应对系统资源的使用进行预测，以确保处理速度和充足的存储容量，管理人员应随时注意系统资源的使用情况，包括处理器、存储设备和输出设备。

### 3. 密码管理

应建立密码使用管理制度，使用符合国家密码管理规定的密码技术和产品。这里所说的密码并不是常用的口令，而是具有特定的加密算法和密钥的变换方法。

### 4. 变更管理

变更管理包括以下内容：

- 应确认系统中要发生的变更，并制定变更方案；
- 应建立变更管理制度，系统发生变更前，向主管领导提出申请，变更方案经过评审、审批后方可实施变更，并在实施后将变更情况向相关人员通告；
- 应建立变更控制的申报和审批程序，控制系统所有的变更情况，对变更影响进行分析并文档化，记录变更实施过程，并妥善保存所有文档和记录；
- 应建立中止变更并从失败变更中恢复的文件化程序，明确过程控制方法和人员职责，必要时对恢复过程进行演练；
- 应定期检查变更控制的申报和审批程序的执行情况，评估系统现有状况与文档记录的一致性。

### 5. 备份与恢复管理

备份与恢复管理包括以下内容：

- 应识别需要定期备份的重要业务信息、系统数据及软件系统等；
- 应建立备份与恢复管理相关的安全管理制度，对备份信息的备份方式、备份频率、存储介质和保存期等进行规定；
- 应根据数据的重要性和数据对系统运行的影响，制定数据的备份策略和恢复策略，备份策略需指明备份数据的放置场所、文件命名规则、介质替换频率和将数据离站运输的方法；
- 应建立控制数据备份和恢复过程的程序，记录备份过程，对需要加密或隐藏处理的备份数据进行备份和加密操作时要求有两名工作人员在场，应妥善保存所有文件和记录；
- 应定期执行恢复程序，检查和测试备份介质的有效性，确保可以在恢复程序规定的时间内完成备份的恢复；
- 应根据信息系统的备份技术要求，制定相应的灾难恢复计划，并对其进行测试以确保各个恢复规程的正确性和计划整体的有效性。测试内容包括运行系统恢复、人员协调、备用系统性能测试、通信连接等。根据测试结果，对不适用的规定进行修改或更新。

### 6. 介质管理

介质管理包括以下内容。

- 应建立介质安全管理制度，对介质的存放环境、使用、维护和销毁等方面做出规定。
- 应确保介质存放在安全的环境中，对各类介质进行控制和保护，实行存储环境专人管理，并根据存档介质的目录清单定期盘点。
- 应对介质在物理传输过程中的人员选择、打包、交付等情况进行控制，并对介质的归档和查询等进行登记。
- 应对存储介质的使用过程、送出维修以及销毁等进行严格管理。将重要数据的存储介质带出工作环境时必须进行内容加密并进行监控管理。对于需要送出维修或销毁的介质应通过多次读写覆盖清除敏感或秘密数据。对无法执行删除操作的受损介质必须销毁，保密性较高的信息存储介质应在获得批准并在双人监督下才能销毁，应妥善保存销毁记录。
- 应根据数据备份的需求对某些介质实行异地存储，存储地的环境要求和管理方法应与本地相同。
- 应对重要介质中的数据和软件加密存储，并根据所承载数据和软件的重要程度对介质进行分类和标识管理。

### 7. 设备管理

设备管理包括以下内容：

- 应对信息系统相关的各种设备（包括备份和冗余设备）、线路等指定专门的部门或人员定期进行维护管理；
- 应建立基于申报、审批和专人负责的设备安全管理制度，对信息系统的各种软硬件设备的选型、采购、发放和领用等过程进行规范化管理；
- 应建立配套设施、软硬件维护方面的管理制度，对其维护进行有效的管理，包括明确维护人员的责任、涉外维修和服务的审批、维修过程的监督控制等；
- 应对终端计算机、工作站、便携机、系统和网络等设备的操作和使用进行规范化管理，按操作规程实现设备（包括备份和冗余设备）的启动/停止、加电/断电等操作；
- 应确保必须经过审批才能将信息处理设备带离机房或办公地点。

### 7.4.2 工程过程的检查

#### 1. 系统建设管理

（1）系统定级

系统定级包括以下内容：

- 应明确信息系统的边界和安全保护等级；
- 应以书面的形式说明将某个信息系统定为某个安全保护等级的方法和理由；
- 应组织相关部门和有关安全技术专家对信息系统定级结果的合理性和正确性进行论证与审定；
- 应确保信息系统的定级结果经过相关部门的批准。

（2）安全方案设计

安全方案设计包括以下内容：

- 应根据系统的安全保护等级选择基本安全措施，依据风险分析的结果补充和调整安全措施；
- 应指定和授权专门的部门对信息系统的安全建设进行总体规划，制定近期和远期的安全建设工作计划；
- 应根据信息系统的等级划分情况，统一考虑安全保障体系的总体安全策略、安全技术框架、安全管理策略、总体建设规划和详细设计方案，并形成配套文件；
- 应组织相关部门和有关安全技术专家对总体安全策略、安全技术框架、安全管理策略、总体建设规划、详细设计方案等配套文件的合理性和正确性进行论证与审定，并且经过批准后才能正式实施；
- 应根据等级测评、安全评估的结果定期调整和修订总体安全策略、安全技术框架、安全管理策略、总体建设规划、详细设计方案等相关配套文件。

（3）产品的采购和使用

产品的采购和使用包括以下内容：

- 应确保安全产品的采购和使用符合国家的有关规定；
- 应确保密码产品的采购和使用符合国家密码主管部门的要求；
- 应指定或授权专门的部门负责产品采购；
- 应预先对产品进行选型测试，确定产品的候选范围，并定期审定和更新候选产品名单；
- 对重要的产品，应委托专业测评单位进行专项测试，根据测试结果选用产品。

（4）软件开发

软件开发包括以下内容：

- 应确保开发环境与实际运行环境在物理上分开，测试数据和测试结果受到控制；
- 应制定软件开发管理制度，明确说明开发过程的控制方法和人员行为准则；
- 应制定代码编写安全规范，要求开发人员参照规范编写代码；
- 应确保提供软件设计的相关文档和使用指南，并由专人负责保管；
- 应确保对程序资源库的修改、更新、发布进行授权和批准；
- 应确保开发人员为专职人员，开发人员的开发活动受到控制、监视和审查。

（5）外包软件开发

外包软件开发包括以下内容：

- 应根据开发要求测试软件质量；
- 应在软件安装之前检测软件包中可能存在的恶意代码；
- 应要求开发单位提供软件设计的相关文档和使用指南；
- 应要求开发单位提供软件源代码，并审查软件中可能存在的后门和隐蔽信道。

（6）工程实施

工程实施包括以下内容：

- 应指定或授权专门的部门或人员负责工程实施过程的管理；
- 应制订详细的工程实施方案来控制实施过程，并要求工程实施单位能正式地执行安全工程过程；
- 应制定工程实施方面的管理制度，明确说明实施过程的控制方法和人员行为准则；
- 应通过第三方工程监理控制项目的实施过程。

（7）测试验收

测试验收包括以下内容：

- 应委托公正的第三方测试单位对系统进行安全性测试，并出具安全性测试报告；
- 在测试验收前应根据设计方案或合同要求等制订测试验收方案，在测试验收过程中应详细记录测试验收结果，并形成测试验收报告；
- 应对系统测试验收的控制方法和人员行为准则进行书面规定；
- 应指定或授权专门的部门负责系统测试验收的管理，并按照管理规定完成系统的测试、验收工作；
- 应组织相关部门和相关人员对系统测试验收报告进行审定，并签字确认。

（8）系统交付

系统交付包括以下内容：

- 应制订详细的系统交付清单，并根据交付清单对所交接的设备、软件和文档等进行清点；

- 应对负责系统运行维护的技术人员进行相应的技能培训；
- 应确保提供系统建设过程中的文档和指导用户进行系统运行维护的文档；
- 应对系统交付的控制方法和人员行为准则进行书面规定；
- 应指定或授权专门的部门负责系统交付的管理工作，并按照管理规定完成系统交付工作；
- 必须有措施保证交付的软件版本与测试通过的版本相同。

（9）安全测评

安全测评包括以下内容：

- 在系统运行过程中，应在一定的期限（比如一年，对于安全要求高的系统至少半年）内对系统进行一次等级测评，发现不符合相应保护标准要求的情况要及时整改；
- 应在系统发生变更时及时对系统进行等级测评，发现级别发生变化时要及时调整级别并进行安全改造，发现不符合相应等级保护标准要求的要及时整改；
- 应选择具有国家相关技术资质和安全资质的测评单位进行等级测评；
- 应指定或授权专门的部门或人员负责等级测评的管理。

（10）安全服务商的选择

选择安全服务商时应遵循以下原则：

- 应确保安全服务商的选择符合国家的有关规定；
- 应与选定的安全服务商签订安全相关的协议，明确约定相关责任；
- 应确保选定的安全服务商提供技术培训和服务承诺，必要时与其签订服务合同。

### 2. 系统运维管理

（1）环境管理

环境管理包括以下内容：

- 应指定专门的部门或人员定期对机房供配电、空调、温湿度控制等设施进行维护和管理；
- 应指定部门负责机房安全，并配备机房安全管理人员，对机房的出入、服务器的开机或关机等工作进行管理；
- 应建立机房安全管理制度，对有关机房物理访问、物品带进 / 带出机房和机房环境安全等方面的管理做出规定；
- 应加强办公环境的保密性管理，规范办公环境中的人员行为，包括工作人员调离办公室时应立即交还该办公室钥匙、不在办公区接待来访人员、工作人员离开座位时确保终端计算机退出登录状态、桌面上没有包含敏感信息的纸张 / 文件等；
- 应对机房和办公环境实行统一策略的安全管理，对出入人员进行相应级别的授权，对进入重要安全区域的活动行为进行实时监控和记录。

（2）资产管理

资产管理包括以下内容：

- 应编制并保存与信息系统相关的资产清单，包括资产责任部门、重要程度和所处位置等内容；
- 应建立资产安全管理制度，规定信息系统资产管理的责任人员或责任部门，并规范资产管理和使用的行为；
- 应根据资产的重要程度对资产进行标识管理，根据资产的价值选择相应的管理措施；
- 应对信息分类与标识方法做出规定，并对信息的使用、传输和存储等进行规范化管理。

## 小结

本章给出了比较详细的检查项目和方法，需要说明的是，上述检查项目是针对安全级别较高的系统（安全等级为四级），以便读者完整地了解检查项目包含的内容；而对于较低安全级别的系统，则不需要这样严格，可以参照国家标准《信息安全技术 信息系统安全等级保护基本要求》对不同等级的要求进行检查。

# 第8章

# 信息安全事件的响应与处置

再好的防护都不能保证万无一失，因为安全是相对的而不是绝对的。不安全以发生安全事件作为标志。发生安全事件并不可怕，可怕的是在发生安全事件时，没有及时地发现并进行响应和妥当的处置。

响应和处置是以发现为前提的，检查和检测手段则是发现的基础。

在PDRR模型中，信息安全事件的应急响应与处置体现在DRR三个方面。首先是能够检测到安全事件，在发生安全事件的第一时间及时地响应，进行妥当的处置，并能够进行有效的恢复，那么损失就能降到最低。

“应急响应”的英文是incident response或emergency response，通常是指一个组织为了应对各种安全事件所做的准备、事件发生过程中所采取的应对方法，以及在事件发生后所采取的措施。

## 8.1 信息安全事件的分类与分级

信息安全事件（information security incident）是指由于自然或人为的因素对网络与信息系统造成危害，或在信息系统内发生的对社会造成负面影响的事件。

### 8.1.1 分类的参考要素与基本分类

一般根据信息安全事件发生的原因、表现形式等对信息安全事件进行分类。

信息安全事件包括有害程序事件、网络攻击事件、数据破坏事件、信息内容安全事件、设备设施故障、灾害性事件和其他信息安全事件这7个基本分类，每个基本分类又包括若干个第二层分类。

### 1. 有害程序事件

有害程序事件是指蓄意制造、传播有害程序，或因受到有害程序的影响而导致的信息安全事件。有害程序是指插入信息系统中的一段程序，会危害系统中数据、应用程序或操作系统的机密性、完整性或可用性，进而影响信息系统的正常运行。

有害程序事件包括计算机病毒事件、蠕虫事件、木马事件、有害移动代码事件、混合攻击程序事件、跟踪 Cookie 事件和其他有害程序事件这 7 个第二层分类。

### 2. 网络攻击事件

网络攻击事件是指通过网络或其他技术手段，利用信息系统的配置缺陷、协议缺陷、程序缺陷或使用暴力对信息系统实施攻击，并造成信息系统异常或对信息系统当前运行造成潜在危害的信息安全事件。

网络攻击事件包括拒绝服务攻击事件、僵尸网络事件、后门攻击事件、漏洞攻击事件、网络扫描窃听事件、干扰事件和其他网络攻击事件这 7 个第二层分类。

### 3. 数据破坏事件

数据破坏事件是指通过网络或其他技术手段，造成信息系统中的数据被篡改、假冒、泄露、窃取等而导致的信息安全事件。

数据破坏事件包括数据篡改事件、数据假冒事件、数据泄露事件、数据窃取事件和其他数据破坏事件这 5 个第二层分类。

### 4. 信息内容安全事件

信息内容安全事件是指利用信息网络发布、传播危害国家安全、社会稳定和公共利益的内容的安全事件。

### 5. 设备设施故障

设备设施故障是指由于信息系统自身故障或外围保障设施故障而导致的信息安全事件，以及人为的使用非技术手段有意或无意地造成信息系统破坏而导致的信息安全事件。

设备设施故障包括软硬件自身故障、外围保障设施故障、人为破坏事故和其他设备设施故障这 4 个第二层分类。

### 6. 灾害性事件

灾害性事件是指由于发生火灾、水灾、雷击、地震或其他灾害而导致的信息安全事件。

### 7. 其他信息安全事件

不能归为以上 6 个基本分类的信息安全事件就是其他信息安全事件。

### 8.1.2 信息安全事件的分级

#### 1. 分级参考要素

信息安全事件的分级可参考三个要素：信息系统的重要程度、系统损失和社会影响。

（1）信息系统的重要程度

信息系统的重要程度主要考虑信息系统所承载的业务对国家安全、经济建设、社会生活的重要性，以及业务对信息系统的依赖程度，可划分为特别重要的信息系统、重要信息系统和一般信息系统。

（2）系统损失

系统损失是指由于信息安全事件对信息系统的软硬件、功能及数据的破坏，导致系统业务中断，从而给组织乃至国家造成的损失。系统损失的大小主要和恢复系统正常运行以及消除安全事件负面影响需要付出的代价有关。

（3）社会影响

社会影响是指信息安全事件对社会造成影响的范围和程度。社会影响的大小主要和国家安全、社会秩序、经济建设和公众利益等方面的影响有关。

#### 2. 分级规范

根据信息安全事件的分级参考要素，将信息安全事件划分为四个级别：特别重大事件、重大事件、较大事件和一般事件。

（1）特别重大事件（Ⅰ级）

特别重大事件是指导致特别严重的影响或破坏的信息安全事件。

- 特别重大事件会使特别重要的信息系统遭受特别重大的系统损失，包括造成系统大面积瘫痪，使其丧失业务处理能力，或系统关键数据的保密性、完整性、可用性遭到严重破坏。恢复系统正常运行和消除安全事件负面影响所需付出的代价巨大，对于事发组织是不可承受的。
- 特别重大事件产生的社会影响可能波及一个或多个省市的大部分地区，极大威胁国家安全，甚至可能引起社会动荡，对经济建设有极其恶劣的负面影响，或者严重损害公众利益。

（2）重大事件（Ⅱ级）

重大事件是指导致严重影响或破坏的信息安全事件。

- 重大事件会使特别重要的信息系统遭受重大的系统损失或使重要信息系统遭受特别重大的系统损失，包括造成系统长时间中断或局部瘫痪，使其业务处理能力受到极大影响，或系统关键数据的保密性、完整性、可用性遭到破坏。恢复系统正常运行和消除安全事件负面影响所需付出的代价巨大，但对于事发组织是可承受的。

- 重大事件产生的社会影响会波及一个或多个地市的大部分地区，甚至威胁到国家安全，引起社会恐慌，对经济建设有重大的负面影响，或者损害到公众利益。

（3）较大事件（Ⅲ级）

较大事件是指导致较严重影响或破坏的信息安全事件。

- 较大事件会使特别重要的信息系统遭受较大的系统损失，或使重要信息系统遭受重大的系统损失、一般信息信息系统遭受特别重大的系统损失，包括造成系统中断，明显影响系统效率，使重要信息系统或一般信息系统业务处理能力受到影响，或使系统重要数据的保密性、完整性、可用性遭到破坏。恢复系统正常运行和消除安全事件负面影响所需付出的代价较大，但对于事发组织是完全可以承受的。
- 较大事件产生的社会影响会波及一个或多个地市的部分地区，可能影响国家安全，扰乱社会秩序，对经济建设有一定的负面影响，或者影响到公众利益。

（4）一般事件（Ⅳ级）

一般事件是指导致较小影响或破坏的信息安全事件。

- 一般事件会使特别重要的信息系统遭受较小的系统损失，或使重要信息系统遭受较大的系统损失、一般信息系统遭受重大的系统损失，包括造成系统短暂中断，影响系统效率，使系统业务处理能力受到影响，或系统重要数据的保密性、完整性、可用性受到影响。恢复系统正常运行和消除安全事件负面影响所需付出的代价较小。
- 一般事件产生的社会影响会波及一个地市的部分地区，对国家安全、社会秩序、经济建设和公众利益基本没有影响，但会对个别公民、法人或其他组织的利益造成损害。

## 8.2 应急响应组织及其任务

信息系统安全事件的发生具有突发性，所以为了及时、妥善地处置信息安全事件，必须建立相应的应急响应组织。随着社会信息化的发展，信息安全事件发生的频率和导致的后果已经到了很严重的程度，建立信息安全事件应急响应组织和应急响应机制对于一个国家、一个城市和一个组织都是非常重要的。而且，Internet 的发展必然会促进应急响应组织在城市间甚至是国家间进行合作。

### 8.2.1 应急响应组织的构成

做任何一件重要的事之前都必须要构建一个有效的组织，否则很难将事情做好。

以笔者所在的大连市为例，从 2002 年开始，大连市就尝试进行应急响应工作，建立了若干个应急响应小组，制订相应的预案。虽然当时应急响应的水平还比较低，但是在维护信息系统安全方面，乃至维护社会稳定、保障经济建设、保护老百姓的日常生活等方面发挥了重要作用。

### 1. 信息安全应急响应组织的构成

应急响应组织可分成以下几类：公益性的应急响应组织、内部应急响应组织、商业性的应急响应组织和厂商应急响应组织。还有为保证大型活动任务而临时组建的应急响应组织。这类组织的规模有大有小，服务对象不同，组织的性质和任务也不同，但是对于一个完整的信息安全应急响应团队，其组织机构主要由决策层、管理层、执行层和信息管理系统 4 个部分组成，其组织架构如图 8-1 所示。

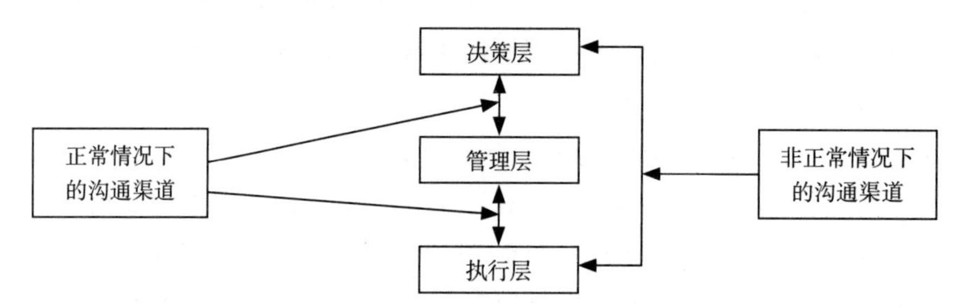


图 8-1　信息安全应急响应团队的组织机构

（1）决策层

决策层的主要任务如下。

- 对信息安全应急响应团队的组建起决定作用。
- 对信息安全事件的响应做出正确的判断。
- 制订团队的工作方针和政策。

（2）管理层

管理层的主要任务如下。

- 对信息安全应急响应团队的日常工作进行管理。
- 对信息安全应急响应团队的内部、外部信息进行管理。
- 对信息安全应急响应团队的资产进行管理。
- 对信息安全应急响应团队的人员进行管理。
- 对信息安全应急响应团队的财务进行管理。

（3）执行层

执行层的主要任务如下。

- 接待客户。
- 收集客户相关信息并对初步信息进行处理。
- 对客户的安全事件进行响应支持。
- 对客户进行安全培训。

（4）信息管理系统

信息管理系统的任务如下。

- 实现决策与管理层之间的信息处理与传递。
- 实现管理层与执行层之间的信息处理与传递。
- 实现执行层与客户层之间的信息处理与传递。
- 在非常情况下实现决策层与执行层之间的信息处理与传递。

### 2. 各组织机构的构建

（1）决策层的构建

信息安全应急响应团队决策层的组织架构如图 8-2 所示，决策层一般由智囊团、决策信息系统和决策者三个部分组成。

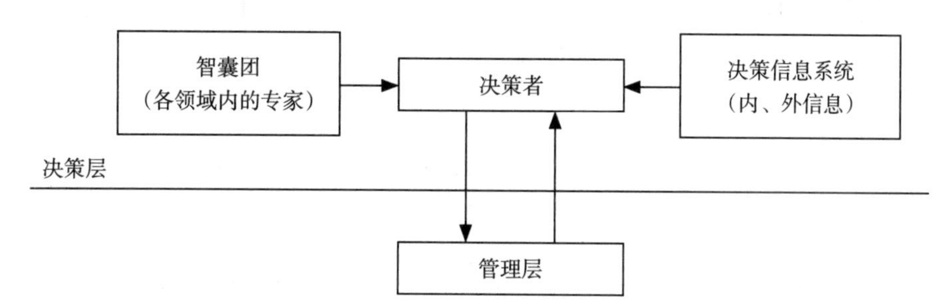


图 8-2　信息安全应急响应团队决策层的组织架构

**智囊团**

智囊团成员的主要工作是为决策者提供处理信息安全事件的相关专业性建议、意见和方案。智囊团主要包括以下几个方面的专家。

- 信息安全专家：这里是指在信息管理和技术方面有丰富安全知识和经验的专家。
- 法律专家：是指在法律专业方面有丰富的专业理论知识，并具备一定的计算机知识，可以从法律专业角度提出建议和意见的专家。
- 计算机专家：计算机专家包括硬件技术、软件技术、网络技术、数据库技术等方面的专家，他们在各自的专业领域有深厚的学识和技术能力。

**决策信息系统**

决策信息是领导对如何处理安全事件做出某项决定时要参考的信息。决策者的信息来源于信息安全应急响应团队的内部和外部，这些信息必须是准确、及时、完整的。

系统内部的信息来源主要有两个方向：第一是智囊团提供的专业信息；第二是团队的管理人员和技术人员传达的信息。

系统外部的信息主要是来自威胁情报的分析、态势感知系统和客户的信息，还包括从政府部门、传媒、第三方响应组织等获取的信息。

（2）管理层的构建

信息安全应急响应团队的管理层主要完成对事件、任务、信息和事务的管理，其架构如图 8-3 所示，主要由事件和任务管理部门、信息和事务管理部门构成。

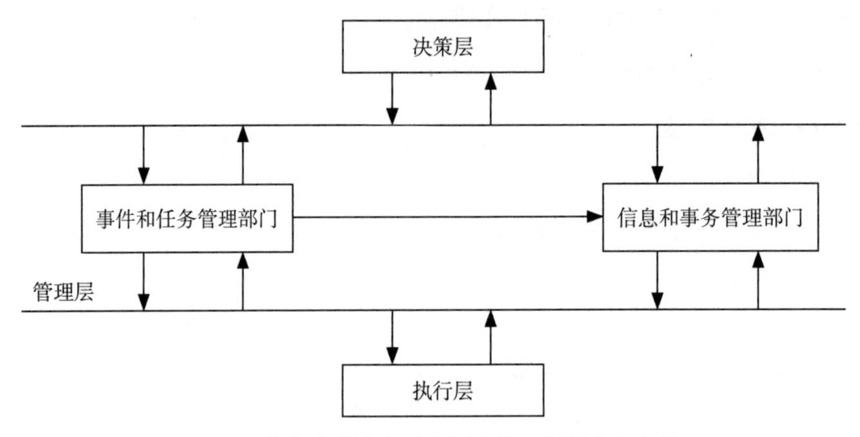


图 8-3　信息安全应急响应团队管理层的组织架构

（3）执行层的构建

信息安全应急响应团队执行层的主要任务是完成事件响应，由接待部门与执行部门构成，如图 8-4 所示。

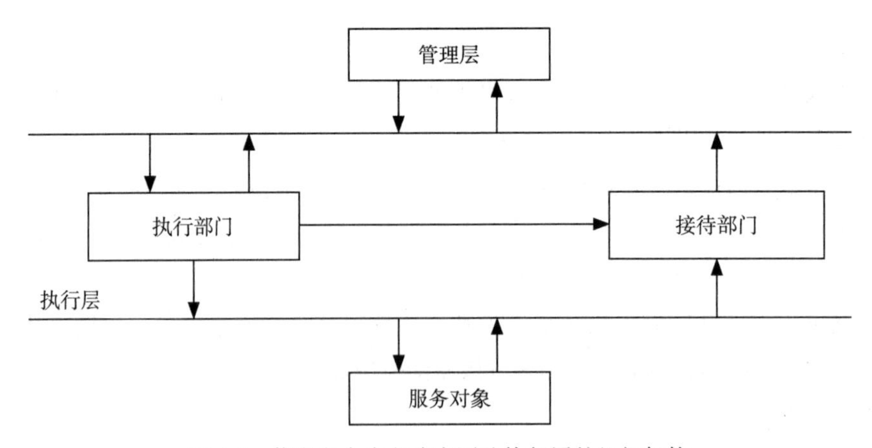


图 8-4　信息安全应急响应团队执行层的组织架构

按以上的条件，在目前的情况下，一些中等城市是很难建立起这样完整的团队的。可以采取下面的办法来解决这个问题：决策层和管理层由信息系统安全保护的主管部门或其他政府机构组建，或指定其他组织来组建，如通过信息网络安全协会等社团组织来组建；将执行层下移，由一些从事系统集成或安全服务的企业和组织来担当。

## 8.2.2　应急响应团队的工作任务

信息安全应急响应团队的工作目标就是对信息安全事件做出及时、快速、准确的响应，确定并及时排除突发事件，使其服务对象的风险或损失最小化。工作任务包括以下几个方面。

### 1. 确认并及时排除风险点

这是事前的工作。对于影响安全的风险点，应当通过适当的管理途径尽快报告。信息安全应急响应团队的员工和签约人员应当清楚报告不同类型的风险点（安全漏洞、安全威胁、弱点或者故障）的程序。这些风险点可能对客户资产的安全构成威胁，对所发现的或者预测的任何风险点，团队都应尽快通知团队的客户，帮助客户确认并及时排除突发的风险点。团队还应建立一个正式的处罚制度，以处理那些由于漏报给客户风险点而造成损失的职员。

### 2. 准确信息的积累

信息安全应急响应团队应为每个客户准备一份精确的网络拓扑结构图，客户的网络拓扑图必须非常精确才有用，以便了解受攻击系统的相对位置从而对事件做出某些推断。例如，受害系统不具备连接到 Internet 的能力，就可以立即推断出攻击可能来自系统内部，或者是跨网攻击。如果受害系统与连接到 Internet 的测试系统处于同一广播域内，则有理由假设该测试系统可能是一个入口点。

在网络拓扑结构图中，以下特性通常最有用：外部连接、网络设备和广播域。外部连接包括该网络可以连接到其他网络的所有连接，例如 Internet、到远程地点的连接、到合作伙伴的连接甚至拨号连接。网络设备包括路由器、防火墙、入侵检测系统（IDS）、WAF 和态势感知等。这些设备与受害系统的相对位置（拓扑结构图中所显示的）都能提供宝贵的线索。这些设备还可以提供网络连接记录，帮助确定何时、何处、有何种情况发生。广播域是共享网络通信的区域，由于受攻击的系统可能会影响广播域中的其他系统，因此这些区域非常重要，通过分析网络结构图可以确定攻击的可能来源，这有助于确定用何种响应策略来应对发生的事件。

网络拓扑结构图描绘了逻辑上的网络布局。在一张精确的网络系统拓扑结构图中，需要标示出主机的物理位置与连接的详细信息。因为在受影响主机的控制台上执行重要的响应步骤或者为了监视而调整网络时，必须知道相应设备的物理位置。当发生突发事件时，可以通过准确的物理网络体系结构图来判断事故发生的位置，节省宝贵的应急响应时间。创建这样的拓扑结构图应该是事先准备工作的一部分。

收集信息时还必须注意到当前的网络安全态势、一些组织发布的漏洞，这时应该立即进行对照检查。对于存在某些漏洞的软件、网络协议等，应制订相应的修补计划，对应用没有影响的补丁程序必须在第一时间进行安装。对于影响应用的补丁程序，则应该进行评估，对于改动不大的应用程序必须进行修改，然后安装补丁程序。在修补之前，应该考虑进行某种隔离和监控。对于改动较大的应用程序，若短期内不能完成，则应该从其他的防范方向进行补救，如对某些服务器进行隔离保护、安装其他的防护设备、设置网络边界的检查策略等。

### 3. 快速、准确、合法地获取证据并对其进行严格的控制管理

信息安全应急响应团队客户的信息系统受到攻击并造成损失时，客户可以选择与执法机构联系，若要起诉，就需要在法庭上提供原始证据。原始证据需要信息安全应急响应团队在最短时间内获取，因为有些原始证据是一些易失的数据，例如，寄存器及缓存中的内容、内存中的内容、网络连接状态、正在运行的进程状态、存储介质的内容、可移动的和备份介质中的内容。这些数据如果不在第一时间获取就很容易失去，因此需要快速、及时地获取。

### 4. 事件处理

事件处理是应急响应系统提供的基本服务，包括针对安全事件的报告、分析及响应，具体内容包括：制订关于“事件报告”的统一、规范的定义，创建事件报告的具体方针，建立事件报告、事件分析及事件响应的流程，建立事件报告及处理系统，随时跟踪技术的变化和发展。

事件处理的目的是为计算机网络系统的用户提供可信的事件汇报机制，维护事件数据的安全性，确认安全事件的性质、威胁、风险和影响范围，为响应计算机安全事件提供技术和策略上的支持。安全事件可以囊括计算机和网络系统的所有安全问题，包括入侵、病毒、蠕虫、系统崩溃、灾难等。举例来说，当系统检测到入侵事件后，可以根据入侵行为的风险等级及影响范围采取不同的响应措施。对于高风险、大范围或针对国家要害部门的入侵，可以立即联络技术部门和执法部门对入侵者进行全面清查和阻击；对于低风险、小范围的攻击，则可提供相关的技术支持，采取局部响应措施并完成相应的备案工作。

事件响应是应急系统事件处理的核心部分，包括以下内容：

- 根据事件的严重程度和影响程度，向用户或相应部门进行报警或通知。
- 阻止事件的进一步发展，例如切断攻击者的连接、停止特定程序的运行、启动安全防御机制。
- 修复受损系统，包括软硬件系统的恢复和数据恢复。
- 进一步调查，确定入侵者的真实来源和其他详细信息。

### 5. 其他的服务

（1）安全公告

安全公告是指向公众或定义的用户群体发布信息，安全公告信息可以来源于自身的研究结果，也可以是转发其他组织的公告信息。具体内容包括：

- 硬件设备、操作系统、应用程序、协议的安全漏洞、安全隐患及攻击手法；
- 系统的安全补丁、升级版本或解决方案；
- 病毒、蠕虫程序的描述、特征及解决方法；
- 安全系统、安全产品、安全技术的介绍、评测及升级；
- 其他安全相关信息。

（2）安全监控

安全监控是指对身份认证系统、访问控制系统、入侵检测系统、安全审计系统等安全部件的日志及其他安全信息进行检查，在整个组织范围内分析网络及系统的行为模式，从整体的角度对事件行为信息进行全面的同步、合成和分析，监视并控制已有的网络环境，建立网络及系统行为的基本标准，用于检测潜在的异常行为，同时维护相关的日志记录，以便事后调查或事件恢复。这种系统级的安全监控与传统的基于单机或单个网络环境的入侵检测系统不同。系统建立在分布式体系结构上，通过在大规模网络环境中综合收集的安全事件信息，运用状态分析、统计分析、人工智能等智能化数据分析技术对安全数据进行综合处理，结合安全专家的经验知识和完备的安全知识库，实现准确判断网络入侵行为的功能。

可以采取在局域网中安装相应的监测设备，如 IDS、WAF、态势感知系统等，通过远程将数据传送到应急响应中心进行分析和处理。这些监控设备中有相当数量的报警信息是不需要处理的，但需要专业人士的分析，只有一小部分的事件需要处理，更小的一部分事件需要到现场处理。

对于特定时期的监控，则应该安排人员值班，在特定监控设备的特定界面上进行监控，并且根据分类、分级原则进行上报和处置。监控设备应该提供在更少的界面上发现更多安全事件信息的功能，如对于攻击事件，则要求在一个界面下必须包括事件的类型、被攻击的目标 IP 地址、攻击源的 IP 地址、攻击的状态信息等，还应该提供声音、短信、光学等方面的提示信息。

（3）安全评估

安全评估是指通过风险评估及使用漏洞扫描、渗透测试等安全技术，结合用户的安全需求、网络环境、应用方式等信息，引入风险控制机制，为用户分析和确定安全问题及安全隐患，建议或制订全面的解决方案，建立完善的风险管理及安全保障机制。

（4）安全咨询

安全咨询是指为用户网络系统安全策略计划的制订、全步骤的实施、安全系统的构建及系统的安全维护提供全面的专业咨询。这部分工作通常和安全评估功能互相融合。

（5）安全状况分析

安全状况分析是指根据系统或用户的要求，对指定时间内指定用户或区域的安全事件进行统计和分析，形成在特定时间段内用户网络节点或地区网络的安全状况报告，报告内容包括网络系统脆弱性情况统计、安全事件统计、事件类型统计、安全事件风险统计、攻击来源统计等，进而为解决客户安全问题提供帮助。根据用户网络安全状况的统计分析结果，还可以为用户提供网络安全趋势预测和安全建议，帮助用户改善网络安全状况。

（6）教育培训

在计算机安全分析技术及响应技术的基础上，为用户提供计算机及网络系统的安全教育及培训，帮助用户预先获得必要的知识和技能，使用户对系统的安全问题、异常行为有足够的敏感程度和处理能力。

（7）安全工具发布

安全工具发布是指向用户或其他群体发布安全工具，包括安全知识库、监控软件、安全增强工具、入侵检测工具、脆弱性评估工具、新技术、新产品、补丁程序等。特别值得一提的是，近年来，云 WAF 因其防护能力和专业性以及长期对攻击类大数据的积累和分析，对于提升 Web 类的防护是非常有意义的。

（8）协作协调

这部分功能面向的不是普通用户，而是其他事件响应组、安全组织，以及国家权力部门、执法部门等，目的是共享信息，协调各部门之间的安全工作，保证安全知识和技术的随时更新，以及安全事件发生时响应措施的及时性和高效性。

## 8.3　应急响应的准备

实际上，8.2 节讨论的也是应急响应的准备，不过是从理论上组织的一种宏观准备。对于一个应急响应组织来说，应该进行针对安全事件的准备。本节主要讨论这方面的问题。

## 8.3.1 预案

对于应急响应组织来说，响应的预案是非常重要的。预案是对安全事件响应的一个基本的依据，对于及时、有效地响应和处置安全事件是非常有意义的。

### 1. 预案的要求

预案应该以事件的分类为基础，针对不同的安全事件，响应的方式也不同。同时，预案必须考虑到事件系统本身的特殊性，所以预案应该是不同的。例如，针对计算机病毒事件与黑客攻击事件的预案是不同的，即使都是黑客攻击事件，因为入侵的方式不同、目的不同、对信息系统造成的危害不同，预案也应该是不一样的。总之，应该以安全事件的分类作为基本的依据，每一类事件都要有相应的预案。

### 2. 预案的内容

预案的内容必须包括（但不限于）以下内容。

（1）系统的基础信息

这些基础信息应该包括（但不限于）以下内容。

- 网络信息：网络拓扑、客户端访问服务器的方式、网络类型、协议类型、交换类型、IP 网络地址分配、MAC 地址的分配、客户端资料等。
- 主计算机的信息：主计算机的操作系统、数据库。
- 主要的应用：应用程序、开放的服务端口、重要的数据、重要数据的安全属性。
- 备份情况：系统备份、数据备份、备份方式、存储地点。
- 应用程序的开发单位、系统集成单位、风险评估单位。

（2）支持人员的基本信息

- 技术支持单位的信息，包括单位名称、单位地址、联系方式、主要的技术力量。
- 技术支持人员的信息，包括姓名、性别、技术专长、单位所在地、家庭住址及联系方式。

（3）通信与交通工具

- 包括摩托车等在内的车辆准备。
- 公布接警电话，各应急响应人员和队伍的联系电话。

另外还包括设备的准备——各类工具（详见 8.3.2 节），以及事件的处置流程（详见 8.4 节）。

## 8.3.2 工具与设备的准备

### 1. 硬件

（1）高端处理器

高端处理器包括大容量的 RAM、大容量的 IDE 驱动器、大容量的 SCSI 驱动器、SCSI

卡及控制器、高速 CD-RW 驱动器、磁盘驱动器、磁带驱动器、大容量的光 / 磁存储介质、移动存储介质、取证工具、高配置的笔记本计算机。

（2）其他组件

其他组件包括备用电源（各类驱动器的电源、其他电源）、各种电缆（SCSI、5 类、6 类）、各种适配器（SCSI 转换、其他）、HUB、三个以上插口带状电缆、电源插座（导线长度应该足够，有各类标准插孔，并且要有足够的数量）、UPS、100 张以上 CD、CD 标签、CD 永久标志、各种移动介质、用作证据的文件夹标签、所有硬件的操作手册、一个数码相机、Toolkit 和 vivtorinox cybertool、可以加锁的装证据用的存储器、打印机和打印纸、销毁袋。

### 2. 软件

软件包括：同一台计算机上的 2 ～ 3 种本地操作系统；Safe bake Encase DisProof；计算机上的所有驱动程序；Quickview Plus Handyvue 或其他软件，允许查看几乎所有文件类型；写磁盘的模块化实用程序；杀病毒工具；等等。

### 3. 其他工具

其他工具主要包括各类螺钉旋具、各类钳子、网线、水晶头及其他必要的机械工具。

### 4. 主机手段的准备

- 记录重要文件的加密校验和（MD5）。
- 增加或启动审计记录：只有审计员才能访问，保存在远程安全主机上，有尽可能多的信息和 IP 地址。
- 增强主机的防御能力：操作系统和应用程序应及时升级，禁止不必要的服务，仔细选择网络配置项。
- 备份重要数据并安全地存放备份介质：采用合适的备份工具和策略对数据进行备份，使用备份系统及时恢复原来的系统。应保证备份的完整性，确认不是在被攻击后才制作的。应注明有效时间，确认可能删除的有用信息。

### 5. 网络手段的准备

- 很多情况下，网络监视器是收集证据的唯一希望。
- 网络管理员负责网络体系结构和拓扑结构。
- 安装防火墙、WAF、IDS，或者向云 WAF 做重定向。
- 在路由器上使用访问控制列表。
- 创建一个便于监视的网络拓扑结构。
- 对网络流量进行加密。

- 要求认证。
- 可能发生的事情：攻击者可以通过所有潜在主机上的 65 535 个 TCP 和 UDP 端口来探测受保护的网络，根据返回的响应，攻击者能够了解路由器上的过滤规则。
- 到何处去寻找证据。如果网络管理员能够注意到路由器上拒绝的可疑通信，就会知道发生攻击的时间、源 IP 地址和攻击的特征。如果配置了路由器的日志记录，就可以获得这些信息，设置一台远程的 Syslog 服务器。

## 8.4　信息安全事件应急响应处置

由于两个突发事件不可能完全相同，没有哪两个突发事件可以用完全相同的方式来处理，因此，本书提出的响应方法论不是解决事件响应的唯一方法。这套方法有助于建立一种处理解决突发事件的方法论，应急响应组织可根据此方法论建立一套作为应急响应框架的标准化过程。

### 8.4.1　信息安全事件应急响应的一般过程

信息安全应急响应处置的一般过程由 6 个阶段构成，如图 8-5 所示。

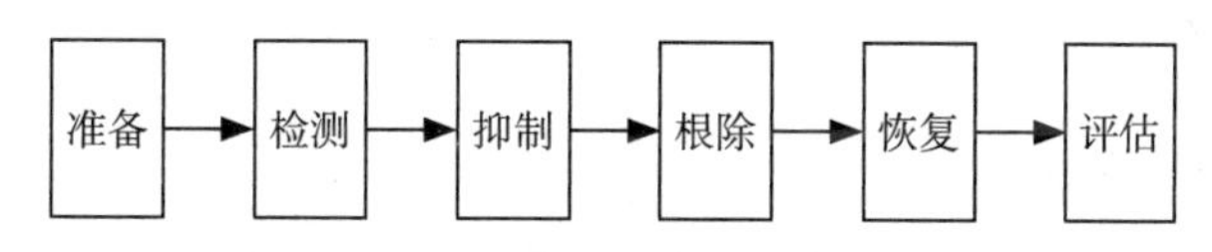


图 8-5　信息安全应急响应处置的一般过程

#### 1. 准备阶段

在准备阶段，主要完成以下工作。

- 建立适当的防御和控制措施是建立有效事件响应能力的第一步。
- 建立一套尽可能完整、高效的安全事件响应处理程序。

安全事件响应处理程序应包括以下几个方面的内容。

- 在事件响应过程中，事件响应所涉及的工作人员应采取的方法和步骤。
- 在事件响应过程中，应该与安全响应小组的哪些工作人员以及与事件相关人员进行联系。
- 在事件响应过程中，可以从与事件相关的组织那里获得什么样的信息。
- 在事件响应过程中，如何确定安全响应的优先级别。
- 在事件响应过程中，参与的工作人员如何进行配合，工作责任是什么。

### 2. 检测阶段

在事件响应过程中，采取的所有措施、步骤都依赖于检测。

从操作角度来讲，事件响应过程中所有的动作都依赖于检测。没有检测就没有真正意义上的事件响应。检测触发了事件的响应，因此检测比其他 5 个阶段更为重要。

（1）异常检测工具包

- 登录系统失败。
- 异常账号登录。
- 异常时间登录。
- 异常账号：异常账号可能是由入侵者创建的，也可能是系统陈旧不用的账号。
- 异常文件。
- 权限修改。
- 内容修改。
- 异常的联系。
- 存在异常程序。
- 系统日志异常。
- 异常变化。DNS 表、路由表、防火墙规则中出现无法解释的变化。
- 系统性能下降。
- 系统崩溃。

（2）初步的步骤与响应

在事件处理检测阶段做好以下工作会对安全响应工作有很大的帮助。

- 事件的判断。
- 异常现象分析。
- 审计。
- 备份。
- 记录。

（3）评估事件的范围

- 影响范围。
  - 事件对系统的影响是什么，如创建、修改、复制或删除了哪些文件。
  - 会给组织造成哪些重大损失，如业务、名誉、信用还是重要信息损失。
  - 影响程度。
  - 风险。

（4）报告过程

- 报告事件发生的类型。
- 事件发生后向谁报告。
- 报告的时间性要求。
- 报告的方式。
- 违反报告制度的处理。

### 3. 抑制阶段

抑制的目的是将攻击限制在最小的范围内，与此同时也限制了潜在的损失和破坏。抑制的措施要合法、迅速。

需要注意以下事项：

- 事件发生后，要根据实际情况决定是否关闭系统或者断开网络，原则上应该在领导批准和专家指导下完成。紧急情况除外。
- 根据组织实施的强制性报告制度，向有关部门和领导报告发现的可疑现象。
- 观察并记录可疑的现象，等待安全响应团队技术人员到来后，由专业技术人员来处理。
- 不要擅自修改系统或应用程序，有些技术处理需要使用专业的软件来完成。
- 在得到管理层同意之前，任何部门领导和工作人员都无权将事件发生的过程或结果向外界泄露。

作为信息安全应急响应组织，对客户发生的事件都要做出响应，采取相应的抑制措施，将损失或破坏的范围降低到最小，其工作内容如下。

- 完全关闭或者断开所有系统。
- 让受攻击的服务器或计算机与网络断开。
- 及时修改防火墙和路由器的过滤规则，通过包过滤技术阻断来自发起攻击的主机的数据，采取这种策略可以有效地抑制某些拒绝服务攻击。
- 要及时地删除或更改已经被攻击者攻破的登录账号。
- 提高对系统或网络行为的监控级别。
- 设置一台计算机来诱骗攻击者。
- 删除提供的某些服务。
- 反击攻击者的系统。

除了采取以上抑制措施外，还需要考虑以下工作内容。

- 制订详细的、充分的抑制措施，从而有效地提高事件抑制成功的概率。
- 通过记事本、录音机或其他记录方式，详细地记录事件发生期间的所有情况、已经完成了哪些事件的处理工作、处理事件过程中花费了多少人力和时间，以及与事件处理相关的重要细节，这样做对以后的工作会有很大的帮助。

- 在事件发生前需要对相关资产进行风险评估，定义对风险的接受程度，以及如何应对风险的响应程序。
- 如果攻击事件是一种持久的、连续性的破坏，特别是当客户的数据已经被破坏时，处理事件安全响应小组的工作人员应如实地向用户说明，向客户报告被攻击系统的当前状态和将来可能出现的问题，以及会给客户的工作造成何种程度的影响。
- 处理事件是一项费时的工作，在处理过程中要不断地向相关的组织和领导者报告处理事件的最新动态和信息，并得到他们的帮助和支持。
- 与媒体的联系应遵循组织的策略处理规程。抑制阶段的工作包括限制、减少对外公共关系的影响，防止安全相关事件给用户造成不必要的损失和影响。
- 尽可能地减少事件的负面影响（影响包括经济影响和社会影响两大方面）。

#### 4. 根除阶段

在这个阶段，找出事件发生的原因和根源并将其彻底根除。例如，发现系统中有病毒，使用防病毒软件即可将病毒根除。

#### 5. 恢复阶段

恢复阶段的目标是把所有被攻破的系统和网络设备彻底地还原，恢复到它们的任务状态，主要包括对数据和现场的恢复。

在恢复阶段，要去掉以前采取的抑制措施中的一些短期防御措施。例如，为了处理计算机病毒，将系统与外部网断开，在事件处理结束后应恢复原来的连接状态。

其他需要考虑的工作内容包括以下几个方面。

- 在事件响应过程中，对系统进行恢复时也要记录发生的所有事件。
- 在恢复过程中，必须让客户知道他们使用的系统受到了什么样的侵害、所受的影响程度和范围是什么样的、恢复的结果如何。
- 在系统恢复的过程中，还需要对系统和活动进行连续的日志记录，同时将其恢复成日常工作时正常的日志状态。
- 对于遭受网络攻击的系统，在恢复过程中需要安装所有的操作系统、防火墙的补丁程序，修改路由器的规则，弥补曾被利用的缺陷。恢复工作不仅是对被攻击系统的修复，其他未受攻击的系统也同样需要打补丁。

说到恢复，就不得不说冗余和备份的问题。冗余和备份是恢复的基础，也是保护数据完整性的重要手段。冗余是校验的基础，在这里我们不过多介绍，主要说一下备份。

备份分为冷备份和热备份，根据所备份数据的完整性情况也可分为全量备份和增量备份。无论何种备份，目的都是在出现安全事件后，尽可能完整地恢复数据，以保证将损失减到最小。图 8-6 给出了一个备份方案。

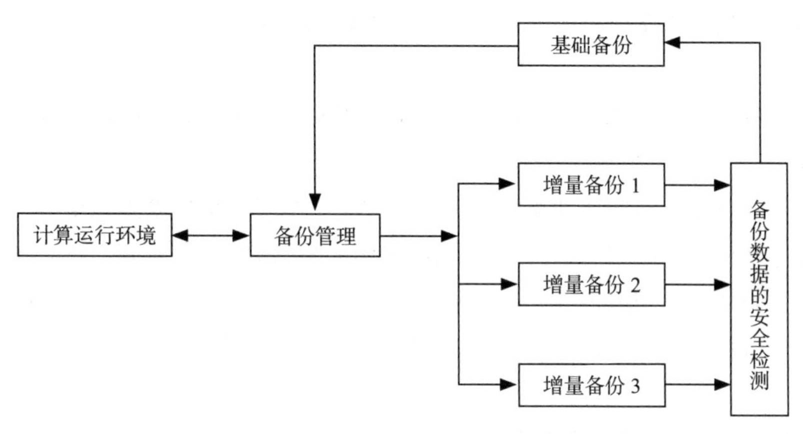


图 8-6　一个备份方案

在这个备份方案中，只画出了三个增量备份服务器，但实际上可以更多，每增加一次数据的变更都要进行一次安全检测，再将检测合格的数据备份到基础备份服务器上。

每次的安全检测都主要从恶意代码的检测入手。

备份管理服务器负责数据的备份管理，采取脱壳 / 加壳的方式对数据进行备份。对于增量备份的数据，只是单向地写入。当运行环境发生异常时，可利用基础备份进行恢复。

备份管理服务器要根据顺序，依次将所产生的增量备份到增量备份服务器中。第 1 次增量备份到第 1 个增量备份服务器中，经过安全检测后，写入基础备份服务器当中，该增量服务器可以清零。第 2 次增量备份到第 2 个增量服务器中，然后执行上面的操作。使用多个增量服务器既可以保证备份的实时性，又可考虑到给安全检测提供时间保证。

备份不仅有数据的备份，还要考虑应用程序的备份。

### 6. 评估阶段

这是安全响应方法论的最后一个阶段，但这个阶段很容易被忽视。评估阶段的目标是整理发生事件的相关信息，评估工作的重要性包括以下几个方面。

- 在事件响应过程中要对处理过程做详细的记录，事件响应完成后要对事件响应处理过程的记录进行整理，形成一整套技术方案，在以后处理类似的事件时会有所帮助，提高事件响应处理人员的技能。
- 整理事件处理过程中各阶段的信息，有助于评判和管理信息安全应急响应团队的事件响应能力、工作人员的技术能力，并判断此次响应是否及时、正确。这对工作的量化考核和指标的制订有很重要的参考价值。

- 总结事件响应过程中的经验和教训，既可以作为信息安全应急响应团队新成员的培训教材，也可以作为对客户进行安全教育及技术培训的案例。
- 可以作为信息安全应急响应团队进行基础建设以及制定有关制度和响应策略的参考依据。
- 在事件响应工作完成后，如果想对攻击者提起法律诉讼，能够向法庭提供有用的证据和信息。
- 对事件响应单位的回访和跟踪也是必要的。一个安全事件处置完毕后，并不等于工作完全结束了，应该对事件发生单位的事后情况跟踪一段时间，及时发现可能没有处理妥当的事情和遗留的问题、系统恢复后产生的新问题，以及事件的其他后续情况。根据实际情况重新制定策略、打补丁程序、更换设备等。

### 8.4.2 等级保护中对应急响应与处置的要求

#### 1. 安全事件处置（G4）

本项要求包括：

- 应报告发现的安全弱点和可疑事件，但任何情况下用户均不应尝试验证弱点；
- 应制定安全事件报告和处置管理制度，明确安全事件类型，规定安全事件的现场处理、事件报告和后期恢复的管理职责；
- 应根据国家相关管理部门对计算机安全事件等级划分的方法和安全事件对本系统产生的影响，对本系统计算机安全事件进行等级划分；
- 应制定安全事件报告和响应处理程序，确定事件的报告流程，响应和处置的范围、程度，以及处理方法等；
- 应在安全事件报告和响应处理过程中，分析和鉴定事件产生的原因、收集证据、记录处理过程、总结经验教训、制定防止再次发生的补救措施，这一过程中形成的所有文件和记录均应妥善保存；
- 对造成系统中断和造成信息泄露的安全事件应采用不同的处理程序和报告程序；
- 发生可能涉及国家秘密的重大泄密事件，应按照有关规定向公安、安全、保密等部门汇报；
- 应严格控制参与涉及国家秘密事件处理和恢复的人员，重要操作要求至少两名工作人员在场并登记备案。

### 2. 应急预案管理（G4）

本项要求包括：

- 应在统一的应急预案框架下制定不同事件的应急预案，应急预案框架应包括启动应急预案的条件、应急处理流程、系统恢复流程、事后教育和培训等内容；
- 应从人力、设备、技术和财务等方面确保应急预案的执行有足够的资源保障；
- 应对系统相关的人员进行应急预案培训，应急预案的培训应至少每年举办一次；
- 应定期对应急预案进行演练，根据不同的应急恢复内容，确定演练的周期；
- 应规定应急预案需定期审查和根据实际情况更新的内容，并遵照执行；
- 应随着信息系统的变更定期对原有的应急预案重新评估，并将其修订完善。

## 小结

防护再好，也不可能避免安全事件的发生。我们做不到绝对地控制安全事件的发生，但是必须做到在安全事件发生时，能够第一时间发现并进行有效的处置，并且能最大限度地恢复。当然，对安全事件，如果能在萌芽状态下就发现并进行有效处置是最好的。

本章介绍了安全事件的分类、分级的方法，应急响应的组织与任务，应急响应特别预案的制定思路与方法，不同安全事件的处置流程，等等。此外，还介绍了网络安全等级保护中对安全事件的应急处置要求。

# 第 9 章

# 隐藏、诱捕与取证

本章内容涉及三种技术：隐藏、诱捕与取证。这三种技术看起来不太相关，实际上它们是相关的。隐藏可以作为反取证技术，诱捕技术中的蜜罐、蜜网都可以作为取证的重要一环；诱捕是另一种隐藏，是把真实目的隐藏起来，用骗术来让入侵者上当。

隐藏在现实社会中经常被使用，对一些具有价值的资产进行隐藏是资产保护中的重要手段。在网络安全中，隐藏主要包括三个方面：一是数据资产的隐藏；二是主体身份的隐藏；三是主体行为的隐藏。行为的隐藏是对检查和检测机制的对抗，网络安全博弈的核心是围绕“授权”的斗争，但形式上往往表现为隐藏与检查的斗争。

在计算机网络中，隐藏技术也是很重要的。

在网络安全中，为了提高反入侵的能力，会将攻击行为引向相应的诱捕装置。虽然不能直接捕获相关的实体入侵者，但可以对入侵行为进行全面的侦查与取证。同时，可以对入侵进行相应的“DNA”分析和记录。此外，还可以有效地保护真实的目标。

取证通过对犯罪痕迹的提取和固定还原犯罪现场和过程，是打击各类犯罪的关键和共同的方法。

## 9.1　隐藏

隐藏分为以防护为目的的隐藏和以攻击为目的的隐藏。以防护为目的的隐藏主要是对数据资产的隐藏，隐藏的是客体。它也是访问控制，只不过采用隐藏方法与访问控制是不一样的。攻击者更注意对自身主体身份及行为的隐藏，目的是不让被攻击的目标发现攻击行为。

无论是以攻击为目的的隐藏，还是以防护为目的的隐藏，隐藏所使用的很多技术和方法都是相同的或者相通的。

### 9.1.1 以保护主机为目的的隐藏

为了保护主机不被直接发现，有以下几类常用的技术。

#### 1. NAT

NAT(Network Address Translation，网络地址转换）并不是为了隐藏主机而开发的技术，但客观来说，它在一定程度上实现了对主机的隐藏，只不过这种隐藏的强度很小。

这项技术是在 1994 年提出的。当专用网内部的一些主机已经分配了本地 IP 地址（即仅在本专用网内使用的专用地址），但又想和 Internet 上的主机通信（并不需要加密）时，可使用 NAT 方法。

使用这种方法需要在专用网连接到 Internet 的路由器上安装 NAT 软件。装有 NAT 软件的路由器叫作 NAT 路由器，它至少有一个有效的外部全球 IP 地址。这样，所有使用本地地址的主机在和外界通信时，都要在 NAT 路由器上将其本地地址转换成全球 IP 地址，才能实现和 Internet 的连接。

随着接入 Internet 的计算机数量猛增，IP 地址资源愈加紧张。事实上，除了中国教育和科研计算机网（CERNET）外，一般用户几乎申请不到整段的 C 类 IP 地址。在其他 ISP 那里，即使是拥有几百台计算机的大型局域网用户，当他们申请 IP 地址时，能分配到的也不过是几个或十几个 IP 地址。显然，这样少的 IP 地址根本无法满足网络用户的需求，于是 NAT 技术就有了用武之地。这种使用少量公有 IP 地址代表较多私有 IP 地址的方式，有助于减缓可用的 IP 地址空间枯竭的困境。同时，也实现了外部带宽的共享。

NAT 不仅能解决 IP 地址不足的问题，还能够在一定程度上防范来自网络外部的攻击，隐藏并保护网络内部的计算机。

NAT 内的计算机连接到 Internet 时，所显示的 IP 是 NAT 主机的公共 IP，所以客户端的 PC 就具有了一定的安全性，外界在进行端口扫描的时候，侦测不到客户端的计算机。

这一点是很容易理解的，我们举一个生活中的例子。当给一个酒店总机打电话要找某位客人时，服务员并不会直接告诉我们这位客人的房间号，而是要问清楚我们的身份后，再询问那位客人要不要把我们的电话接进来。即使知道客人住在哪个房间，服务员也要询问客人的姓名才会给我们接通电话。这个服务员就保护了住店客人的房间号码。

在 NAT 中也有这样的一套软件，它将公用的 IP 地址（相当于酒店总机的号码）与内部各个计算机终端的 IP 地址（各房间的分机号）进行映射，并在 NAT 路由器处将这些地址和相应的应用端口号进行转换，保证了能够通过内部计算机访问 Internet。但是，当 Internet 上的恶意入侵者想扫描计算机时，他只能扫描到 NAT 路由器，我们的计算机相当于在

Internet 上隐藏了起来。不过，这种隐藏的强度不大，如果路由器上有漏洞，很容易被植入木马，那么我们内部的计算机也就暴露了。

## 2. 代理服务器

代理服务器方式与 NAT 方式类似，只不过实现 NAT 时，需要在 NAT 路由器上安装相应的 IP 地址和端口映射转换软件，而代理服务器方式则是将应用由代理服务器完成，而将真实的数据放在被隐藏的服务器上，如图 9-1 所示。

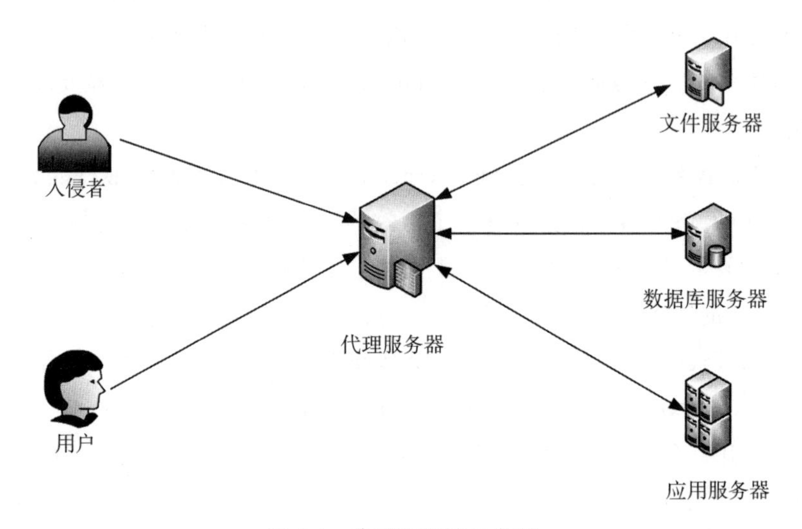


图 9-1　代理服务器示意图

## 3. 云 WAF

云 WAF 是利用云防护产品进行的隐藏。WAF（俗称 Web 防火墙）是对特定 Web 服务提供的应用层的防护。云 WAF 则是把针对单一防护目标的 WAF 功能云化，可以同时对多个 Web 系统进行防护。

云 WAF 将各个 Web 应用镜像到自身系统中，原来用户访问某个网站变成了访问这个云 WAF，当然攻击者也把云 WAF 当成攻击的目标网站。从这个意义上说，WAF 确实有一定的欺骗作用。同时，在云 WAF 上会安装更多的检测工具，并且有专业团队进行维护和分析，所以云 WAF 一样能起到蜜罐的作用。同时，由于云 WAF 镜像了真实的网站，由此攻击者更难识别。

创宇公司是最早研制云防护产品的公司，这种云防护产品相当于将网络的边界外延，并且通过防护云盾对相关的服务（特别是对 Web 类的服务器）进行隐藏。隐藏和防护的效果很好。其原理如图 9-2 所示。

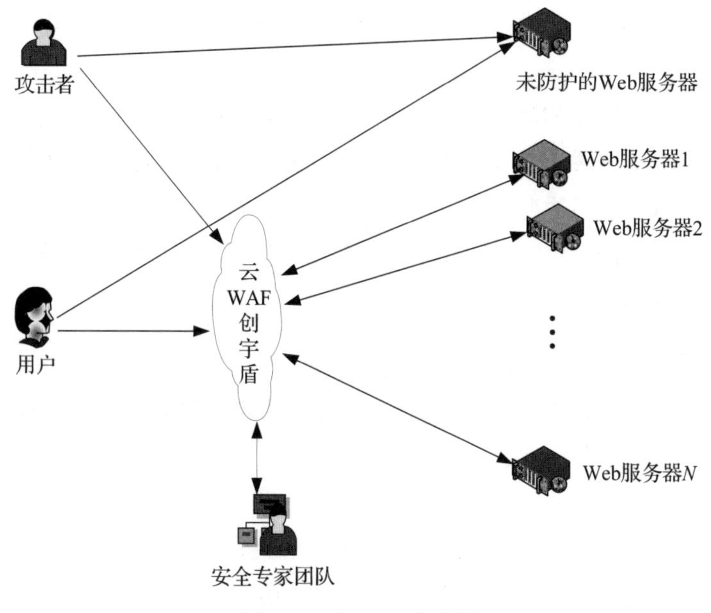


图 9-2　云 WAF 示意图

## 9.1.2　数据隐藏

### 1. 利用信息隐藏技术

在第 12 章中，我们会介绍三类支撑网络安全的基础技术，这里先简单介绍其中的信息隐藏技术。在现实社会中，条形码、二维码等都是典型的信息隐藏技术。

如果不用专门的读取工具进行读取，我们能读懂条形码、二维码中的信息吗？显然是困难的。这是因为我们的感觉器官对一些细微变化的感知能力比较差，如亮度变化、黑白过渡（称为灰度）变化、色彩变化、声音质量变化、声音是否同步等。只要变化不明显，人就感觉不到。以灰度变化为例，人眼只能感觉到 5 ～ 60 个等级，而计算机可以分辨出 256 个等级，是人类感知能力的 4 ～ 5 倍。由于人的感知能力不如计算机的感知能力，因此可以利用物理量的细微变化将要传输的数据隐藏在其中，然后进行存储和传输。由于算法的独特性和利用了加密技术，即使有人想分析出其中隐藏的信息，也是困难的。

信息隐藏分为隐写术和数字水印。隐写术是利用人类感官系统的不敏感性，将隐秘信息以某种方式隐藏在特定的载体中，使之不被察觉或不易被注意，即以掩盖信息本身的方式传递真实信息。同基于加密的保密存储与通信技术相比，隐写术不但可以保护存储和通信的内容的安全，还可以保护秘密通信信道本身。

数字水印技术就是将数字、序列号、文字、图像标志等版权信息嵌入多媒体数据中，以起到版权跟踪及版权保护的作用。数字水印技术包括三个部分：水印嵌入、水印提取和水印检测。

目前，人们多利用照片和视频及各类音频信号进行隐藏。

要特别说明的是，隐藏只能对照片和视频中的某些特征量进行细微的改变，所能隐藏的数据的容量是有限的，不适合对大量数据进行存储和传输。

现在，使用比较多的是数字水印技术，主要用来进行版权确认等方面的工作。

### 2. 其他数据隐藏技术

（1）利用操作系统实现数据隐藏

利用 Windows 和 Linux 操作系统中的命令可以实现一些数据隐藏。以 Windows 为例，交换数据流法和隐蔽交换数据流法可用来隐藏数据。

**修改后缀名**

最简单的利用操作系统命令的数据隐藏方法就是将文件名的后缀改成其他类型。在计算机中，文件名由两部分组成，中间用“.”隔开。前面是文件的名字，后面是文件名的后缀，后缀的作用是告诉计算机这是什么类型的文件，用什么样的应用程序将其打开。例如，Word 文件的后缀是 .DOC。如果我们将 .DOC 文件的后缀名改成其他后缀名，那么再打开这个文件时，它就不是 Word 文件了。一方面可能打不开文件，另一方面即使打开了文件，看到的可能也是乱码。当需要打开该文件时，把后缀后修改回 .DOC 即可。当然，越容易做的事，也越容易被其他人发现。

**交换数据流法**

交换数据流（Alternate Data Stream，ADS）是 Windows 中一个简单有效的隐藏载体文件的渠道。普通检查人员在查看当前目录内容时，除一些正常文件外看不到任何特殊信息。除非使用非常规方法检查，否则无法发现交换数据流中隐藏的文件。需要特别注意的是，默认情况下，大多数防病毒软件在检查病毒、木马和其他恶意代码时，并不会扫描 Windows 的交换数据流，因为这样会使扫描速度降低 90%。

**隐蔽数据流法**

对于数据流的隐藏，还有一种更隐蔽的方式，就是将交换数据流绑定到一个保留设备名中，这样即使使用工具（比如 LDS 或 streams.exe）也无法检测到交换数据流。

这两种方法都需要使用比较复杂的 Windows 命令来操作，超出了本书的范畴，如果读者有兴趣，可以自己查阅相关的资料，如 https://www.cnblogs.com/fanling999/p/4544997.html。

（2）HPA 和 DCO 数据隐藏

**主机保护区域（HPA）**

相当多的计算机在硬盘上引入了主机保护区域（Host Protected Area，HPA）技术，通过一些特殊的命令直接把硬盘后部的一块区域保护起来，用于存储数据和配置文件，操作系统和 BIOS 都无法读取该区域。如果在一块 120GB 的硬盘中设置了 10GB 的“隐藏保护区 域”，那么在 BIOS 中只能检测到硬盘为 110GB。硬盘中未被保护的区域可进行正常的读写、分区、格式化操作，而不会对隐藏保护区域内的数据有任何影响。然而，也有一些工具可以对 HPA 进行修改，以实现数据隐藏。这样就能够进入这些受保护的区域，隐藏大量的数据。

**设备配置覆盖**

设备配置覆盖（Device Configuration Overlay，DCO）是硬盘驱动器（HDD）的另一个隐藏区域，DCO 比 HPA 具有更强的隐藏数据的能力。设计 DCO 的目的是允许系统供应商购买不同厂商的硬盘驱动器（可能大小不同），然后将所有硬盘驱动器配置成具有相同的扇区数。如果硬盘驱动支持 HPA/DCO，则二者可单独存在或同时存在。

（3）利用计算机 NTFS 文件系统实现数据隐藏

NTFS 文件系统是微软操作系统的标准文件系统。在 NTFS 文件系统中，有很多隐藏数据的方法。

1）NTFS 数据隐藏标准。一个好的 NTFS 数据隐藏技术应该符合如下标准：一是使用正常的系统工具（如 chkdsk 等）检查不出任何错误；二是隐藏的数据不会被改写或被改写的可能性非常小；三是正常的用户不能发现隐藏的数据；四是该技术可以存储一定数量的隐藏数据。

2）标注坏簇信息，隐藏在硬盘中无法被正常访问或不能被正确读写的扇区都称为坏扇区（bad sector）。在 NTFS 主文件表（Master File Table，MFT）中，有一个坏簇列表文件（$BadClus），它记录了磁盘上该卷中所有损坏的簇号，防止系统对其进行分配、使用。把要隐藏的文件所在的簇标记为坏簇，即把这些簇的“指针”添加到 $BadClus 的数据运行列表中，就可以实现该文件的隐藏。用这种方法隐藏的数据大小不受限制，可以分配更多的簇至 $BadClus，用它来隐藏数据，而不必担心隐藏数据遭到破坏。

3）分配给文件多余的簇信息以实现隐藏。这种信息隐藏的方法是使用给文件分配多余的簇来实现的。比如，一个文件大小为 10 752 bit，NTFS 文件系统需要分配给它 3 个簇，每簇 8 个扇区，但操作者可以给这个文件分配更多的簇，以实现数据隐藏的目的。用这种方式隐藏的数据的大小也不受限制，因为操作者可以根据自己的需求给文件分配多余的簇。使用这种隐藏方式有一个弊端，即存储的文件大小不能改变，一旦文件的容量增加，隐藏数据就被覆盖或丢失。保持存储文件的大小稳定不变是实现这种数据隐藏的前提。对于这种数据隐藏方法的检测，可以使用 Windows 命令行工具 chkdsk。目前还没有专门的工具可以实现自动检测过程。

（4）文件 Slack 空间信息隐藏

文件 Slack 空间就是文件有效数据的结尾位置到最后一个数据块的最末端位置之间的存储空间。Windows 文件系统使用固定大小的簇。常见的簇大小通常是 4KB、8KB、16KB、32KB、64KB、128KB。确定簇大小以后，所有文件的读写都以簇为单位进行统一分配。比如，某个分区的簇大小为 32KB，对于一个 15KB 的文件，系统也会给它分配 32KB 的空间，但在这 32KB 的空间中，真正被使用的只有 15KB，剩下的 17KB 不能再分配给其他文件使用。这部分空间就是文件 Slack 空间。

由于 Windows 忽略存储在 Slack 空间中的信息，因此存储在该 Slack 空间中的数据不会被操作系统本身检测。利用这一特点，这些剩余空间恰好可以用来隐藏数据。

（5）分支数据流信息隐藏

分支数据流（Alternate Data Stream，ADS）是 NTFS 文件系统的一个特性，是一种无须重新构建文件系统就能给文件添加额外属性或信息的机制。系统允许单独的数据流文件存在，也允许一个文件附着多个数据流，即除了主文件流之外，还可以有许多非主文件流寄生在主文件流之中。通过这种简单的文件流方式，可以实施文件隐藏。

数据隐藏技术可以保护重要的、敏感的数据不被发现，也是入侵者经常采用的做法。特别是，数据隐藏技术一直以来都是计算机反取证的重要技术之一，一切隐藏数据或通过隐蔽手段保护数据的措施和技术都可以被视为计算机反取证手段。

本节讨论的数据隐藏技术只是一部分，随着技术的发展和新系统的产生，会出现越来越多的数据隐藏方法。

#### 3. 进程隐藏

进程是计算机执行任务时在同一时刻占用的所有资源的总和。计算机完成每个由用户提出的任务时，都会有一个对应的进程，而这些进程是可以在操作系统中被检测到的。同样，计算机恶意代码（如病毒、蠕虫、逻辑炸弹、木马等）在执行时也会有相应的进程来代表它们，这是入侵者不愿意看到的，所以入侵者会想办法将这些进程隐藏起来，以躲避检测工具的检测。

### 9.1.3 网络隐藏

#### 1. I2P

I2P（Invisible Internet Project）是一种基于对等网络的匿名通信系统。通过该系统可实现多种匿名功能，包括匿名网页浏览、匿名网站、匿名博客、匿名电子邮件等。与其他匿名程序不同的是，I2P 对中间节点与目标节点进行严格区分，I2P 并不是一个秘密，秘密是用户通过 I2P 发送的消息和通信双方的身份。

匿名发送消息时，本地 I2P 客户端通过选择 I2P 网络中的路由器节点组成一些单向传输信息的节点队列，分别称为收信隧道（inbound tunnel）和发信隧道（outbound tunnel）。发送端将消息通过发信隧道发送给接收端的发信隧道，最终到达消息的终点，即接收端。同样，接收端的返回消息也通过隧道传输。整个通信过程需要进行四层加密，消息经过隧道节点的多级转发且隧道节点是从高性能节点中随机抽取组成的，从而提升了匿名性。

I2P 的具体通信过程如图 9-3 所示。

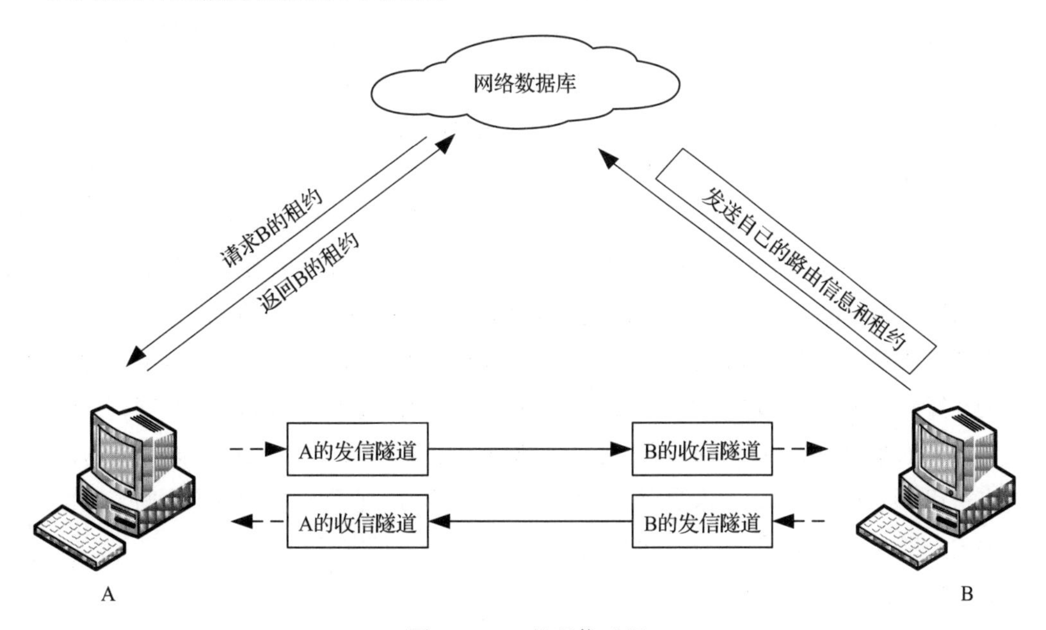


图 9-3　I2P 的通信过程

当用户 A 想与用户 B 通信时，首先用户 B 要将自己的路由信息（routerinfo）和租约信息（leaseinfo）发送给分布式网络数据库（network database）；A 向 network database 请求与 B 的通信信息，network database 根据 A 的请求查询 B 的租约信息，并返回给 A；A 解析 B 的租约信息，将要发送的消息用 B 的公钥、隧道节点的密钥依序对消息进行层层加密，并通过发信隧道发送给 B 的收信隧道，最后转发到 B；B 收到消息并解密，得到 A 发送的消息。B 如需要给 A 发送回复消息，则将二者角色互换，B 成为发送方，A 成为接收方，依据同样的流程进行通信即可。

### 2. Tor

下面对 Tor 的工作原理进行介绍。

我们进出一个重要的单位时，都要经过该单位门卫的检查，一是检查身份，二是检查携带的包裹。软件之间的联系也要走这些“门”（端口），每一种应用软件都对应一种应用，而应用传输时就由对应的端口与外界进行联系。

例如，用QQ软件聊天时，打一行字并点击发送，QQ就会把这行字转为数据包裹送到“城墙边上”（防火墙或网关服务器），然后软件会寻找第8000号“城门”（端口），并穿过这个“城门”将数据发给好友。但是，如果网管不希望用QQ聊天，他可以关闭第8000号“城门”，这样数据包裹会被“城门”挡住，聊天信息也就发不出去了。为了解决这个问题，网上出现了帮助转发数据包裹的“好心人”（代理服务器）。例如，我们在QQ中设置代理服务器地址为202.106.0.20，端口为8080，那么再用QQ发送信息时，QQ将包裹送到“城墙边上”后，不会再去8000号“城门”吃闭门羹，而是走8080号“城门”并将包裹送到网络地址为202.106.0.20的机器上，这台机器再通过自己的8000号“城门”将信息转给好友。

不过，技术水平高一点的网管会在端口上加入包过滤的功能（相当于在车站、机场中的X光检测或者开包检查）。他们虽然不再禁止将数据包裹运到“城外”，但是，所有经过“城门”的包裹都必须经过检查，他们会将所有的包裹都拆开，查找里面是否有敏感数据。凡是包含敏感数据的包裹都会被拦截，即使使用代理服务器也无法躲过检查。

为了解决这些问题，Tor诞生了。Tor（The Onion Router，洋葱路由器）由安装了Tor软件的计算机连接网络实现。之所以被称为Onion，是因为它的结构和洋葱相同，只能看到它的外表，而想要看到核心就必须把它层层剥开。也就是说，每个路由器间的传输都经过点对点密钥（symmetric key）来加密，形成有层次的结构。它所经过的各个中间节点像洋葱的一层皮，把客户端包在里面，这也是保护信息来源的一种方式。

Tor的工作原理示意图如图9-4所示（图中的双箭头实线连接线表明这是加密的通道，而双箭头虚线连接线表明这是非加密通道）。图中标有“+”号的机器为Tor的转发点，被称为guard。这些guard形成了一个内部的环路，这些机器之间发送的数据包裹都经过加密。在机器上安装Tor客户端软件后，当发送一个数据包裹时，该软件会对数据包裹进行多层加密，然后把它再送到“有哨兵把守的城门”，由于数据包裹已经经过加密，因此哨兵无法看到包裹中的敏感信息，就会放行。由于包裹已加密，无法直接发给好友，Tor会先将其发送给Tor环路中的一个转发节点，并由这个节点继续转发。经过几次转发后，最后一个Tor转发点会将数据包裹翻译成明文，并发给我们的好友，好友的回复信息则按照原路返回。

Tor的工作机制带来两大好处：Tor自动维护网络中的转发节点，不需要再花费精力去寻找网络上可用的代理服务器；由于发送的数据是加密的，因此网管员将无法知道发送数据的具体内容。

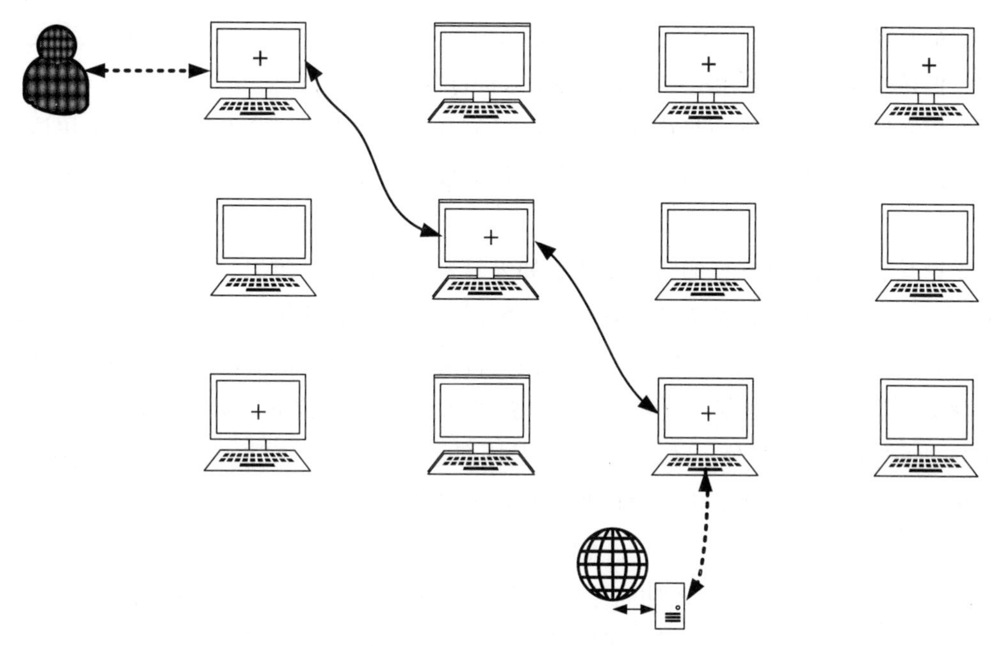

图 9-4 Tor 工作原理示意图

由于只有与用户连接的计算机知道用户的 IP 地址，与目标服务器连接的计算机知道目标服务器的地址，中间的各台计算机都不知道源 IP 和目的 IP，同时 Tor 还提供了一个算法，每隔一段时间就会替换部分中间的计算机，因此想发现这个网络就更困难了。

Tor 核心技术利用了美国海军研究室开发的第三代洋葱路由器，其目的是保护政府机关的数据通信。通信信道的保密实际上在二战时就已经受到重视了。

实际上，Tor 被不法之徒利用得更多，在系统的保护中则应用得比较少。不过，还是那句话——安全是相对的不是绝对的！

Tor 是一个由志愿者维护的网络，任何人都有可能加入这个网络，成为网络中的一个节点，那么加入的节点也可能是一个骗子，利用“蜜罐”技术欺骗来访者。如果能够对上游和下游的节点进行逐级侦查，那就有可能发现发送信息的用户计算机，也能发现访问的目标服务器。

实际上，网络通信隐藏的方法不只有上面介绍的这两种。比如，还有一种被称为 Freenet 的隐藏网络，由于采用的方法更为复杂，同时本书也不是讨论各种专门技术的专著，因此这里不做介绍。

## 9.2 诱捕

前面介绍网络隐藏技术时就提醒过大家，在 Tor 网络中，各个中间的网关有可能是被人设置的蜜罐，而蜜罐就可能侦查到上下游节点的 IP 地址和端口，这对安全防范来说是有害的。但是，我们可以利用这一技术来捕获入侵行为。

在现实社会中，对于一些特别狡猾和有反侦查能力的犯罪嫌疑人来说，会采用诱捕的手段。同样，打击网络犯罪时，诱捕也是一种有效的手段，而蜜罐技术就是一项强大的诱捕技术。

无论系统采取了什么样的防护手段，如果只是单纯地进行防护，那么这些手段都是被动的。而且，软件和硬件都不断被发现存在漏洞，特别是软件和协议中存在的漏洞是攻击者最容易利用的缺陷。同时攻击工具的不断完善使实施网络攻击活动的门槛不断降低。攻击事件呈指数级增长，从新发现漏洞到漏洞被利用，周期越来越短，如常见的“零日攻击”，甚至是“零时攻击”。另外，网络攻防双方的博弈是非对称的，攻击方只需寻找弱点，做单点突破即可，而防守方需要做全面防护；攻击方可以通过网络扫描、探测等多种手段全面了解攻击目标，而防守方对攻击方一无所知。

为了改变这种现状，做好防护工作，必须要了解攻击者的目标，掌握他们的攻击技术、技巧和战术，甚至心理和习惯等。蜜罐技术可以捕获黑客的攻击行为，为分析黑客技术提供基础。另外，网络与信息安全技术的核心问题是对计算机系统和网络进行有效的防护。目前，传统的网络防护技术都是在攻击者攻击网络时对系统进行被动的防护，而蜜罐技术可以采取主动的方式，用特有的特征吸引攻击者，同时对攻击者的各种攻击行为进行分析并寻找有效的防护措施。

### 9.2.1　蜜罐

#### 1. 概念

目前蜜罐（honeypot）还没有比较完整的定义，一种比较常用的蜜罐定义为“一种被侦探、攻击或者缓冲的安全资源”，也就是说，无论如何对蜜罐进行配置，要求它做的就是使整个系统处于侦听被攻击的状态。

蜜罐就好比是情报收集系统。蜜罐是故意让人攻击的目标，是网络专家经过精心设计的诱骗系统，这些系统中充满了让入侵者看起来很有用的数据和信息，但实际上这些数据和信息都是诱饵，目的是引诱黑客前来攻击。当黑客实施攻击时，就可以对系统中所有的操作和行为进行监视、记录、检测和分析。网络安全专家会进行精心的伪装，例如将低版本的存在多个易受攻击的漏洞的操作系统作为蜜罐系统，并安装一些安全后门吸引攻击者上钩，或者放置一些网络攻击者希望得到的敏感信息（当然这些信息都是虚假的信息），使攻击者在进入目标系统后仍不知道自己所有的行为已经处于系统的监视下。攻击者在蜜罐中耗费精力和技术，从而保护了真正有价值的正常的系统和资源。由于蜜罐除了吸引攻击外没有其他的任务，因此所有连接的尝试都可以被视为是可疑的，所有流入 / 流出蜜罐的网络流量都可能预示着出现扫描、攻击和攻陷的情况。

蜜罐实际上是对攻击者的欺骗，也可以把它看成一种隐藏手段，隐藏了捕捉猎物的罗网。

### 2. 蜜罐的分类

根据设计的最终目的的不同，可以将蜜罐分为产品型蜜罐和研究型蜜罐两类。产品型蜜罐旨在为一个组织的网络提供安全保护，包括检测并且应对恶意攻击、防止攻击造成的破坏以及帮助管理员对攻击做出及时和正确的响应等功能。研究型蜜罐以研究和获取攻击信息为目的。研究型蜜罐并没有增强网络的安全性，而是让网络面对各类攻击，利用蜜罐实现对黑客攻击的追踪和分析，捕获黑客的击键记录，了解黑客所使用的攻击工具及攻击方法，甚至能够监听到黑客之间的交谈，从而掌握他们的心理状态等信息，寻找应对这些威胁更好的方式。

根据蜜罐与攻击者之间进行交互的频率，可将其分为低交互蜜罐、中交互蜜罐和高交互蜜罐。低交互蜜罐的最大特点是模拟。蜜罐向攻击者展示的所有攻击弱点和攻击对象都不是真的，而是对各种系统及其提供的服务的模拟。由于它的服务都是模拟的行为，因此蜜罐可以获得的信息非常有限，只能对攻击者进行简单的应答，也是最安全的蜜罐类型。低交互蜜罐通常是模拟的虚拟蜜罐，或多或少存在一些容易被黑客识别的指纹信息。产品型蜜罐一般属于低交互蜜罐。中交互蜜罐是对真正的操作系统各种行为的模拟，它提供了更多的交互信息，同时也可以从攻击者的行为中获得更多的信息。在这个模拟行为的系统中，蜜罐看起来和一个真正的操作系统没有区别，却有比真正的系统更诱人的攻击目标。高交互蜜罐具有一个真实的操作系统，它的优点体现在为攻击者提供了真实的系统，当攻击者获得 ROOT 权限后，受系统和数据真实性的迷惑，他的更多活动和行为将被记录下来。这类蜜罐的缺点是被入侵的可能性很大，如果整个高交互蜜罐被入侵，那么它就会成为攻击者下一步攻击的跳板。研究型蜜罐一般都属于高交互蜜罐。

### 3. 蜜罐的使用模式

蜜罐的使用模式主要包括诱骗服务、弱化系统、强化系统、用户模式服务器。

诱骗服务是指在特定的 IP 服务端口监听并像应用服务程序那样对各种网络请求进行应答的应用程序。蜜罐在与攻击者进行交互的过程中记录所有的行为，同时提供较为合理的应答，并给闯入系统的攻击者带来系统并不安全的错觉。这样，系统管理员便可以记录攻击的细节。

弱化系统是指在外部因特网上有一台计算机运行没有打补丁的 Windows 或者 Red Hat Linux 系统。这样，攻击者更加容易进入系统，系统可以收集有效的攻击数据。

强化系统同弱化系统一样，能够提供一个真实的环境，不过此时的系统已经武装成看似足够安全的系统。当攻击者闯入时，蜜罐开始收集信息，它能在最短的时间内收集最多的有效数据。使用这种蜜罐要求系统管理员具有更高的专业技术水平。

用户模式服务器实际上是一个用户进程，它在主机上运行，并且模拟成一个真实的服务器。用户模式服务器嵌套在主机操作系统的应用程序空间中的一个进程上，当互联网用户向用户模式服务器的IP地址发送请求时，主机将接受请求并将其转发到用户模式服务器上。这种模式成功与否取决于攻击者的进入程度和受骗程度，它的优点体现在系统管理员对用户主机有绝对的控制权。即使蜜罐被攻陷，由于用户模式服务器是一个用户进程，因此只要关闭该进程即可。

## 9.2.2 蜜网

### 1. 概念

蜜网（honeynet）是基于蜜罐技术逐步发展起来的一个新的概念，又称为诱捕网络，目前已发展到第三代。蜜网技术实质上是一类研究型的高交互蜜罐技术，它采用真实的操作系统、应用程序以及服务与攻击者进行交互。与传统蜜罐技术的差异在于，蜜网是一个黑客诱捕网络架构，如图9-5所示。该架构通常由防火墙、入侵检测/防御系统、系统行为记录、自动报警、辅助分析、数据库存储等一系列系统、工具以及多个蜜罐主机组成，这种架构构建了一个高度可控的网络，可以控制和监视其中的所有攻击活动。防火墙和入侵检测/防御系统对所有进出蜜网的数据进行捕获和控制，然后对捕获的信息加以分析，以便获取关于攻击者的情报。在蜜网内部，会部署多种类型的蜜罐系统，为攻击者创造一个更真实的网络环境。同时，通过为各个系统配置不同的应用服务，就可以了解攻击者使用的各种工具和战术。

实际上，在蜜网中，还可以利用一些欺骗性的数据文件安装特定的木马程序，当攻击者下载这些数据时，就把相应的木马程序下载到发起攻击的计算机中，使攻击者的计算机完全暴露。

蜜网计划（honeynet project）由一组研究型蜜罐组成，通过研究入侵者的行为获得更多有用的信息，使安全专家能针对不同的入侵方法研究出相应的应对措施。蜜网计划自1999年启动以来，已经收集了大量信息，有兴趣者可以浏览http://www.honeynet.org，以了解更多的信息。

### 2. 主要功能

目前，新一代蜜网系统的主要功能包括数据控制、数据捕获和数据分析。

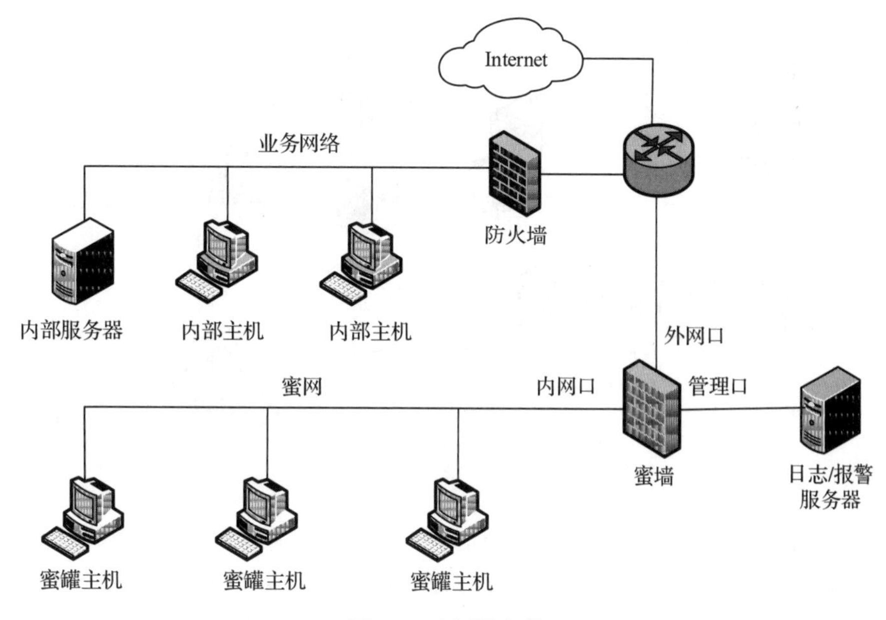


图 9-5 蜜网的架构

数据控制机制可以防止黑客 / 恶意软件利用蜜网攻击第三方，这里的控制包含两个方面：一个是蜜墙（蜜网防火墙）对连接数的控制，另一个是入侵防御系统对异常数据的限制。

数据捕获机制用来获取黑客攻击 / 恶意软件活动的网络行为数据（原始网络数据、入侵检测 / 防御系统的报警信息、网络连接、网络流等）和系统行为数据（进程、命令、打开文件、发起连接等）。对各种数据做归一化处理后将其记入数据库，供数据分析模块进行分析处理。

数据分析机制帮助安全研究人员利用捕获的各种黑客攻击 / 恶意软件活动的行为数据分析出黑客的具体活动、使用的工具及其意图。这里需要借助现有的分析工具和研究人员的专业知识来识别攻击行为。

### 9.2.3 蜜场

为了在大型分布式网络中方便地部署和维护蜜罐，以收集各个子网的安全威胁，并对网络提供防护功能，蜜场（honeyfarm）的概念被提出。图 9-6 给出了蜜场的架构示意图，所有的蜜罐均部署在蜜场中，在各个内部子网中设置一系列重定向器，若检测到当前的网络数据流是黑客为攻击而发起的，那么通过重定向器将这些流量重定向到蜜场中的某台蜜罐主机上，并由蜜场中部署的一系列数据捕获和数据分析工具对黑客攻击行为进行收集和分析。

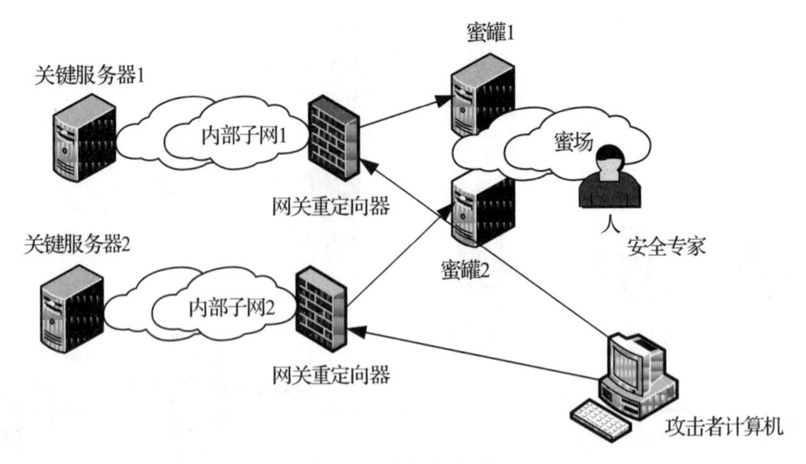


图 9-6 蜜场的架构

蜜场的实现涉及两个重要问题：重定向器和蜜罐的内容。重定向机制的引入实现了通过蜜罐来伪装具有高价值的目标，通过重定向器将恶意的或未授权的活动重定向到蜜罐中，并对这些活动进行监视和分析。目前，已有相关开源项目实现了特定的重定向机制。重定向机制的引入还带来了另外一个问题，即在不被黑客发觉的前提下完成对其网络活动的重定向，其中最核心的是蜜罐的内容问题。为了保证蜜罐的高度迷惑性，蜜罐必须使用真实的网络环境，同时拥有与攻击目标一致的操作系统、应用程序和数据内容，从而能够在高度真实的网络中跟踪、监视黑客的所有行为，获取具有较高价值的攻击信息。

## 9.2.4 典型应用

目前，蜜罐 / 蜜网技术已广泛应用于恶意代码收集、僵尸网络的发现和跟踪、深入剖析网络钓鱼攻击等攻击行为监测以及新攻击技术研究领域。

基于蜜罐技术捕获恶意代码（malware）是蜜罐最典型的应用。目前，开源团队（Mwcollect.org）和多个蜜网项目组织已开发出基于蜜罐技术的恶意代码捕获工具，利用部署在世界各地的蜜罐系统或蜜罐网络进行恶意代码收集，为新攻击技术的研究提供了样本。利用蜜罐实现对僵尸网络的发现和跟踪是另外一个重要应用，目前各国都有类似的安全计划项目。基于分布式蜜网技术捕获互联网活跃的僵尸程序样本，通过对网络行为进行监视和分析，卧底进入僵尸网络，从而长期持续跟踪其规模、发展和活动。针对网络钓鱼（fishing）攻击的特点，可部署一些特定的应用型蜜罐，如对垃圾邮件发送者具有很强吸引力的蜜罐（SMTP open relays 等），对这些蜜罐系统的行为进行分析，有助于更深入地剖析网络钓鱼攻击，甚至能够对网络钓鱼攻击的创新进行跟踪。

蜜罐技术是伴随各种不同的观点而不断发展的。通过蜜罐可诱导黑客攻击，消耗其精力，为加强防范赢得时间，使安全人员与黑客之间同处于相互斗智的平台。传统的网络防护技术与蜜罐相结合将使网络安全技术再上一个新台阶。另外，蜜罐技术不断发展，新技术不断出现，例如客户端蜜罐、动态蜜罐以及 Honeytoken 等，目前，各种新技术仍然处在不断的完善中。

## 9.3 取证

再好的防范都不是万无一失的，再严格的法律也不可能完全阻止某些人的犯罪行为。所以对犯罪的打击是必需的，这是从另一个侧面来保护网络安全。

计算机网络犯罪包含两类：一类是针对网络进行的犯罪，包括侵入重要的计算机网络、窃取包括个人隐私在内的各类敏感数据、破坏计算机网络提供的功能、破坏相关的数据、伪造各类脏数据从而造成原有数据池的污染等；另一类是利用计算机网络实施对现实社会的犯罪，这类犯罪最早出现在金融领域，主要是利用计算机网络的功能进行贪污、盗窃等活动。如利用所谓的“香肠术”将银行各个账户每月利息中的尾数（达不到记账的单位，如“分”）统一汇入犯罪分子的账户。虽然每个账户每个月只有不到1分钱，但是由于账户数量庞大，日积月累，贪污的数额也是不小的[⊖]。

由于计算机网络的快速发展，特别是 Internet 的发展，网络的应用已经渗透到现实社会中的各个领域，利用计算机网络在现实社会中实施犯罪有可能涉及各个领域，成为危害社会的主要因素，甚至可能危害国家安全。比如，犯罪分子可能利用以物联网为基础的智慧城市的网络对现实社会中人的生命和财产实施侵害。

打击犯罪离不开证据，无论是针对网络进行的犯罪，还是利用网络实施的犯罪，都需要证据来证明，使作案者得到应有的惩罚。

计算机犯罪取证技术正是为了打击网络犯罪而出现的。

计算机取证（computer forensics）在打击计算机和网络犯罪中具有十分关键的作用，它的目的是将犯罪者留在计算机中的“痕迹”作为有效的诉讼证据提供给法庭，以便将犯罪嫌疑人绳之以法。因此，计算机取证是涉及计算机领域和法学领域的一门交叉科学。

计算机取证是指运用计算机技术，对计算机犯罪行为进行痕迹的收集、获取、固定、保存、分析和出示，与其他证据共同构成确认犯罪的计算机证据，并据此提起诉讼。

从技术上而言，计算机取证是一个对受侵害计算机系统进行扫描和破解，以重建计算机犯罪过程和呈现计算机犯罪现场的过程，可将其理解为“从计算机上提取证据”。

---

⊖ 目前，有相应的技术手段可以规避、检查此类风险和隐患。

### 9.3.1　取证方法

从技术角度看，计算机取证是分析硬盘、光盘、软盘、Zip 磁盘、U 盘、内存缓冲和其他形式的存储介质以发现犯罪证据的过程。也就是说，计算机取证包括对以磁介质编码信息方式存储的计算机证据的保护、确认、提取和归档。取证的方法通常是使用软件和工具，按照预先定义的程序，全面检查计算机系统，以提取和保护有关计算机犯罪的证据。

计算机取证主要是围绕电子证据进行的。电子证据也称为计算机证据，是指在计算机或计算机系统运行过程中产生的、以其记录的内容来证明案件事实的电磁记录。随着多媒体技术的发展，电子证据综合了文本、图形、图像、动画、音频及视频等多种类型的信息。与传统证据一样，电子证据必须可信、准确、完整、符合法律法规，是法庭能够接受的。同时，与传统证据不同，电子证据具有高科技性、无形性和易破坏性等特点。高科技性是指电子证据的产生、存储和传输都必须借助计算机技术、存储技术、网络技术等，离开了相应的技术设备，就无法保存和传输电子证据。无形性是指电子证据不是肉眼直接可见的，必须借助适当的工具。易破坏性是指电子证据很容易被篡改、被删除而不留任何痕迹。计算机取证要解决的重要问题是如何收集、如何保护、如何分析和如何展示电子物证。

可以用于计算机取证的信息源有很多，如系统日志、路由器 / 交换机 / 防火墙 / 入侵检测系统的工作记录、反病毒软件日志、系统审计记录、网络监控流量、电子邮件、操作系统文件、数据库文件和操作记录、硬盘交换分区、软件设置参数和文件、完成特定功能的脚本文件、Web 浏览器数据缓冲、书签、历史记录或会话日志、实时聊天记录等。为了防止被侦查到，具备高科技作案技能的犯罪嫌疑人往往会在犯罪活动结束后将自己残留在受害方系统中的“痕迹”擦除，如尽量删除或修改日志文件及其他有关记录。但是，对于一般的删除文件操作，即使清空回收站，只要没有对文件进行“粉碎”，也完全有可能恢复已经删除的文件。

#### 1. 来源取证

来源取证，是通过证据源与特定人之间的对应关系来确定行为人。主要有对网络地址的取证、物理地址的取证、特定应用程序账号的取证和邮箱的取证。

无论是利用网络进行的犯罪活动，还是针对网络进行的犯罪活动，犯罪嫌疑人所使用的各类计算设备都会有相应的网络逻辑地址和物理地址。如果进行了某种登录操作，相关的账号、发送邮件的邮箱都是可以证明来源的，这些能够证明犯罪嫌疑人身份和登录行为的记录都可以作为证据。当然，对于这些证据的确定要严谨，如登录操作是否确定为本人，如果是弱口令或者是口令外泄等都不能确切地证明登录是本人操作的。

目前，在 Internet 上，IP 地址是基本的网络地址，所有联网的计算机在某一时刻都有唯一的 IP 地址，只不过这个 IP 地址是动态的还是静态的，需要通过运营商进一步确认。根据在案发现场找到的 IP 地址信息，可以进一步确定犯罪嫌疑人的计算设备，再进一步寻找案件相关人。

物理地址是联网设备中网卡的地址，每一个网卡在出厂前，都设定好唯一的一个地址，这个地址一般情况下是不变的，可以通过动态的 IP 地址与这个物理地址相对应。

电子邮件取证指的是根据电子邮件头部信息找到发送电子邮件的机器，并根据已锁定的机器找到特定人的取证方法。

软件账号取证对应于各类网络应用，一般要求是必须要用账号进行登录，这就在账号与特定人之间建立了一一对应的关系。

#### 2. 事实取证

事实取证是要证明案件相关的事实的证据。常见的取证方法有文件内容调查、使用痕迹调查、软件功能分析、软件相似性分析、日志文件分析、网络状态分析、网络数据包分析等。

文件内容调查包括对存储介质中所获取的文本文件、动画文件、超文本文件、图片文件、音频视频文件、网页、电子邮件、各类应用程序所生成的数据的调查，还包括对利用工具在删除和格式化后再恢复的所有数据的调查。

使用痕迹调查包括 Windows 运行的痕迹（包括运行栏历史记录、搜索栏历史记录、打开 / 保存文件记录、临时文件夹、最近访问的文件等）调查、上网记录（缓存、历史记录、自动完成记录、浏览器地址栏下拉网址、Cookies、index.dat 文件等）的调查、Office、Realplay 和 Mediaplay 的播放列表及其他应用软件使用历史记录的调查。

软件功能分析是对特定软件和程序的性质与功能进行分析，如对病毒、木马、逻辑炸弹等恶意代码的分析，对其破坏性、传染性等特征进行分析和确定。

软件相似性分析在软件著作权等知识产权的案件中使用得比较多。它是比较两个软件，找出两者之间是否存在实质性相似的证据。

日志文件分析是指通过系统日志、数据库日志、网络日志、应用程序日志等进行分析，发现系统是否存在入侵行为或者其他访问行为的证据。

网络状态分析指的是取得特定时刻相关的计算设备是否在线联网的状态。要分析网络拓扑，确定与相关计算设备联网的计算设备；分析本机的网络配置；并确定开启了哪些端口、哪些用户登录到本机等信息。

网络数据包分析是一种实时取证行为，特别是对正在发生的网络犯罪事件，是极为有力的取证手段，同时也是一种综合的取证方法。网络数据包分析也称为网络侦听，在对网络犯罪进行实时侦查或“诱惑性”侦查时，往往采取网络侦听的方法发现犯罪嫌疑人的犯罪活动、掌握犯罪的线索，为抓获犯罪嫌疑人提供支持。

取证的目的在于还原犯罪过程、证明犯罪，与现实社会中对犯罪的取证思想是一致的，但是，计算机犯罪和利用计算机犯罪更为隐蔽，特别是一些有反侦查能力的犯罪嫌疑人都会在犯罪活动结束时擦除痕迹，使取证更加困难。计算机取证需要有极高的专业性和技术性。

## 9.3.2 取证原则

计算机取证的原则主要有以下几点：首先，尽早搜集证据，并保证其没有受到任何破坏；其次，必须保证“证据连续性”（有时也被称为 chain of custody），即在证据被正式提交给法庭时，必须能够说明在证据从最初的获取状态到在法庭上出现状态之间的任何变化，当然最好是没有任何变化；最后，整个检查、取证过程必须是受到监督的，也就是说，由原告委派的专家所做的所有调查取证工作，都应该受到由其他方委派的专家的监督。

由于电子证据存在实时性、易覆盖、易擦除等特点，因此必须在第一时间拿到证据，同时还要保证这些证据的原始性和完整性。将证据正式提交给法庭时，还要能够说明该证据从原始状态到在法庭的状态之间的任何变化，最好是没有任何变化。计算机取证还要对证据进行证明，所以在取证过程中，监督机制是必需的。取证通常按以下步骤进行。

1）保护目标计算机系统。取证时保护目标计算机系统是非常重要的，必须保证目标计算机不再被犯罪嫌疑人所操作，不给犯罪嫌疑人破坏证据的机会。必要时及时拔掉电源线是非常重要的（此操作有风险），这样会保留内存中的数据，也能够有效地防范嫌疑人粉碎相关数据。有效地控制嫌疑人是优先要考虑的。还要考虑避免任何硬件损坏、数据破坏、更改系统设置或病毒感染的情况。

2）确定电子证据。目前存储介质容量越来越大，要在海量数据中区分哪些是电子证据、哪些是无用数据。要寻找那些由犯罪嫌疑人留下的活动记录作为电子证据，确定这些记录的存放位置和存储方式。

3）收集电子证据。为了将计算机系统转移到安全环境下进行分析，要详细地记录系统的硬件配置和硬件连接情况。

对目标系统磁盘进行物理克隆，对数据进行镜像备份。如果对收集的电子证据产生疑问，可通过镜像备份的数据将目标系统恢复到原始状态。同时还要搜查其他的数据存储介质，如磁带、光盘、U 盘、存储卡等。

利用专用的取证工具收集电子证据，按日期和时间对系统进行记录归档，对可能作为证据的数据进行分析。利用光盘备份关键的证据数据或者将电子证据打印成文件证据。

利用自动搜索程序，将疑为电子证据的文件或数据列表存储到相关的取证设备上。对防火墙、入侵检测、态势感知等网络安全产品中的日志数据，先进行光盘备份，保全原始数据，然后进行犯罪信息挖掘。

各类电子证据汇集时，将相关的文件证据进行归档保存，建立特定目录，将存放目录、文件类型、证据来源等信息存入取证设备的数据库中。

4）保护电子证据。对取得的电子证据要妥善保管，防止丢失和被物理破坏，如对保存相关介质的电磁环境温湿度控制，以及避免火灾、动物破坏和霉变等。

## 9.3.3 取证步骤

取证工作的步骤如下：

1）保护目标计算机系统；

2）搜索目标系统中的所有文件，包括现存的正常文件、隐藏文件、受到密码保护的文件和加密文件；

3）利用工具尽可能恢复介质上的已删除文件；

4）最大限度地显示操作系统或应用程序使用的隐藏文件、临时文件和交换文件的内容；

5）如果可能并且如果法律允许，访问被保护或加密文件的内容；

6）分析在磁盘的特殊区域中发现的所有相关数据，特殊区域至少包括下面两类，一类是所谓的未分配磁盘空间——虽然目前没有被使用，但可能包含先前的数据残留，另一类是文件中的“slack”空间——如果文件的长度不是簇长度的整数倍，那么在分配给文件的最后一簇中，会有未被当前文件使用的剩余空间，其中可能包含了先前文件遗留下来的信息，这可能是有用的证据；

7）打印对目标计算机系统的全面分析结果，然后给出分析结论——系统的整体情况，发现的文件结构、数据和作者的信息，对信息的任何隐藏、删除、保护、加密企图，以及在调查中发现的其他相关信息；

8）给出必需的专家证明。

上面提到的计算机取证原则及步骤都基于一种静态的视点，即事件发生后对目标系统的静态分析。随着计算机犯罪技术手段的提高，这种静态的视点已经无法满足要求，发展趋势是将计算机取证与入侵检测等网络安全工具和网络体系结构相结合，进行动态取证。整个取证过程将更加系统并具有智能性，也将更加灵活多样。

## 9.3.4 分析电子证据

### 1. 证据分析

对电子证据的分析主要借助计算机的辅助程序，包括：

1）利用文本搜索工具进行关键字搜索，设计关键字是很重要的，可能往往需要设置多个关键字，如果能够利用人工智能手段进行关键字之间的关联分析将更好；

2）对文件属性、文件的摘要进行分析；

3）对日志进行分析；

4）利用数据破密技术对加密数据进行分析，包括两个方面，一是文件的口令的破解，二是加密文件的破密；

5）分析各类操作系统管理的磁盘，对交换文件和硬盘中未分配的空间进行分析和查找，发现嫌疑人所容易忽视的证据；

6）利用智能关联分析手段，对同一事件的不同电子证据进行智能相关性分析，形成证据链。

### 2. 证据的法律效力

证据的法律效力是指对案件事实的证明强度，能够直接证明案件的事实和与案件事实存在联系的证据，其法律效力较强；不能直接证明案件事实或者不存在直接和内在联系的证据，其法律效力就较弱。由于计算机数据被伪造、篡改的可能性较大并且难度不大，伪造、篡改后也不易留存痕迹，再加上人为的因素或环境和技术条件的影响导致的错误，计算机证据一般被归为间接证据。其作用是获取与案件相关的线索，起辅助证明作用。

### 3. 利用区块链技术进行分布式取证

区块链技术是近年来发展得比较快的技术，由于其分布式账本不易被篡改，因此在规模比较大的网络中，对于各类网络节点，利用区块链技术对网络节点上的日志进行留存，对计算环境中各类计算设备的操作进行日志留存，对计算机犯罪取证是极为有意义的。并且由于分布式账本的不易篡改性，其在法庭上的证据效力也会大大增强。

## 小结

本章所介绍的并不是安全防护的主流技术，但是，了解这些内容对于从事网络安全的人来说是非常重要的。

本章介绍了隐藏的方法，主要包括以保护主机为目的的隐藏、数据的隐藏、进程的隐藏、网络的隐藏方法和技术，还介绍了诱捕的一些思路和方法，同时介绍了蜜罐和蜜网，最后简单地介绍了计算机取证的方法和思路。

# 第 10 章

# 新技术、新应用、新风险

当今社会是一个技术飞速发展的社会，特别是在 IT 领域，几乎每年都会有各种各样的新技术和新应用诞生。这些新技术、新应用在给社会带来动力的同时，也带来了新的安全风险。最近几年，备受关注的新技术和应用主要有云计算、大数据、移动互联、智慧城市、区块链等，这些新技术和应用也带来了新的安全问题。本章将分别对这些新技术、新应用的特点及新风险进行讨论。

## 10.1 云计算

### 10.1.1 云计算的定义

对云计算的定义有多种说法。现阶段广为人们接受的是美国国家标准与技术研究院（NIST）给出的定义：云计算是一种按使用量付费的模式，这种模式提供可用的、便捷的、按需的网络访问，进入可配置的计算资源共享池（资源包括网络、服务器、存储、应用软件、服务），这些资源能够被快速提供，只需投入很少的管理工作或与服务供应商进行很少的交互。

### 10.1.2 云计算的服务形式

云计算包括以下几个层次的服务：基础设施即服务（IaaS）、平台即服务（PaaS）和软件即服务（SaaS）。

#### 1. IaaS

IaaS（Infrastructure-as-a-Service，基础设施即服务）是指消费者通过 Internet 可以从完

善的计算机基础设施获得服务。例如，租用硬件服务器。在这种模式下，用户可以按自己的需求安装各类系统软件，如操作系统可以采用用户认为相对安全的中标麒麟操作系统，数据库也可以安装相对安全的数据库平台。当然，应用程序可以是自己开发或者定制的。

### 2. PaaS

PaaS（Platform-as-a-Service，平台即服务）实际上是指将软件研发的平台作为一种服务，即云平台已经提供了各类的系统软件，用户只需要自行开发或定制相应的应用程序即可。

### 3. SaaS

SaaS（Software-as-a-Service，软件即服务）是一种通过 Internet 提供软件的模式，用户无须购买软件，而是向提供商租用基于 Web 的软件来管理企业经营活动。也就是说，在云平台上已经给我们准备好了相应的应用程序，直接使用即可。

## 10.1.3 云计算的技术本质

云服务的技术本质建立在虚拟化技术的基础上。目前计算机硬件水平越来越高，而单一用户并不能完全利用一台计算机的资源，或者说大部分的资源没有被利用。利用虚拟化技术，就可以把一台物理计算机虚拟为若干台虚拟计算机，以供多个用户共同使用，并且相互之间不发生干扰。

虚拟化的优势在于它能将所有可用的计算和存储资源以资源池的方式组成一个整合视图，通过提供虚拟功能，可将资源看作一个公共的平台，最终资源池就像我们日常生活中的水和电一样，成为企业信息系统中的“公用设施”(utility computing)。

图 10-1 给出了云计算平台中虚拟机的示意图。

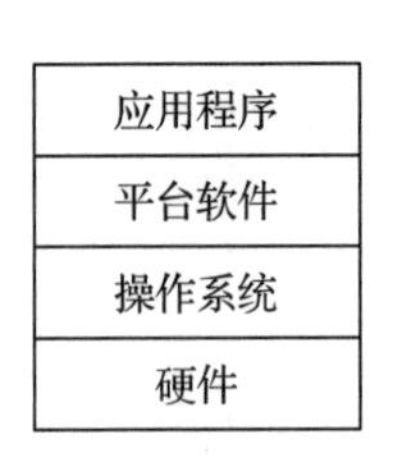


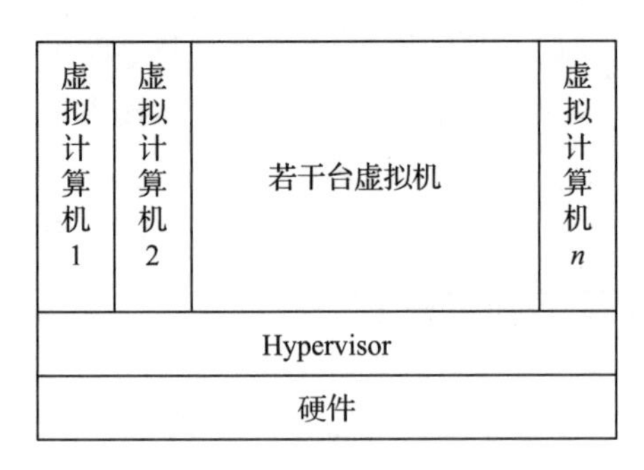


传统主机　　虚拟化主机

图 10-1　虚拟机的示意图

与传统主机相比，云平台上多了一个Hypervisor层，这一层正是将物理计算机虚拟为若干虚拟计算机所必需的系统软件。而在每台虚拟机上仍然需要安装操作系统、平台软件和应用程序。

这种虚拟机技术使主机的概念、主机的边界、网络的概念、网络的边界、存储边界都变得模糊了，这就给用户带来了新的风险。

任何一项新技术都是双刃剑，但是我们也不能因噎废食，只要我们清醒地认识到风险的存在，并利用各类（包括技术的、行政的、法律的、工程的）手段来消除或降低风险，就能将不利的一刃磨钝。

### 10.1.4 云计算的风险分析

由于云平台毁掉了“三关”（边界关、主机关、存储关），给原本就非常脆弱的IT系统增加了新的安全风险。

这些风险主要来自三个方面：

- 虚拟机之间的可穿透问题（东西向安全问题）；
- 云平台维护人员能否读取和修改云用户数据的问题（后台侵入问题）；
- 客体重用问题。

#### 1. 东西向安全问题

虚拟机是由Hypervisor平台提供支持的，实际上就是将物理主机的内存进行动态划分，是对CPU分时复用的技术。这样的技术能否使各用户之间的隔离是确切的、有保障的，则是一个重要的安全问题。VMware是一个典型的Hypervisor软件，曾经有报道称，GitHub上公开了一个利用VMware虚拟机逃逸漏洞的工具，该工具可影响VMware WorkStation 12.5.5之前的版本。

在地理知识中，看地图时，垂直方向是南北（上北下南），水平方向是东西（左西右东），所以，许多人把云平台上虚拟机之间的安全称为东西向的安全。现在，针对东西向安全问题已经有了一些解决方案，这些方案起到了非常好的防护作用。但还是那句话——安全总是相对的，没有哪个方案能一劳永逸。

#### 2. 后台侵入问题

云平台需要有一个专业的团队来维护，这个专业的团队可以从后台进入云平台（甚至能从物理机房中直接接触云平台）。这些人员如果有主观上的恶意，就可能对云用户的数据资产构成侵害。虽然目前还没有这方面的报道，但是这种风险是存在的。

当然，各个云平台的运营者都知道这一风险，所以各厂商也都采取了一些手段来防范，比如，利用堡垒主机对后台维护人员进行强身份认证和强审计等。

### 3. 客体重用问题

客体重用问题涉及两个方面：一方面是一个从外部存储器上删除的文件，有被重新恢复的可能性；另一方面是一个用户从内存中退出后，下一个用户有将前一个用户放入内存中的信息读出来的可能性。这些信息可能是用户处理数据的信息，也可能是用户登录系统的信息。如果是后者，那就非常可怕了，恶意用户可以利用用户登录系统的信息登录账户，发现更多的用户信息。

在常规的信息系统中也存在客体重用问题，所以在等级保护要求的第二级就提出了客体重用保护要求。

不过，在云平台上，这个问题更加突出。外部存储器是云用户共用的，存储空间很可能是动态的。同时，内存也是动态分配给用户的。这就增大了客体重用的风险。

当然，解决客体重用风险的办法还是有的，就看云计算平台是否采用。例如，可以在身份认证信息中加入时间戳进行保护；在将一个内存段分配给用户之前，对内存进行有效清理。当然，用户自己也可以采用一些方法，特别是在外存储器上删除一个文件时，可以使用粉碎功能销毁文件。

云化之后，云平台在系统的可用性方面有了很大的提升，用户不会因为单点故障而导致系统不可用。

## 10.1.5　云计算安全责任的划分

用户按需租用云之后，不需要再投入更多的设备，也不需要自己进行维护，这使 IT 的应用更加专业化。但是，如何划分安全责任是大家一直争论不休的问题。租户经常会说，我租的平台，安全当然得由平台来负责；而云平台则强调，东西是用户的，凭什么要我来为用户负责。

这里我们给出一个思路。

安全问题分为两类：一类是 Safety 问题，另一类是 Security 问题。在网络安全领域，更多的是 Security 问题，是由人为因素导致的安全问题。当然，由于云平台需要用电，需要有环境的支持，各种环境导致的安全问题也不能忽视。这部分工作应完全由云平台负责，这里我们不进行讨论。而对于 Security 问题，我们根据云平台的三类租用形式（SaaS、PaaS、IaaS），提出相应的安全责任划分原则。

首先，无论是何种租用服务，安全的目标都是明确的：一是要保护数据的安全，二是要保证用户业务的连续性（服务功能的安全）。由于云平台具有高度的冗余性，因此业务的连续性问题不是主要矛盾，主要矛盾是数据的安全问题。

要保护数据，一般的思路是从应对安全事件入手，从事前、事中、事后分别考虑。

数据的安全保护需求或者说数据的安全属性是：机密性、完整性、可用性。数据的可用性是以数据的保密性、完整性为基础的，同时要求系统的可用性。对于云平台来说，由于平台高冗余度，因此我们可以不考虑系统的可用性问题，只要做到保护机密性和完整性即可。

### 1. 事前防护的安全责任划分原则

从事前防护的角度来说，我们一般会采用下述安全手段。

- 隔离：将与此应用、此数据无关的人员隔离在外，不允许这些人染指数据和应用。
- 控制：对与此应用、此数据相关的人员进行正确的授权。
- 检查：对威胁源进行检查，及时发现被入侵的可能性；对威胁防范（称为脆弱性）进行检查，及时发现存在的可能被入侵的漏洞。

我们可以从这个思路出发来确定云平台与租户的安全责任。

（1）隔离措施

**对于 SaaS**

基础的隔离任务应该完全由云平台完成。这如同我们租用一幢大楼中的房间办公，大楼管理方就必须为我们确定好相应的空间，这个空间必须是一个独立的空间，与其他办公空间要有明确的隔离措施。只要一个人没有门禁（或者钥匙），就没有进入这个空间的可能。

云平台也应该这样。只要一个人没有使用相应租户应用系统的身份，就没有进入这个应用系统的可能。无论这个人是外部的恶意入侵者，还是云平台内部的维护人员。云平台必须保证，除了用户使用身份认证措施从正当的入口进入相应的应用外，从其他的途径无法进入系统。

这一点并不容易做到，所有的软件都可能存在漏洞，这些漏洞可能导致入侵者非法进入某个租户的应用系统，甚至可能对数据资产进行破坏或者窃取。

对于用户来说，必须提供可靠的进入相关应用的用户身份认证措施。就如同门一定要配有足够强度的锁（或者是门禁）一样。门的强度再高，安装的锁再好，如果把钥匙放在了门口，别人也是很容易进入的。从贵阳市 2016 年攻防演练的经验看，弱口令问题是比较突出的。

**对于 PaaS**

由于平台软件和应用程序是租户自行采用的，相关的版本号、补丁程序等都是由用户决定的，维护也由用户自己来完成，因此这部分隔离措施必须由用户自己负责。但是，由于硬件和虚拟机部分是由云提供的，因此云要在这里负责确保隔离。

**对于 IaaS**

由于整个基础设施是由用户自己建设的，因此云平台只要保证物理空间的安全，其他的隔离措施都应该由用户负责。

（2）控制措施

控制是给某用户一个正确的授权。授权是保护资产的前提，资产没有权属关系就不可能得到保护，数据资产更是这样。能够进入相关应用的用户，其操作都应该是经过授权的，并且这个授权应该是正确的。

授权的第一步是对用户进行识别，无关的用户应该用隔离措施将其隔离在外，不能让他接触到相关的应用和数据。

我们已经在前面讨论了授权的正确性问题，这里不再重复。

云平台没有能力确认这些要求，如果要求云平台提供这些授权，就等于把授权的权力交给云平台，这相当于把开门的钥匙交给大楼的物业，租户会放心吗？

所以对于授权控制，首先要租户自己来负责。

**对于 SaaS**

云平台必须保证所提供的软、硬件能支持租户对控制的要求，例如，一个用户要实施强制访问控制，但是云平台提供的操作系统和数据平台仅仅是 C2 级的，就无法满足租户的需求。

对于 PaaS 和 IaaS 用户来说，平台是由自己搭建的，这些控制当然由自己负责。

（3）检查

检查包括以下类型：

- 对威胁源的检查，如恶意代码检查、入侵检测（包括基于规则的、基于行为的、APT 等）；
- 对自身脆弱性的检查；
- 对用户行为的检查。

对于威胁的检查和脆弱性的检查，云平台和租户都有相应的责任，并且两个方面都是需要的，还要有相关的通报、预警、处置等联动机制。无论是对于 SaaS、PaaS 还是 IaaS，这类检查都是非常必要的。

对用户行为的检查主要应该由租户负责，因为授权由租户负责，所以相关人员的操作是否存在越权的行为要和授权匹配。

### 2. 对于已发生安全事件的处置

在 20 世纪，国外就有人提出了 PDRR 模型：

- P（Protect）：保护，主要是事前的保护。
- D（Detect）：包括事前的检查、事中的检查、报警。
- R（Respond）：响应。
- R（Recover）：恢复。

对于 P（保护），前面已经讨论了责任划分的原则。

对于 D（Detect），我们也从保护的角度提出了一些建议，但是没有提出事中的检测责任。出现安全问题以发生了安全事件为标志。发生安全事件时，是否能够及时地检测到并且报警，是应急处置的前提。

问题是什么事件算是安全事件？这就需要一个标准，这个标准应该由租户提出。对于 SaaS 来说，相应的检测工具和方法应该由租户与云平台在租用合同中协商确定，由检测工具的权属方来确定相关的责任方。而对于 PaaS，也可以由租户与云平台商议。对于 IaaS 来说，所有的设备都应该由用户自己来解决，相应的责任也就是租户自己的。

而对于 R（Respond）和 R（Recover）来说，租户与云平台都有相应的责任。首先是租户自己的责任。但是，无论是哪种服务，对于云平台来说，都必须承担协助用户进行应急处置的责任。而且，在安全事件的检测、监控、取证、反制、恢复（包括功能的恢复和数据的恢复）中，云平台都有不可推卸的责任。

## 10.2 大数据

大数据的保护与传统的数据保护有许多不同。这主要是因为大数据的形态、大数据的全生命周期、大数据对安全属性的要求与传统数据都存在差异，同时大数据本身也可能导致相关的风险。

### 大数据导致的新安全风险

#### 1. 数据形态引入的新风险

（1）数据形态

传统的数据称为结构化数据，也就是可以用二维表格表示的数据。这类数据一般体量不大，可以在一台服务器上进行存储和处理。从保护的角度来说，可以利用操作系统和数据库自带的访问控制功能对这些数据加以保护，即解决了正确的授权问题（当然，系统如果有漏洞，正确的授权有可能失效）。由于大数据是非结构化的数据，如视频、音频、超文本类数据，其数据的体量通常很大，在一台服务器上存储和处理这些数据比较困难，于是这类数据就可能被碎片化为成千上万份分别存储在不同服务器的外存储器上，这就是所谓的分布式处理和存储。这样会给“正确的授权”带来困难。

（2）隐私问题

大数据中存在大量个人隐私数据，这些数据一旦泄露，会带来严重的社会问题。

（3）大数据泄密问题

我们可以利用大数据推导出许多原来不知道的信息，当然也可以利用大数据提供的已知信息推导出未知的涉及国家秘密的信息。而这些已知信息肯定是不涉密的。

（4）大数据池可能被污染的问题

病毒、恶意的入侵都可能会污染大数据池，导致原来的数据资源不可用。

### 2. 数据生命周期引入的新风险

大数据的生命周期与传统数据的生命周期相比，增加了一些环节，并且两者某些环节中还存在差异。

（1）数据采集的新风险

在传统的数据系统中，数据的采集是通过系统应用生成或者人工录入完成的，一般情况下，这些数据中不会包含假的数据，也很少会引入恶意代码。但是，大数据的采集渠道和方法更复杂，所以数据中会存在错、杂、乱、丢、骗等问题。假数据、错误的数据都可能被引入，数据的真实性也是需要重视的问题。另外，数据中也可能引入恶意代码。

（2）数据挖掘中的风险

数据挖掘是大数据的魅力所在，但这在大数据控制中引入了新的风险，甚至会导致数据的滥用。前面讨论过，在计算机系统中，操作可以分为四类：读、写、控制、执行。主要的操作是读和写。在传统的计算机系统中，无论是读还是写，都是一个主体对应一个客体，并且是对应这个客体的全部。而在大数据系统中是一个主体对应一批客体，即一个数据池，并且关注点也不是某个客体的全部，而是数据池中的某些特征量。

这就使原来操作系统中基于属性的访问控制机制失效，不能适应数据挖掘中的“正确的授权”问题。这就可能导致数据滥用。例如，领导给 a 布置的任务是在数据池中挖掘以 b 为特征的数据，但是 a 在工作中发现，数据池中的 c 特征量更有价值，那么在挖掘 b 时又自行挖掘了 c，而 c 可能包含特别的信息，会导致严重的社会后果或者会给组织带来严重的损失。

（3）交易中的风险

在现实社会中，我们都知道不能把炸药卖给恐怖分子。那么，数据在交易过程中会不会被卖给错误的对象呢？

确定交易（包括交换）的对象时至少要考虑两个方面的问题：一是可信，确保这个交易对象不会将数据用于声明之外的用途；二是有能力，确保这个交易对象有能力处理这些数据，以实现所声明的用途。这些是需要通过测评来证明的。

以上提到的这些问题还不是大数据的全部风险，可能还存在其他新的风险。虽然说风险是由大数据新引入的，但其实所有网络面临的风险，大数据系统都是要面对的。例如，数据在传输中被泄露或被插入的问题、入侵问题、恶意代码问题，等等。

大数据防火墙解决了分布式存储中的“正确的授权访问”问题。这个防火墙是由贵阳观数科技公司开发的，它在服务器集群中设置了一个独立的访问控制设备，解决了分布式存储和计算中的访问控制问题。目前可以支持自主访问控制、强制访问控制、基于角色的访问控制问题，正在解决基于任务的访问控制问题。这一问题如果得到解决，就解决了数据挖掘中的访问控制问题。目前，这项工作已经形成了国家标准《信息安全技术 数据安全能力成熟度模型》(GB/T 37988—2019)。

贵阳大数据安全产业园做的第二件具有创新性的工作是与阿里集团、360 集团合作的 DMM 测评方法的研究。这项研究旨在用工程的方法，从第三方的角度进行针对大数据组织的测评，而不是针对系统的测评。重点要解决一个组织的“可信”和“能力”证明问题。

## 10.3　移动互联中的安全分析

移动互联是近十年来发展最快的技术，移动智能终端的普及，Wi-Fi 等新无线通信方式的出现，以及原有的各类专用移动通信网络，已经形成了一张覆盖全球的移动网络，而这张网再和 Internet 连接，就形成了相当大规模的移动互联。

有了移动智能终端和其他通信终端，移动办公的需求就越来越强烈，移动端 + 云存储 / 云计算的信息处理模式正在形成，新的安全风险也随之而来。

### 1. 无线信道的安全

无线信道是一个开放的信道，虽然各类有线信道都存在被“搭线”的可能性，但要实现搭线也是不容易的。特别是对于复杂的多芯电缆、光纤等，搭线的工作不是瞬间就可以完成的。但是，在无线环境下，尽管有时候可以采用定向天线，但是天线不可能做到只在一个方向上发射电磁波，除了主瓣外，其天线的旁瓣、副瓣也都会辐射电磁波，实现“搭线”就容易得多。更何况多数情况下，天线是水平方向的全向天线。

（1）信息的复制和重放攻击

这种开放的环境会导致信息泄露，更给入侵者提供了方便的通道。

有人可能会说，无线信道也是经过加密的，应该是安全的。加密后是否安全，要具体情况具体分析。有些时候，入侵者不需要分析传输的信息内容，只要把相关的信息复制下来即可。

在用汽车的电子钥匙开关车门的时候，电磁波就发射出去了，如果附近有一个恶意的入侵者，使用相应的设备对这段电磁信号加以复制，然后做出一把钥匙，就可以打开这辆汽车。这在今天的计算机时代是很容易做到的。

同样的，对于一些控制信号也可以这样处理，这就可能会给某些系统带来灾难性的损害。

（2）破密

对于加密系统，也可以通过破密的办法来解密。当然，破密是需要大量样本的，对于开放的无线信道，为破密者提供大量样本并不是一件难事。所以，千万不要认为加密就安全。

（3）堵塞

无线信道还比较容易“堵塞”，这和利用三次握手实现 DDoS 攻击的原理虽然不同，但效果是一样的。信道被阻塞后，必然有大量的信息丢失，也可能造成不可挽回的损失。实现无线信道的堵塞很容易，在接收机附近用一个频率相同的干扰设备，只要功率够大，就会导致接收机不能正常工作。

### 2. App 的安全

随着移动智能终端的广泛使用，各类 App 也满天飞。这确实给人们的工作、学习、生活带来了极大的方便。例如，有很多花草我们不认识，用一个 App 拍张照片，App 立刻就能告诉我们这是什么花、什么草。打车、航班预订、网上购物，几乎所有活动有对应的 App。可是有相当数量的 App 存在着这样或者那样的安全问题。

（1）漏洞

很多 App 开发者并不懂安全，也不懂安全开发。他们利用一些现成的工具或者模板，很快就可以开发出一个应用，但这样的 App 存在大量的漏洞，这些漏洞很容易感染各种恶意代码或者被入侵者利用。特别是，我们的移动智能终端往往会绑定银行卡、信用卡。如果移动智能终端被人入侵，那么在使用的过程中，就可能被入侵者监控到银行卡或信用卡信息，入侵者复制相关信息，就会导致我们经济上的损失。比如，有些人没出过国，他的银行卡却有在国外消费的记录，并且真的造成了经济损失，这个问题通常与脆弱的 App 有关。

（2）故意带有恶意代码或者后门

一些 App 为了获取个人信息，就在相应的 App 软件中隐藏了恶意代码，将我们的位置信息、通话记录、电话本、短信、消费行为等属于个人隐私范畴的信息记录下来，并发送到特定的服务器，其后果可想而知。

（3）越界获取个人信息

所谓越界是指 App 在自身功能不需要的情况下获取用户个人隐私权限的行为。

### 3. 移动接入网关的安全

在移动办公中，还要有一个网关，它负责汇聚移动智能终端的连接，再接入相关的系统中。该网关还要负责管理所有接入的移动智能终端。如果该网关不安全，会导致整个系统处于不安全的状态。

## 10.4　智慧系统的安全分析

智慧交通、智慧医疗、智慧管网、智慧城市是现在的热点话题，冠以“智慧”的系统更是层出不穷。

智慧项目实际上是网络空间技术的集大成者，既涉及传统的网络，也涉及工业控制、物联网、大数据、人工智能、云计算和移动互联。当然，随着技术的进步，也可能会用到区块链技术。关于网络安全、大数据、云计算和移动互联可能引入的安全风险，前已经做了一些讨论，此处不再赘述。本节主要关注物联网与工业控制中的新风险。关于区块链的安全问题，我们会在 10.5 节讨论。人工智能的安全是一个更为复杂的问题，不属于本书的范畴，故先不讨论。

### 10.4.1　信号与数据

关于数据安全，我们讨论过关注数据的机密性、完整性保护，以及关注系统的可用性保护、数据的真实性判别等。

在智慧项目中，会经常使用控制信号，物联网与工业控制中也是如此。信号与数据有很多相同的保护需求，也有各自不同的保护需求。信号不能等同于数据。

#### 1. 信号本身并不表征特定的信息内容

虽然信号本身确实含有相应的信息，但它与某种媒体形式的数据还是有区别的，或者说，信号只是某种特定形式的数据。

信号往往来自各类感知器件，多数的感知器件是将非电量转换为电量，而电量就是控制信号，该控制信号可能会被发送到本系统的各个 IT 中心进行处理，或者直接用于反馈系统的控制量。只有在控制某个特定的执行部件时，该信号才有价值。例如，储油系统的温度传感器将温度信息传送到控制中心，或者直接控制温度调节设备，以保证油温既不过低也不过高。而在其他场合，这个信号没有任何意义。

数据则不同，例如，一段视频在 A 计算机上有价值，在 B 计算机上仍有相同的价值。

### 2. 信号的实时性要求

信号是有实时性要求的，而数据则不同。许多数据会被人们反复使用，但不允许反复使用控制信号，如果它们被使用，就可能导致灾难性事故。我们务必要清楚这一点。比如，如果一个控制动车的速度指令信号被复制后再发送给动车，就可能造成动车事故，因为在直行线路上的速度要求和转弯处的速度要求是不一样的，如果相关数据被复制重放，就可能导致动车出事故。当然，设计人员已经注意到了这一点，动车的速度指令都是有序号的，顺序不对，列车就不会执行指令。

控制信号一经使用，除了对事后的审计有意义外，再无其他意义。故对这类信息，只需要对其完整性和（实时的）可用性加以保护，其他的保护可能不那么重要。

### 3. 信号产生的环境安全

信号往往是由相应的感知器件产生的，这些感知器件（包括相应的执行部件）部署的环境往往不是室内，缺少有效的隔离手段。这就带来了两个方面的问题：一方面，感知器件更容易被破坏，不仅可能被恶意的人破坏，还有可能被动物破坏；另一方面，环境的影响也可能导致感知器件的损坏，如雷电、雨水、大风等因素。

### 4. 元器件失效问题

所有的电子元器件都有可能因使用时间过长而老化和失效。

## 10.4.2　RFID

RFID（Radio Frequency Identification，无线射频识别）技术是一种通信技术，可通过无线电信号识别特定目标并读写相关数据。RFID 系统由两部分组成：一部分是无线电收/发信机；另一部分是标识码，该标识码可以表示所定义的某个物品。RFID 读写器分为移动式和固定式两种。目前，RFID 技术应用很广，如图书馆、门禁系统、食品安全溯源等。

RFID 可分为有源的和无源的 RFID。所谓有源 RFID 就是自带电源，目前这种 RFID 应用并不普遍。得到广泛应用的是无源 RFID。无源 RFID 是靠接收阅读器发射的无线电波来激励的，它将收到的电波能转换为电流能，使 RFID 的发信机工作，并将相关的识别码信息发送给阅读器。阅读器可分为近场的（需要 RFID 贴近时才有效）阅读器和远场的（不需要 RFID 贴近，在几米甚至是几百米的距离内都可以识别）阅读器。

RFID 存在以下安全隐患。

### 1. 可复制

RFID 是可以复制的。收/发信机很容易制作，并且 RFID 的工作频段也是公开的，即使不公开，也可以检测出来。ID 码是可读的，既然能读出，就可以再写出来，因此复制并不困难。如果一个 RFID 被复制，那它所代表的物品就被复制了，这就会导致和实际情况不符的情况。例如，某知名大企业为了打假，利用 RFID 制作了防伪标签，但在回收时发现，回收的防伪标签比发出去的防伪标签多得多。

#### 2. 数据库数据可修改

RFID 本身是没有属性的，它所定义的物品完全是人为的，并且定义后往往会被输入到相应的数据库中。如果数据库的防范措施不严密，就可能导致定义的数据被篡改，进而导致相关物品丢失或者其他错误。

#### 3. 可泄露

RFID 的信息既然是可读、可复制的，那么就有可能泄露重要的隐私信息。我们的身份证、银行卡都是利用 RFID 技术实现的。如果这些信息被泄露，后果可想而知。

任何金属导体在变化电磁场中都能被激发出电流，同样，在导体中流过的电流也会在其周边产生相应的电磁场，这是法拉第定律。但是，这种感应的敏感程度与导体的尺寸和电磁场频率相关。在导体的尺寸接近电磁波波长的四分之一或者二分之一时，感应的效果最明显，也就是产生了共振。这也是天线的原理，即频率与波长成反比，频率越高，波长就越短，相应的天线的尺寸就越短。

为了保护个人信息，身份证等所采用的频率都比较低，这样感应天线的尺寸需要特别长，一般人没有相应的设备，很难去激发并接收身份证信息。但是，目前对读卡器这类设备的管理比较松懈，对这类设备的仿制也不是很困难，当这类设备靠近相关卡片时，相关的信息就会被人捕捉，信息就可能被复制。

为了保护我们的个人信息不被泄露，最好采用带有电磁屏蔽的卡套来保护各种卡片。

### 10.4.3 卫星导航与定位

导航卫星信号因为各种影响（地面的海拔高度；电波到地面时，因空气湿度等因素的影响导致延迟及折射率的变化；电离子的影响；地球磁场的影响；等等）会产生误差，使卫星给出的定位信息与实际的经纬度之间存在误差，而这个误差就会影响定位和导航的精度，甚至会出现错误。

为了消除这些误差，一般会在某一地区安装相应的差分系统，用地面的信号来校正卫星信号所导致的误差。

这就可能产生以下问题：地面上某些恶意的人员伪造差分信号，导致接收到的导航信号出现更大的错误，甚至可能是相反的信号，其后果是难以想象的。

同时，卫星信号还会受到地质因素的影响，导致定位与导航信号出现错误。笔者曾经有过这样的经历。在某大城市北部的某地区，无论汽车向哪个方向行驶，导航都会提示错误，要求在前方调头行驶。无奈之下，我顺着一个方向驶出了该地区，导航才重新规划了路线。而且，笔者在这一地区遇到过两次这样的问题，时间间隔大概是一年。

### 10.4.4 摄像头的安全问题

智能摄像头都需要嵌入式操作系统的支持，同时还要有相应的应用软件的支持。这就可能导致这些软件中存在漏洞，并被入侵者利用。近年来报道的智能摄像头被攻击的事件并不少见。

同时，许多摄像头安装在室外，极易受到物理攻击，如果再受到网络攻击，就可能导致一些严重事件的发生。

除了这些问题，本章前面所介绍的风险对于智慧系统来说也都是存在的。当然传统的网络所面临的风险，智慧系统中同样存在。

以上列出的只是智慧系统的部分风险，还是那句话——不能因噎废食，知道存在风险，我们就要防范风险。

## 10.5 区块链及其安全分析

把区块链作为新技术来讨论似乎不太准确，区块链并不是新的技术，而是一些老技术的新组合，但其思想是新的。这些老技术包括：对等网络、非对称加密、单向函数、分布式系统等。

区块链技术在近年来得到了快速发展和广泛应用，由于其不仅传输信息，也可以传递价值，因此任何高价值数据的管理、流通、共享都可以使用该技术。

### 10.5.1 区块链简介

参照百度百科的定义：区块链（Block Chain）是一种按照时间顺序将数据以块状形式进行存放的链式数据结构，并以共识算法和密码学保证数据不可篡改和不可伪造的分布式账本，具有去中心化（Decentralized）、去信任化（Trustless）、集体维护（Collectively Maintain）、可靠数据库（Reliable Database）等特点。

区块链是由于比特币的出现而得到应用的。如前所述，区块链算不上是新技术，只是在成熟技术重新组合后体现出新的思想和应用，其风险也不是新的风险，所有网络通信和计算机存储与处理时遇到的风险，也同样存在于区块链系统中。

在传统的 Internet 中，传输一个文件时，只是将该文件的一个复制件传输给了对方，原件仍然存在于自己的计算机上。这在只传输信息时没有问题，但是在传递价值时就会出现问题。假如将 A 的 100 元人民币给了另一个人 B，那么在 A 的账户或者钱包里就应该减去 100 元，而得到这笔钱的 B 的账户或者是钱包才能增加 100 元。过去，这种记账方式要通过银行等类似的“金融中心”才能实现。

区块链的思想则是要打破这种“中心记账”的方式，通过使用多个同样的账本共同记账来证明 A 已经将 100 元转给了 B。

账本就是区块，这些账本在记账的过程中会将上一笔交易也一同记录在案，而上一笔交易中又记录着上上笔的交易，这就形成了链。这个链又被打上了时间烙印（称为时间戳），于是这个链只能是从原始记录开始一笔笔地按顺序记录，逆向则是不可以的。

如果 A 想把 100 元人民币转给 B，那么他首先要向链上的所有节点广播通知（点对点的对等通信），由于激励机制的存在（争取到记账权后，会得到相应的报酬），这些节点（比特币中的矿工）就会积极地参与记账。争取记账权是要做一个数学游戏，即用哈希函数（单向函数，前面介绍过，就是相当于给一个人拍照片）来计算相应的哈希值，当某一个特定的数字出现（如多少个连续的 0）后，那么记账权就被某个节点（比如 C）拿到了，C 就对 A 在某一时刻将 100 元人民币转给了 B 进行记账。A 的账户中减少了 100 元，B 的账户中增加了 100 元，并且他会将这个记账信息（区块）同步给链上的所有节点，所有节点共同认可 C 所做的工作（智能合约）。C 节点就得到了相应的报酬。

如果区块足够多，一个入侵者要想修改账本，则需要同时把多数的账本数据都改过，才能得到大家的承认，也就是说，必须把所有账本中的 51% 都在同时间戳下改过后，这个数据才能得到大家的认可（智能合约）。所以，区块链在溯源和抗篡改方面有非常好的效果。从数据安全的角度来看，区块链能很好地解决保护数据完整性的问题。我们在前面反复强调过，保护数据的完整性和保护数据的机密性从策略上是冲突的。这里仍能反映出这种策略上的冲突。由于存在多账本，数据的完整性得到了保护，但是账本信息只要从一个节点泄露，就等于泄露了。幸好，并不是所有的数据机密性都那么重要，许多数据是不需要机密性保护的。

### 10.5.2　区块链的安全分析

虽然区块链在保护数据的完整性方面有非常独到的作用，但区块链仍然是传统计算机网络技术的新应用，所以其自身存在所有网络安全方面的风险，主要有以下几类。

#### 1. 数据泄露问题

前面已经讨论过，区块链在保护数据的完整性和对身份进行确认等方面有明显的优势，但是对于数据的机密性保护则比较薄弱。

#### 2. 由于漏洞导致的安全风险

- 算法漏洞：2014 年 12 月，blockchain.info 发生了随机数算法漏洞引发的问题。
- 协议漏洞：2016 年 8 月，Krypton 受到了 51% 算力的攻击，导致 Bittrex 的钱包中共 21 465 个 KR（代币）被盗。
- 实现漏洞：2016 年 10 月，国家互联网应急中心选取 25 款区块链软件，发现高危安全漏洞 746 个。伦敦大学的研究表明 89% 的智能合约存在漏洞。
- 使用漏洞：2017 年 7 月 19 日晚，以太坊多重签名钱包 Parity 1.5 及以上版本出现安全漏洞，15 万个以太坊 ETH 被盗。
- 系统漏洞：Mt.Gox、Bitfinex、Coincheck、币安等交易平台纷纷受到攻击。

#### 3. 币所等交易中心系统被攻击的问题

币所是数据货币的交易所，这些交易平台仍然是信息系统。既然是信息系统，就存在“保证正确的授权行为”的问题，如果没有解决好这个问题，就必然会被攻击。受到攻击并不完全因为存在漏洞，访问控制机制有问题也会导致安全问题。还是那句话——要“保证正确的授权行为”。

#### 4. 长、短链中的差错问题

由于区块链是叠加在 Internet 上的一个网络（可以将其看成一个特定应用的网络），因此网络通信可能出现中断，特别是某一个区域和另一个区域之间通过骨干网络进行通信时，如果骨干网络出现问题，就会导致这两个区域之间的通信中断。而在通信中断期间，某些区域仍然会有交易发生，等骨干网络恢复之后，就会出现一部分节点上发生了更新而另一个区域的节点上没有更新，或者两个区域中的更新不一致的情况。根据智能合约，这就要求短链服从长链，会导致错误的结果。

#### 5. 利用区块链传播有害数据的问题

区块链既可以传递价值，也可以传递信息，并且传递的信息又不能轻易被更改（一旦更改，就会导致全链出现问题）。利用这一特性，一些存在恶意的人就可能进行有害数据的传播，目前已经出现这类问题，因此这一点应该引起人们的重视。

## 10.6　数据作为生产要素情形下的安全思考

我国于 2020 年 3 月 30 日发布了《关于构建更加完善的要素市场化配置体制机制的意见》(以下简称《意见》)。在《意见》的第 6 章中，就数据作为生产要素提出了明确意见。

将数据作为生产要素，在社会上的相关探索已经开展多年。以贵阳为核心，贵州省对大数据产业进行了探索。互联网企业、网络服务商、电信与网络运营商等也都有不错的建树和积累。同时，对数据在生产过程中的安全保障也有不少探索，比如提出了 DSMM 数据安全能力成熟度模型国家标准，全知科技（杭州）公司提出了“数据作为生产资料”和“数据在生产过程中”的安全观点及相关解决方案等。这些都是非常有意义的探索，可以作为对数据生产要素研究工作的基础。

但是，我们以往对数据的保护，从等级保护体系到风险评估体系（这两个体系没有本质上的区别），从国内到国际，普遍是本着保护“资产”的原则，侧重以“保险柜”模式进行保护。因此，我们在数字经济新阶段要面对和解决新问题，比如传统数字资产保护思路是否会影响到数据作为“生产要素”，是否需要提出一个适应于数据作为“生产要素”的保护体系，等等。

实际上，笔者在贵阳探索“大数据安全的顶层设计”时，就遇到过这种问题。当时在对大数据的挖掘中发现基于数据安全属性的访问控制将失效，利用大数据挖掘可以发现个人隐私、通过已知数据可以推导出未知数据等带有生产性质的问题，但是当时没有明确地将数据作为生产要素，也没有从数据作为生产要素这一命题出发来思考。

### 10.6.1　对数据作为生产要素的思考

#### 1. 数据与其他生产要素的关系

“生产要素”概念的提出要回溯到马克思对“生产力”与“生产关系”的论述，生产力包括三要素。

- 劳动力（或劳动能力），即“人的身体（即活的人体）中存在的、每当人生产某种使用价值时就运用的体力和智力的总和”。
- 劳动资料（也称劳动手段），即劳动过程中运用的物质资料或物质条件。
- 劳动对象，即劳动过程中所能加工的一切对象，包括自然物和加工过的原材料。

生产要素本质上是生产力的构成：人、物（土地）、财（资本）、技（知识）、数。“劳动力”是人，“劳动资料”是物、财、技、数，“劳动对象”是物、财、技、数，只有当社会发展到一定阶段，某个要素才会变得更为必要。比如，狩猎时代的生产要素只有人，农耕时代突出了土地，工业时代突出了资本和技术，数字经济时代突出了数据。所以《意见》中的观点本质上是人类社会发展到新阶段的“生产力范围延伸”。

作为生产要素的数据，既有劳动资料的属性，即在生产过程中要运用的物质资料和物质条件，同时也是劳动对象，即对数据本体进行加工和再生产。

其他四项要素都具有相对的独立性，并且一般来说，这些要素随着时间的变化是渐变的过程，一般不会发生突变。

数据与其他要素之间既具备独立性特点，也存在着明显的相互作用。一方面，其他四要素可以作为数据的来源，另一方面数据又可以反作用于其他四要素。同时，这种作用可以是渐变的，也可以突变。

### 2. 作为生产要素的数据的分类与场景分析

数据作为生产要素具有广义性的特点，因此对社会的服务与治理也可以被认为是一个生产过程。

（1）数据的类别

数据作为生产要素，可分为若干类别，从国民经济行业划分可分为以下几类。

- 第一产业（比如农业）数据：包括气象、水利、土地、种子、肥料、劳动力状况、农业机械、相关能源、产业政策、相关地区历史性数据、植保、国际形势及粮食价格、医疗卫生等数据。这些数据可能直接作用于统计决策，对从事农业生产的各类主体会产生比较大的影响。对于相应的安全需求，仍然可以考虑将原始数据作为“资产”进行保护，而对于统计、分析和隐私计算的结果数据，也应该将其作为“资产”进行保护。特别应该关注的是原始数据的准确性。
- 第二产业（比如制造业）数据：制造业分为离散制造业和流程制造业，这两大类企业在将数据作为生产要素时，数据的应用过程、数据对产品的影响，以及生产出的新的数据产品各有不同，应该根据具体的生产情形进行进一步的安全需求分析。不过，工业类企业的数据复杂度并不是特别高，往往是与产品的技术、销售、企业管理等相关的数据。一般不会包含企业之外的涉及个人隐私的数据。
- 第三产业（比如服务行业）数据：包括政务、公共服务业、专门从事某一类服务的产业相关数据。之所以把政务也纳入服务性产业当中，是因为政府就是为人民服务的，当然还涉及对社会的管理和治理，但是从对大多数人的利益上来说，对社会的管理和治理也是服务；具有公共服务性质的事业机构有医疗、教育等；再有一类就是在政府指导下的公共服务类行业，如公共交通、水、电、气、暖等；还有一大类是属于纯产业性质的企业，如软件的定制开发、网络运营商、电商、物流、商品零售业等。各种类型的服务，大到对其他企业和政府部门的服务，小到对个人的服务，这类数据是最为复杂的，既包含大量个人数据，也包含企业和政府自身的数据、合作关系的其他机构的数据等。第三产业的数据作为生产要素的情形也会最为复杂，其安全需求的分析应该不容易。

当然，还可以用很多不同的分类方法去分析数据的类别，进一步研究数据分类角度对深入理解数据要素是很有意义的。特别是，我们不仅要考虑数据的当前资产价值，还要考虑数据增值（未来价值）。而对数据增值的分析和评估，也是我们对数据进行安全保护时所要考虑的。

（2）数据的生产场景分析

数据作为生产要素形成的产品可以分为两大类：一类是将数据作为物质资料和物质条件生产的实体类产品；另一类则是再生的数据类产品。所以两者组合后可能会有四种情况。

一是输入数据，数据不改变。数据直接服务于生产，包括对传统产业的改进，或者是直接作用于某一种传统的产品。而这种产品的产出并不会让数据产生任何的改变。在这样的情况下，数据仍然是资产的属性，不过是对数据的直接应用。

二是输入数据，数据改变。将数据应用到生产，作用于某种产品，同时根据生产过程中的反馈，导致数据也要发生修改。从这一点来说，数据仍然可以考虑其资产的属性，等于修改数据的权限赋予了生产过程。生产过程是主体，可以利用智能的手段或者人工的手段对数据进行修改。

三是输入老数据，生成新数据。要通过对原有数据的综合、分析、挖掘等，生产出新的数据（包括预测分析、语义引擎、聚类、分类、统计、可视化、描述性分析、诊断性分析、指令性分析等的结果），而这些新数据带来价值的提升。在这种情况下，不能只看到原有数据的资产属性，原有数据既有其资产的属性，也有作为生产原料的属性，同时还有劳动对象的属性，对其进行保护的思路是要改变的。而新生产出来的数据则仍然具有资产的属性。

四是数据共享与协同。数据共享不产生新的数据产品，也不会生产出其他的产品，但是可以避免重复性的工作，提高了效率，降低了费用。社会成本的降低也应该被认为是增殖价值的，减少投入就是收益。如将病人在一个医院的检查结果共享到其他医院，对病人来说就降低了费用，对于医院来说，也提高了相应的检查效率。对于一个人从生到死的过程，相关政府部门都要掌握相关的数据，如公安的人口管理服务、社会保障部门的服务、民政部门的服务、其他相关部门的服务等。在数据共享中，有些是必然相关的，还有些是属性随机相关的。有些数据属于基础数据，而另一些数据可能是具有情报意义的数据，特别是一些商业性的企业，对各类数据的情报分析对于相应的销售行为有非常重要的意义。

### 10.6.2 对数据保护的思考

一个完善的保护体系方案必须建立在对安全需求充分理解的基础上。安全需求则需要我们对可能的安全事件及影响进行充分的识别。无论是风险评估体系，还是等级保护体系都面临相应的挑战。

#### 1. 数据本身的安全需求分析

从风险分析的观点出发，与风险相关的三个基本因素是：数据资产价值、数据威胁和数据脆弱性。

（1）数据资产价值分析

对于作为生产要素的数据，不仅要考虑其作为资产的当前价值，还要考虑其增殖价值，如何来衡量这些价值是一个需要解决的问题。在风险评估中，对资产价值的赋值依据数据当前的安全属性，根据其保密性、完整性的安全要求，来给其进行相应的赋值。在等级保护中，《信息安全技术　网络安全等级保护定级指南》也明确提出依据业务信息（指的就是数据）的机密性和完整性进行赋值，以决定数据的安全等级，进而确定所承载系统的安全等级。而且，无论是风险评估还是等级保护，我们都是对单个数据客体进行分析，从中取最高值。

当数据作为生产要素后，对数据的赋值既要考虑当前数据安全赋值，还要考虑这些数据的增殖效应，而这个增殖效应是未来的，并且具有不确定性，由于运用这些作为“资料和条件”的劳动力（或劳动力团队）的知识水平、分析判断能力、使用的加工工具等因素的不同，增殖的结果往往会不同，其价值当然也不相同。

这个价值的评估不应该只依赖于数据的保密性、完整性，还要考虑增殖的结果本身的其他价值，比如对国计民生的意义、对国防的意义等。如何来衡量这个未来的价值，虽然需要结合具体的数据集群、劳动力集群等进行分析评估，但是最终应该给出一个相应指导方法。

在将数据作为资产来保护时，我们是对单个数据进行这样的赋值的，而作为生产要素的数据往往是一个数据集群，单个数据的价值并没有那么大。

数据的增殖价值还体现在共享这些数据劳动力（或者是劳动力团队）上。有一种说法是数据越共享，其产生的价值越大。我们需要分析的是数据共享以后，共享团队所产生的增殖价值对当前团队的意义，当前团队的利益是增加了还是受到了损害。这就要涉及共享范围和对共享对象的评估问题。

（2）数据威胁分析

与风险相关第二个因素是对威胁的分析，威胁源与其应用场景是密不可分的。对于作为资产进行的保护，我们可以用隔离的办法将相当一部分威胁源隔离出去。而对于作为生产要素的数据来说，这种隔离是不容易实现的，并且共享的团队的加入还会导致威胁源的攻击入口增加。

（3）数据脆弱性分析

与风险相关的第三个要素是自身的脆弱性问题。对于传统的结构化数据保护，由于数据量小，一般一台独立的服务器及这台服务器上的操作系统、数据库和应用程序所构成的计算环境就可以提供对该数据的基本保护（授权机制），但是对于作为生产要素的数据，其中有大量的非结构化数据，而这些数据“量”很大，某些应用数据已经达到 TB 级别，未来可能会达到 PB 级甚至更高，此时，一台服务器及相关的计算环境是无法对该数据进行基本保护的。同时，在生产的过程中，数据处于流动状态，动态化、多用户都构成了相应的脆弱性。

我们对数据作为生产要素存在的风险的认识还是初步的。对于更多更细的问题，我们还没有认识到。

#### 2. 数据技术衍生的安全风险

在利用生产过程中可能产生安全风险，主要是利用已知条件推导出未知因素。风险主要是两大方面，一方面是个人隐私的泄露问题，另一方面是敏感信息的泄露问题。

利用已知推导未知是大数据的普遍的分析方法，这也是一个生产过程。

利用导航定位数据为一个人的活动进行画像，并不是一件困难的事；通过手机联系人的关联，很容易分析一个人的朋友圈；等等。如果这些仅仅是为了商业利益，并且有适度的管控，没有什么问题。但是，如果数据被恶意利用，就可能导致重大的安全问题。

同样，利用已知的公开数据有可能推导出一个机构的未知数据，如果推导出的数据是该机构的敏感数据，那么这对该机构会造成很大威胁。

### 10.6.3 对安全解决方案的思考

#### 1. 负信任的问题

全知科技（杭州）的方兴先生提出了“负信任”的问题，这是一个针对“零信任”概念所提出的，笔者并不认为“零信任”是新理念，而认为它是在新包装下的正确安全理念的回归。可这个回归仍然将数据作为资产保护的基础。

负信任的提出者认为：零信任体系是我信任、我赋权的主体对象，但我无法信任当前登录的用户就是我相信的那个主体，因此我需要结合很多维度的信息来识别对象，比如结合登录设备指纹、用户的登录方式，同时根据登录场景和工作需求给予用户最小化的授权，并在以后各自的变化中持续验证这个主体对象。负信任是对零信任的进一步深化。

而“负信任”是因为在生产过程中，从效率和成本角度来看，我们很难将生产交给完全可信的主体对象去完成，很多时候我们必须依赖不那么可信的人来完成生产过程，也就是说，我必须将权限给予不可信任的对象去完成生产，但我无法相信他，因此要以一种“监工”的身份对主体对象的行为遵从性进行监督，同时还要观察数据对象的各自状态变化来确认安全状态。

在数据作为生产资料的情形下，负信任的问题是我们必须面对的。在零信任条件下，我们还可以建立一个主体对应一个客体的细粒度的依据数据属性授权的访问控制机制，而在生产的情形下，这种细粒度的访问是做不到的。

如在数据的挖掘过程中，一个主体面向的是一个数据集群，而不是一个单一的数据客体。在这个数据集群中，虽然各个客体都有自己强调的安全属性，但是为了挖掘的实现，我们不能依赖于这些数据的属性，而必须将这些数据一起交给一个挖掘主体。而这个主体在正常情况下所关注的应该是这个数据集群中某些具有特征信息的量，而不是每个数据客体中的全部。

同样，一个数据集群所面对的也不是完成某一任务的单独的一个主体，单一任务可能面向多个主体，同时还可能面向多个任务。

在这样的条件下，提出“负信任”的概念是有合理性的。

#### 2. 安全解决方案的思考

对数据作为生产要素情形下的安全解决方案，目前还只能停留在思考的层面，这终归是一个新命题，短期内很难提出一个完整的解决方案体系。

（1）数据的分区管理

在现实社会中，一个生产型的企业会将原料、半成品、加工车间和成品分区分域进行管理，相应的库房也分为材料库、半成品库、成品库等，这样就非常方便进行管理了。材料库还可以再细分为一般性的原材料库和重要的原材料库，加工原料要有相应的“领料”手续，而在生产过程中，还要有过程上的管理，包括质量的管理和材料的管理，甚至有些“废料”都是要进行管理的。可以认为网络空间安全的规则与方法是现实社会安全规则与方法在网络空间中的映射，相应地，对于“数据作为生产要素”，我们也完全可以参照现实社会中的规则和方法进行分区管理。

建议按照图 10-2 的方式做基本的分区。

对于数据的其他区域，仍然可以按照“数据是资产”这一思想进行保险柜式的保护，相应的国家的等级保护制度及相关的各类安全标准能够解决这一问题。下面讨论生产区安全方案的几个重点问题。

- 对主客体的评估。对于客体的评估，一是要考虑到当前的价值，二是要考虑增殖价值，而增殖价值不能简单地依据数据的安全属性进行分析，还要考虑这个数据集群整体蕴含的价值，同时要考虑所蕴含的价值会对国家安全、经济建设、公众利益、社会秩序、公民与法人的利益产生的影响。对主体的评估主要是分析这些主体将当前的数据集群作为生产资料时的目的，并这些主体团队的背景等进行分析，关于 DSMM 的国家推荐标准《信息安全技术 数据安全能力成熟度模型》( GB/T 37988—2019 ) 可以作为参考。

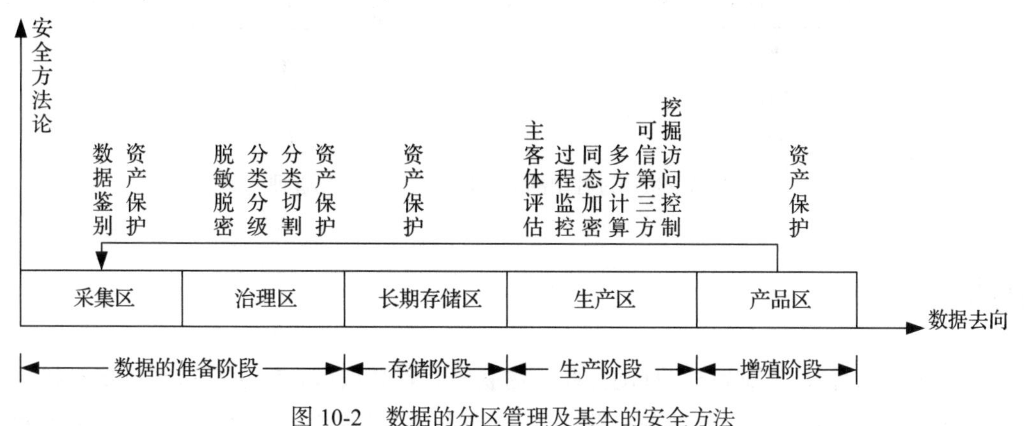

图 10-2 数据的分区管理及基本的安全方法

- 对生产过程的监控，我们将在下文中进一步说明。
- 隐私计算场景。同态加密、多方计算等方式的引用及可信第三方的引入，使数据可用而不可见。数据挖掘的访问控制模型是一个还没有公开发表的模型，是 TBAC 的改造模型，目的也是使数据可用而不可见。

（2）生产过程的监控

在将数据作为资产进行保护的情形下，计算环境中一个非常重要的安全模块是访问监控器，这是操作系统安全子系统的核心，许多应用程序也会参考这个模型设计具体应用的访问控制问题。如图 10-3a 所示，这个访问监控器只能做到一个主体访问一个客体，而对于将数据作为生产要素的生产过程，它将无法完成相应的监控和授权机制。为此笔者提出了图 10-3b 所示的思路。

首先在图 10-3b 中，访问控制规则是不可能规划成细粒度的，经过对主体评估后，应该允许这个主体（可以是用户，也可以是用户组）对数据池（数据集群中的子集或者全部）具有访问的权力，当然，数据池可以是数据集群的全部，也可以是一个子集。导入生产用的数据池中的数据应该是经过各种治理后的数据。

操作主体也可能是多个主体。图 10-3b 中增加了一个行为监控规则库，这个规则库应该是根据数据集群中的数据进行评估后，提出的一个最低限度。当违背规则的行为发生时，规则库可以进行干预。应该说明的是，审计并不能代替基于行为的规则对操作进行控制，审计是对操作的记录，而不是控制。还要利用区块链技术对数据的去向进行跟踪，包括计算结果数据以及计算主体使用过的数据。

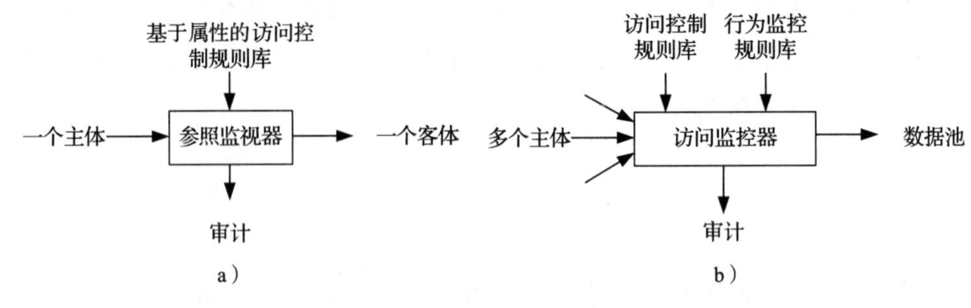


图 10-3 生产过程中的对数据加工的监控和管理

# 小结

近年来，云计算、大数据、移动互联、物联网及智慧城市、区块链这些新技术和新应用发展迅速，同时也引入了一些新风险。本章分别介绍了各类新技术与新应用所引入的新风险，请读者务必注意这里的“新”字，所说的新风险是由新技术和新应用自身引入的，但并不是原来存在的风险没有了，原来的风险依然存在。

# 第 11 章

# 信息安全工程

网络安全是一个复杂的系统工程，所以需要依赖系统工程的方法来解决。这里使用信息安全工程的概念，是因为几个主要的国际标准都使用了这个概念。实际上，这里说的信息安全与我们所说的网络（空间）安全是基本上等价的。

信息安全工程是采用工程的概念、原理、技术和方法来研究、开发、实施和维护网络系统安全的过程。

工程方法对于安全来说也是十分重要的，如铁路、民航、交通部门要检查旅客的行李，可以开包检查，这种方法不仅检查效率比较低，而且可能会发生漏检的情况。特别是，如果有人恶意对箱包进行了某些改造或者伪装，就可能逃过检查人员的眼睛。但是，如果我们用工具检查，就能在很大程度上避免漏检问题。开包检查和工具检查的目的是一样的，结果却不相同。这就说明工程方法的不同会导致不同的结果。

网络安全中也是有工程问题的。实际上，我们在 6.3.3 节中已经涉及了工程问题，分发与操作就是一个工程问题。

## 11.1 安全工程

### 1. 安全工程的定义

安全工程是一个正在进化的领域，当前尚不存在一个精确的、业界一致认可的定义。然而，可以对安全工程进行概括性的描述。安全工程的目标是：

- 获取对企业的安全风险的理解。
- 根据已识别的安全风险建立一组平衡的安全要求。
- 将安全要求转换成安全指南，这些安全指南将被集成到一个项目实施的其他科目活动和系统配置或运行的定义中。

- 在正确有效的安全机制下建立信心和保证。
- 判断系统中和系统运行时残留的安全脆弱性对运行的影响是否可容忍（即可接受的风险）。
- 将所有科目和专业活动进行集成，作为一个可以共同理解的可信系统安全。

### 2. 安全工程组织

各种不同类型的组织都会涉及安全工程活动，例如：

- 开发者；
- 产品销售者；
- 集成商；
- 购买者（获取组织或最终用户）；
- 安全评价组织（系统认证者、产品评价者、运行许可批准者）；
- 系统管理员；
- 可信第三方（认证授权）；
- 咨询 / 服务组织。

### 3. 安全工程的生命期

在整个生命期中执行的安全工程活动包括：

- 前期概念；
- 概念开发和定义；
- 证明与证实；
- 工程实施、开发和制造；
- 生产和部署；
- 运行和支持；
- 淘汰。

### 4. 安全工程与其他科目

安全工程活动与许多其他科目有关系，其中包括：

- 企业工程；
- 系统工程；
- 软件工程；
- 人力因素工程；
- 通信工程；

- 硬件工程；
- 测试工程；
- 系统管理。

因为运行安全影响的是系统的保障和残余风险的可接受性，是开发者、集成商、买主、用户、独立评价者和其他组织共同建立的，所以安全工程活动必须要与其他外部实体进行协调。也正是因为存在与其他部分的接口且活动交互贯穿于组织的方方面面，所以安全工程与其他工程相比更加复杂。

#### 5. 安全工程的特点

在目前的安全和业务环境下，安全工程和信息技术安全在大多数情况下已成为主流的科目，但其他传统安全科目，如物理安全、人员安全也不容忽视。安全工程必须要吸取这些传统安全科目和其他能更有效发挥作用的规范部分。下面给出一些专业安全科目的例子，每一个例子均包括简短的描述。

- 运行安全——运行环境安全和安全运行态势维护。
- 信息安全——在操作和处理中的信息和信息安全维护。
- 网络安全——包括网络硬件、软件和协议的保护，也包括对网络上传输的信息的保护。
- 物理安全——注重建筑和物理场所的保护。
- 人员安全——有关人员的可信度和安全意识。
- 管理安全——有关安全管理方面和管理系统的安全。
- 通信安全——有关安全域之间的通信保护，特别是信息在传输介质上传输时的保护。
- 辐射安全——涉及所有机器设备将未期望产生的信号发射到安全域外部。
- 计算机安全——专门处理所有类型的安全计算设备。

国际上主要有三个比较典型的信息安全工程方面的标准，第一个是美国国家安全局制定的信息保障技术框架，其中第 3 章提出了信息安全工程过程（ISSE）；第二个是信息安全工程成熟度模型（SSE-CMM）；第三个是 CC 标准（ISO 15408）的第三部分，分发与操作就是由这个标准提出的。

## 11.2 信息安全系统工程过程

ISSE 的思路来源于美国军方。在系统工程（SE）的基础上逐渐开发并形成了信息安全的系统工程。1994 年 2 月发布的《信息安全系统工程手册 V1.0》已成为美国军方信息安全建设中的指导文献之一。

ISSE 由系统工程过程发展而来，其风格仍然沿袭了以时间维划定工程元素的方法学。这种方法学按工程的阶段来分配相关任务，这就很好地将整个工程项目进行了分解，不同时期完成不同时期的工作，解决了主要矛盾，并且各阶段的任务非常明确，各阶段之间也存在承接关系。图 11-1 是一个通用的系统工程过程。

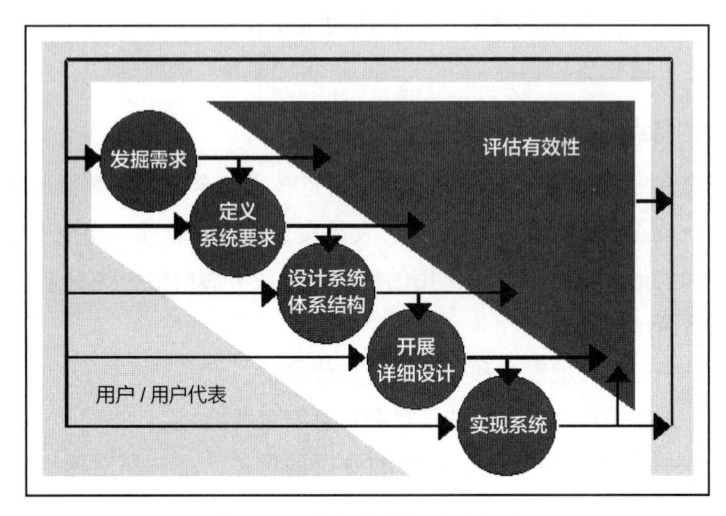


图 11-1　通用的系统工程过程

实际上，信息安全系统工程过程也遵循这一过程，将一个信息安全保护任务分步骤、按顺序、有反馈地完成。第一步是发掘信息保护的需求，第二步是定义安全保护系统，第三步是设计安全保护系统，第四步是实施，第五步是评估其有效性。

### 1. 发掘信息保护需求

图 11-2 给出了发掘信息保护需求的过程。

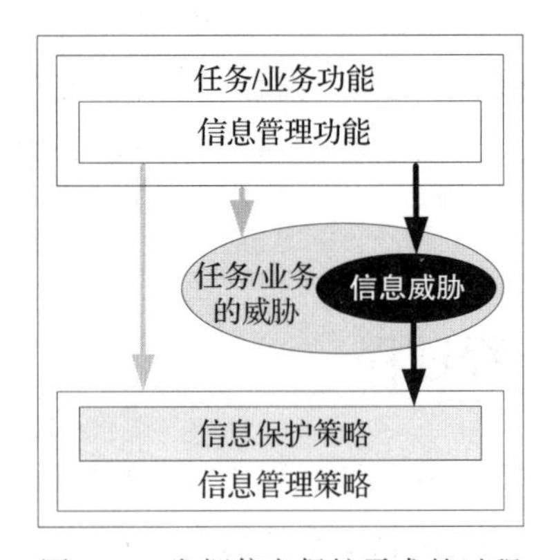


图 11-2　发掘信息保护需求的过程

发掘信息保护需求过程包括任务信息分析、用户分析、威胁分析和安全策略的制定。

1）任务信息分析应该包括：

- 用户的业务应用调查与分析；
- 需要保护的目标的分析，特别是对所要保护的数据要分属性、分等级；
- 信息系统的分析，实际上就是对网络与计算环境的分析，比如，是采用物理机还是云架构，要采用的操作系统、数据库、应用程序，等等。

2）用户分析。这里包括信息的具体用户分析，用户与信息系统、信息的交互实质，用户在信息保护生命周期各个阶段的角色、责任、权力。

3）威胁分析。这里包括对威胁源在哪里、这些威胁源的性质和强度的分析，以及可能造成某个结果的事件或对系统造成危害的潜在事实。

以上步骤就是风险分析的过程。

4）安全策略的制定。安全策略是指以正式形式出现的、经管理层同意和批准的、规定了组织行为方向和行为自由程度的途径。

信息安全策略是一组规则，这组规则描述了一个组织要实现的信息安全目标和实现这些信息安全目标的途径。这组规则实际上是从安全需求分析中得出的结论的基础上，制定的总体保护指导方针。基于属性的保护策略是安全策略的核心。这组策略要解决的是哪些数据资产需要做什么样的保护，也就是说：要分清楚这些数据资产是需要做机密性保护、完整性保护，还是要做机密性与完整性同样强度的保护；系统的连续性运行的要求如何，需要 7×24 小时的可靠运行，还是系统不需要这样的运行强度。例如，对于一般的办公系统，下班后使用系统的人就少了，不需要太高的强度。

对于保护机密性，在计算环境中就得要求其访问控制采取保护机密性（向上写、向下读）的策略，同时做好剩余信息保护，删除有敏感信息标记的数据（一定要粉碎）。对于保护完整性，我们就要强调保护完整性的访问控制模型（向下写、向上读），要利用好回滚功能。对于机密性保护和完整性保护有同等要求的数据，我们就要遵循保护机密性优先的原则，用访问控制机制来确保数据不会被泄密，同时用完整性校验等技术来解决完整性保护的问题。

### 2. 定义信息保护系统

制定总体策略之后，就要根据需求分析，将策略分配到计算环境和网络通信环境中，从网络边界、网络通信、计算环境的保护等方面进行分析，看看哪些环节会导致该策略被破坏。还要制定各个环节的分策略。

对于这样的系统保护需求，需求分析是否准确、妥当，还需要在后面的运行过程中进行检验，一旦发生安全事件，还要检查这个策略的正确性，并对其进行修改和重新部署。

### 3. 设计信息保护系统

根据所定义的保护系统进行设计，如在边界上采用何种隔离措施、隔离哪些主体、允许哪些主体通过边界、网络通信的安全保障问题、在安全控制范围之内的通信保护、在安全控制范围之外的通信保护，等等。对于计算环境，我们要考虑如何对操作系统、数据库、应用程序授权，如何保证这个授权；如何制定和部署检查、检测机制；哪些数据需要进行隐藏保护，是否需要部署一些用于欺骗入侵者的蜜罐；等等。接下来就要考虑使用哪些产品、技术和服务来解决这些安全设计的问题。例如，边界上是部署防火墙还是入侵防御系统，防火墙的策略怎么部署，通信过程是否要加密，采用对称加密还是用非对称加密，算法、密钥的要求，通信信道的隐藏，数据信道与密钥信道的分开，网络要考虑分区保护，等等。在计算环境中，还要考虑数据在存储状态（静态）下的保护、在暂态情况（正在处理的）的保护，对于集中式的存储、分布式的存储与处理的保护，对于大数据挖掘时的访问控制，等等。我们在选择操作系统、数据库和开发应用程序时，就要把这些要素都考虑进去。对于需要强大保护的系统，操作系统、数据库就必须考虑选择高安全要求的产品，同时还要部署相应的检查、检测、监控的产品。对于云环境，还要考虑如何为用户构造一个相对安全的独立空间，用什么技术、产品才能将这样的空间隔离出来，等等。开发应用程序之后，还要考虑进行代码检测或者黑盒测试，以发现代码本身的存在的安全漏洞等。

### 4. 实施信息保护系统

接下来就是实施，实施不是买来产品并进行部署就可以了，最重要的是策略的部署。如果安全产品本身没有部署策略，则该产品就没用，甚至会有害。还要考虑这些策略的统一性、是否与总体策略有矛盾等。

### 5. 评估信息保护系统的有效性

评估信息保护系统的有效性时，一方面是从理论上进行评估，主要是看总体策略是否与总体的保护需求一致、各个分属的安全策略是否与总体策略一致、各个分属的安全策略是否如期进行了部署，以及各个产品之间是否进行了协同联调。另一方面要进行一些模拟的检验、测试，看整体上是否有效地保护了相应的目标。

评估系统的有效性既要在信息保护系统实施之后进行，也要在整个工程过程中，从业务需求分析开始考虑有效性的评估问题。应该由两部分人来完成这一任务，而且对有效性的评估应该由另外的团队来完成。

在上述五个动作中，每个动作都有向前反馈的要求，并且在运行中要不断进行调整和整改。

### 6. 基本的原则

ISSE 提出了以下几个基本的原则。

**原则 1**：始终将问题空间和解决方案空间相分离。

"问题"是"我们期望系统做什么"，"解决方案"是"系统怎样实现我们的期望"。

**原则 2**：问题空间要根据客户的任务或业务需求来定义。

如果客户的需求不是基于其任务或业务需求而提出的，则最终系统可能难以满足客户的需求。客户经常与工程师讨论技术或对解决方案的想法，而不是告诉工程师问题在哪里。系统工程师和信息系统安全工程师必须把客户的想法放到一边，发掘客户的需求。

**原则 3**：解决方案空间要由问题空间驱动，并由系统工程师和信息系统安全工程师来定义。

总之，问题是客户的，客户的任务或业务是系统的支持目标。然而，客户并不总是擅长发掘并记录问题。工程师应当帮助客户发掘并记录这些需求。同时，系统工程师（而非客户）要精通解决方案的设计。

## 11.3 系统安全工程能力成熟度模型

ISSE 各阶段的任务非常明确，各阶段之间也存在承接关系，但也暴露出了以下不足：很多安全要求应该贯彻在整个工程过程中，尤其是信息安全的保证要求，然而 ISSE 对其缺乏有针对性的讨论。此外，信息安全内容极其庞杂，一次完整的信息安全工程过程往往涉及多个复杂的安全领域，而有些领域的时间过程性不明显。所以，以时间维为线索的描述方式不适用于这些内容。

系统安全工程能力成熟度模型（Systems Security Engineering-Capability Maturity Model，SSE-CMM）是一个过程参考模型。它关注的是信息技术安全（Information Technology Security，ITS）领域内某个系统或者若干相关系统实现安全的要求。在 ITS 领域内，SSE-CMM 关注的是用来实现 ITS 的过程，尤其是这些过程的成熟度。SSE-CMM 的目的不是规定组织使用的具体过程，更不是具体的方法，而是希望准备使用 SSE-CMM 的组织利用其现有的过程——那些以其他信息技术安全指导文件为基础的过程。本标准的范围包括——涉及整个生存周期的安全产品或可信系统的系统安全工程活动：概念定义、需求分析、设计、开发、集成、安装、运行、维护以及最终退役；对产品开发商、安全系统开发和集成商，以及提供计算机安全服务和计算机安全工程组织的要求；适用于从商业界到政府部门和学术界的各种类型和规模的安全工程组织。

过程能力成熟度方法的基础是 CMM（能力成熟度模型）。CMM 的 1.0 版本在 1991 年 8

月由卡内基·梅隆大学软件工程研究所（SEI）发布，在多次讨论和修订后成为软件界用来评审软件开发工程的业界标准。同期，美国国家安全局也开始了对信息安全工程能力的研究，并选取了CMM的思想作为其方法学，正式启动了SSE-CMM（《系统安全工程 – 能力成熟度模型》）的研究项目。预研阶段开始于1993年4月，于同年12月结束。

目前，我国也采用了这个标准，标准号为GB/T 20261—2006。

## 11.3.1　CMM的概念

SSE-CMM是系统安全工程能力成熟度模型（System Security Engineering Capability Maturity Model），它描述了一个机构的安全工程过程必须包含的本质特征。SSE-CMM与ISSE最大的区别在于，它没有基于时间维规定特定的工程过程和步骤，而是汇集了工业界普遍使用的信息安全工程实施的方法。导致这种不同的原因是，SSE-CMM的重要用途在于对信息安全工程能力进行评估，因为它是信息安全实施的标准化评估准则，显然，采纳CMM的思想更有利于评估和改进的实施。

SSE-CMM覆盖了以下内容：

- 工程的完整的生命周期；
- 整个机构，包括其中的管理活动、组织活动和工程活动；
- 与其他科学和领域并行的相互作用，如系统、软件、硬件、人的因素和测试工程以及系统的管理、运行和维护；
- 与其他机构的相互作用，包括采办、系统管理、认证认可和评估机构。

SSE-CMM模型的描述中包括对其基本原理方法学和体系结构的全面描述、对模型的高层综述、正确运用此模型的建议、对SSE-CMM实施的建议以及对模型属性的描述。此外，SSE-CMM还包括开发该模型的要求。SSE-CMM是一个对信息安全工程能力的评估文档，其评估方法必然需要得到标准化和公认，所以在SSE-CMM开发的过程中，SSE-CMM的评估方法也在同步发展。

SSE-CMM提供了一套业界范围内（包括政府及工业）的标准度量体系，其目的在于建立安全工程并促进其成为一个成熟的、可度量的学科。SSE-CMM模型及评定方法确保了安全是处理硬件、软件、系统和组织安全问题的工程实施活动后得到的一个完整结果。该模型定义了一个安全工程过程应有的特征。这个安全工程对于任何工程活动均是清晰定义的、可管理的、可测量的、可控制的并且是有效的。

### 1. 过程改进

过程是为了一个指定的目标而执行的一个步骤序列。它是任务、支持工具、涉及产品和某些最终结果（如产品、系统）更新的有关人员组成的系统。由于认识到过程是产品成本、进度和质量的决定性因素之一（其他决定因素为人员和技术），各种各样的工程组织开始关注改进它们生产产品过程的途径。

过程能力涉及一个组织的潜在能力。它是一个组织能达到的能力范围。过程能力是对项目实际结果的测量，但对于一个特定的项目，其测量结果有可能落入或不落入这个范围内。一个特定的范围定义了能力，而且变化的限度是可预知的。

另一个概念是过程成熟性。这个概念表明一个特定过程被清晰定义、管理、测量、控制的程度及有效性。过程成熟性意味着能力增长潜力，并表明一个组织过程的丰富程度以及在整个组织中应用的一致性。

CMM 是一个框架，它用于将一个工程组织从一个特定的、组织不善、效率不高的状态转化成高度结构化且高效的状态。使用这样一种模型是一个组织将他们的活动制约于统计过程控制下的手段，其目的在于提高他们的过程能力。通过使用软件的 CMM，许多软件组织都在成本、生产力、进度以及质量上获得了良好的效果。SSE-CMM 的开发也是基于这样的期望，即在安全工程中使用统计过程控制概念以促进在预期的成本、进度及质量范围内开发出安全系统和可信产品。

#### 2. 期望结果

基于软件与其他行业的对比，过程和产品的改进的一些结果是可预见的，具体讨论如下。

（1）改进可预见性

随着组织的成熟，第一个可期待的改进是可预见性。随着能力的提高，项目目标与实际结果之间的差异将会减少。例如，处于 1 级的组织通常会很大程度地延误项目原始计划的交付日期，而当组织处于较高能力级别时，它应能够以较高的精确度预见项目成本和进度的结果。

（2）改进可控制性

随着组织的成熟，第二个可期待的改进是可控制性。随着过程能力的提高，增加的结果将被用于建立更准确的修订目标。对不同的修正活动的评估可基于当前过程经验和其他项目过程结果，以便选择最好的控制测量应用。因此，具有高能力级别的组织将在可接受的范围内更有效地控制性能。

（3）改进过程有效性

随着组织的成熟，第三个可期待的改进是过程有效性。目标结果随着组织成熟性的提高而改进。随着组织逐渐成熟，产品开发成本降低，开发时间缩短，生产率和质量提高。由于 1 级组织有大量为纠正错误而重做的工作，因此开发时间会变长。相反，较高成熟级别的组织通过增加过程的有效性和减少昂贵的重复工作，可缩短整个开发时间。

### 3. 注意事项

（1）CMM 不是定义了工程过程

CMM 对于组织机构而言是一个如何定义过程、如何随着时间不断改进所定义的过程的指南。无论执行什么特殊的过程都可使用这个指南，而不是“CMM 定义了工程过程”。对于过程定义、过程管理监控及组织机构的过程改进，CMM 给出了什么活动是必须执行的，而不是精确地指定这些特定的活动应如何执行。

面向特定科目的 CMM（如 SSE-CMM），要求执行某些基本的过程活动。这些基本的过程活动是科目中的一个部分，但这些模型并不精确地指定这些工程活动应如何执行。

CMM 的内在基本哲学是让工程组织开发、改进对他们最有效的工程过程。这基于一种能力，即在整个组织内定义、文档化、管理和标准化这些工程过程的能力。这个哲学并不注重任何特定的开发生命期、组织结构或工程技术。

（2）CMM 不是手册或培训指南

CMM 的目的在于为组织机构改进他们所执行的特定过程能力（如安全工程）提供一个指南，而不是用来帮助个人改进他们特定的工程技巧的“手册或培训指南”。CMM 的目标是通过采纳 CMM 中描述的思想和使用 CMM 中定义的技术指南，来达到组织机构对工程过程的定义和改进。

（3）SSE-CMM 不是产品评价的替代

以 CMM 来评价组织级别从而代替产品的评估或系统认证是不太可能的。但是，CMM 模型无疑能够对第三方认为 CMM 脆弱的方面进行分析。在统计过程控制下的过程并不意味着没有缺陷，而是缺陷是可预见的。因次，抽取一些产品作为样本进行分析仍是必要的。

任何期望通过使用 SSE-CMM 而获益的想法都基于对使用软件 SEI CMM 的经验的理解。为了能使得 SSE-CMM 起到评价与认证的作用，安全工程业界需要就安全工程中成熟性的含义达成共识。如同软件的 SEI CMM，当 SSE-CMM 在业界继续使用时，须不断地研究如何进行评价与认证。

（4）SSE-CMM 文档

当阅读一种 CMM 文档时，很容易被过多的隐含过程及计划所困扰。CMM 模型包括要求对过程和步骤的文档化，并要求保证执行文档化的过程和步骤。CMM 模型要求一些过程、计划以及其他类型的文档，但它并没有明确要求文档的数量或文档的类型。一个简单的安全计划可能满足许多过程区的需要。CMM 模型仅仅指明必须文档化的信息类型。

## 11.3.2　模型概念简介

本节详细描述对 SSE-CMM 的有效理解、解释及使用都至关重要的概念。有些概念专门用于该模型，如“通用实施”和“基本实施”。本节要讨论的概念如下。

### 1. 组织和项目

在 SSE-CMM 中使用组织和项目这两个术语的目的在于区分组织结构的不同方面。其他结构的术语，如“项目组”也存在于商务实体中，但缺乏在所有商务组织间共同可接受的术语。之所以选择这两个术语，是因为大多数期望使用 SSE-CMM 的人都在使用并理解它们。

#### 组织

就 SSE-CMM 而言，组织被定义为：公司内部的单位、整个公司或其他实体（如政府机构或服务分支机构）。在组织中存在许多项目，且这些项目被作为一个整体加以管理。组织内的所有项目一般遵循上层管理的公共策略。一个组织机构可能由同一地方分布的或地理上分布的项目与支持基础设施组成。

术语“组织”的使用意味着一个支持共同战略、商务和过程相关功能的基础设施。为了产品的生产、交付、支持及营销活动的有效性，必须存在一个基础设施并对其加以维护。

#### 项目

项目是各种实施活动和资源的总和，这些实施活动和资源用于开发或维护一个特定的产品或提供一种服务。产品可能包括硬件、软件及其他部件。一个项目往往有自己的资金、成本账目和交付时间表。为了生产产品或提供服务，一个项目可以组成自己专门的组织，也可以由组织建立成一个项目组、特别工作组或其他实体。

在 SSE-CMM 的域中，过程区划分为工程、项目和组织三类。组织类与项目类的区分是基于典型的所有权。SSE-CMM 的项目针对一个特定的产品，而组织结构拥有一个或多个项目。

### 2. 系统

在 SSE-CMM 中，系统是指：

提供某种能力用以满足一种需要或目标的人员、产品、服务和过程的综合。事物或部件的汇集形成了一个复杂或单一整体（即一个用来完成一个特定或一组功能组件的集合）。

一个系统可以是一个硬件产品、硬软件组合产品、软件产品或一种服务。在整个模型中，术语“系统”的使用是指需要提交给顾客或用户产品的总和。当说某个产品是一个系统时，意味着必须以规范化和系统化的方式对待产品的所有组成元素及接口，以便满足商务实体开发产品的成本、进度及性能（包括安全）的整体目标。

### 3. 工作产品

工作产品是指在任何执行过程中产生的所有文档、报告、文件、数据等。SSE-CMM 不是为每一个过程区列出各自工作产品，而是按特定的基本实施列出“典型的工作产品”，它的目的在于对所需的基本实施范围可做进一步定义。列举的工作产品只是说明性的，目的是反映组织机构和产品的范围。这些典型的工作产品不是“强制”的产品。

### 4. 顾客

顾客是指为其提供产品开发或服务的个人或实体组织，顾客也包括使用产品和服务的个人和实体组织。SSE-CMM 涉及的顾客可以是经商议的或未经商议的。经商议是指依据合同来开发基于顾客规格的一个或一组特定的产品。未经商议是指市场驱动的，即市场真正或潜在的需求。一个顾客代理（如面向市场或产品代理）也代表一种顾客。

为了语法上表述的方便，SSE-CMM 在大多数场合下使用单数的顾客。然而，SSE-CMM 并不排除多个顾客的情况。

注意，在 SSE-CMM 环境中，使用产品或服务的个人或实体也属于顾客的范畴。这和经商议的顾客相关，因为获得产品和服务的个人和实体并不总是使用这些产品或服务的个人或实体。SSE-CMM 中术语“顾客”的概念和使用是为了识别安全工程功能的职责，因此需要包括使用者这样的全面顾客概念。

### 5. 过程

过程（process）是指为了一个给定目的而执行的一系列活动。这些活动可以重复、递归和并发地执行。有的活动将输入工作产品转换为输出工作产品并将其提供给其他活动。输入工作产品和资源的可用性以及管理控制制约着允许的活动执行顺序。一个充分定义的过程包括活动定义、每个活动的输入 / 输出定义以及控制活动执行的机制。

在 SSE-CMM 中涉及几种类型的过程，其中包括“定义”和“执行”过程。“定义”过程是为了组织或由组织为它的安全工程师使用而正式描述的过程。这个描述可以包含在文档或过程资产库中，“定义”过程是组织安全工程师计划要执行的过程。“执行”过程是安全工程师实际实施的过程。

### 6. 过程区

过程区（Process Area，PA）是一组相关安全工程过程的性质，当这些性质全部实施后，则能够达到过程区定义的目的。

过程区由基本实施（BP）组成。这些基本实施是安全工程过程中必须存在的性质，只有当所有这些性质完全实现后，才能满足过程区的要求。这个概念将在下文中进一步展开介绍。

### 7. 角色独立性

SSE-CMM 过程区是实施活动组，当把它们结合在一起时，会达到一个共同目的。但实施组合的概念并不意味着一个过程的所有基本实施必须由一个个体或角色来完成。所有的基本实施均以动宾格式构造（没有特定的主语），以便尽可能减少一个特定的基本活动属于一个特定的角色的情况。这种描述方式可支持模型在整个组织环境中被广泛地应用。

### 8. 过程能力

过程能力（Process Capability）是一个过程可达到的可量化范围。SSE-CMM 评定方法（SSAM）是基于统计过程控制的概念，这个概念定义了过程能力的应用。(后面将进一步描述此评定方法)。SSAM 可用于项目或组织内每个过程区能力级别的确定。SSE-CMM 的能力维为域维中安全工程能力的改进提供了指南。

### 9. 制度化

制度化是建立方法和实施步骤的基础设施和组织文化。即使最初定义的人已离开，制度仍会存在。SSE-CMM 的过程能力维通过提供实施活动、量化管理和持续改进的途径支持制度化。按照这种方式，SSE-CMM 声称组织明确地支持过程定义、管理和改进。制度化提供了通过完善的安全工程性质获得最大收益的途径。

### 10. 过程管理

过程管理是一系列用于预见、评价和控制过程执行的活动和基础设施。过程管理意味着过程已定义好（因为没有人能够预见或控制未加定义的东西）。注重过程管理的含义是项目或组织在计划、执行、评价、监控和校正活动中既要考虑产品相关因素，也要考虑过程相关因素。

### 11. 能力成熟模型

当过程定义、实现和改进时，一个像 SSE-CMM 这样的能力成熟模型（CMM）描述了过程进步的阶段。CMM 通过确定当前特定过程的能力以及在一个特定域中识别出最关键的质量和过程改进问题，来指导选择过程改进策略。一个 CMM 可以以参考模型的形式来指导开发和改进成熟的和已定义的过程。

一个 CMM 也可用来评定已定义的过程的存在性和制度化，该过程执行了相关实施。一个能力成熟模型覆盖了所有用以执行特定域（如安全工程）任务的过程。一个 CMM 也可用以覆盖确保有效的开发和人力资源使用的过程，以及产品和工具通过引入适当的技术来加以生产的过程。但这部分内容目前尚未包括在安全工程 CMM 中。

## 11.3.3 模型体系结构

SSE-CMM 是一个较好的安全工程实施模型。为理解这个模型，需要一些安全工程的背景知识。本章提供了对安全工程的详细描述，然后描述了模型的体系结构如何反映这个基本认识。

### 1. 安全工程过程概述

SSE-CMM 将安全工程划分为三个基本的过程区域：风险、工程、保证。可以单独地对它们加以考虑，但这并不意味着它们之间截然不同。在最简单的级别上，风险过程识别出所开发的产品或系统的危险性并对这些危险性进行优先级排序。针对危险性所面临的问题，安全工程过程要与其他工程一起确定和实施解决方案。最后，由安全保证过程来建立解决方案的信任并向顾客传达这种安全信任。

总的来说，这三个过程区域共同实现了安全工程过程结果所要达到的安全目标，如图 11-3 所示。

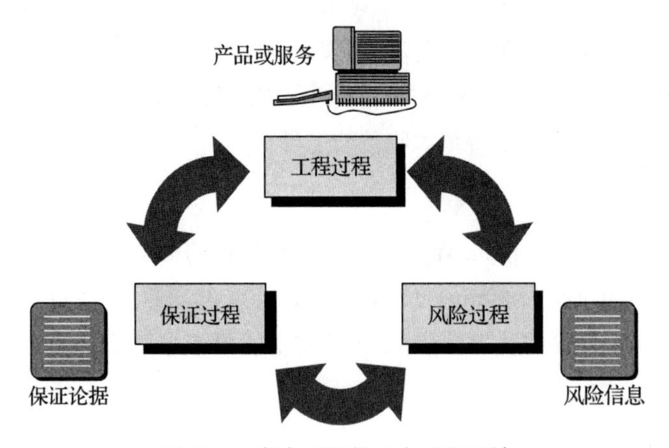


图 11-3　安全工程的三个过程区域

（1）风险

安全工程的一个主要目标是降低风险。风险就是有害事件发生的可能性。一个不确定因素发生的可能性依赖于具体情况。这就意味着这种可能性仅可能在某中限制下被预测。此外，对一种具体风险的影响评估也要考虑各种不确定因素，就像有害事件并不一定产生不好的影响。因此大多数因素是不能被综合起来准确预报的。在很多情况下不确定因素的影响是很大的，这就会使对安全的计划和判断变得非常困难。

一个有害事件由三个部分组成：威胁、脆弱性和影响。脆弱性包括脆弱性及其可被威胁利用的资产性质。如果不存在脆弱性和威胁，则不存在有害事件，也就不存在风险。风险管理是调查和量化风险的过程，并建立组织对风险的承受级别。它是安全管理的一个重要部分。

安全措施的实施可以减轻风险。安全措施可针对威胁、脆弱性、影响和风险自身。但无论如何，安全措施并不能消除所有威胁或根除某个具体威胁。这主要是因为消除风险存在一定的代价和相关的不确定性。因此，必须接受残留的风险。在存在很高的不确定性的情况下，由于风险不精确的本质，接受它会成为很大的问题。在风险承担者控制下的几个方面之一是与系统相关的不确定性。SSE-CMM 过程区包括实施组织对威胁、脆弱性、影响和相关风险进行分析的活动保证，如图 11-4 所示。

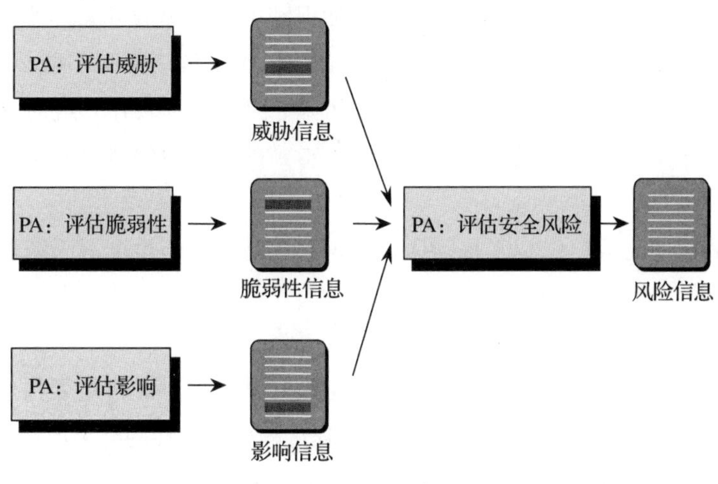


图 11-4　风险

（2）工程

安全工程与其他科目一样，它是一个包括概念、设计、实现、测试、部署、运行、维护、退出的完整过程。在这个过程中，安全工程的实施必须紧密地与其他部分的系统工程组合作。SSE-CMM 强调安全工程师是项目队伍中的一部分，需要与其他科目工程师的活动相互协调。这有助于保证安全工程成为一个大的项目过程中的一个整体部分，而不是一个分开的独立活动。该过程如图 11-5 所示。

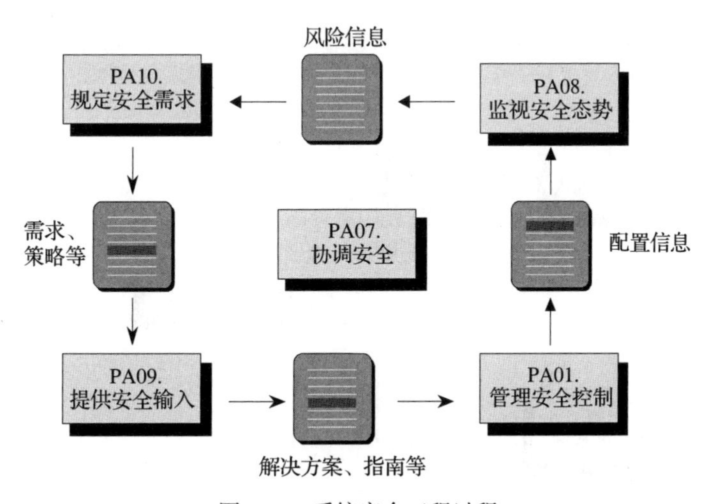


图 11-5　系统安全工程过程

使用上面所描述的关于风险过程的信息和关于系统需求、相关法律、政策的其他信息，安全工程师就可以与顾客一起来识别安全要求。一旦要求被识别，安全工程师就可以识别和跟踪特定的安全需求了。

对于安全问题，创建安全解决方案一般包括识别可能选择的方案，然后决定哪一种更易被接受。将这个活动与后面的工程活动相结合的困难是解决方案不能只考虑安全问题，还需要考虑其他因素，包括成本、性能、技术风险、是否容易使用。应对这些决定加以收集，以尽可能避免不断重复涉及这些问题，从中得到的分析也组成对安全保证结果的重要基础。

在生命期后面的阶段，安全工程师通过意识到风险来适当地配置系统以确保新的风险不会造成系统运行的不安全状态。

（3）保证

保证是指安全需要得到满足的信任程度，它是安全工程中非常重要的产品。保证的形式存在多种。SSE-CMM 的信任程度来自安全工程过程可重复性的结果质量。这种信任的基础是成熟组织比不成熟组织更可能产生重复的结果。不同保证形式之间的详细关系目前是相关人员正在研究的课题。

安全保证并不能添加任何额外的对安全相关风险的抗拒能力，但它能为减少预期安全风险控制的执行提供信心。

安全保证可以增强安全措施按照要求运行的信心。这种信心来自正确性和有效性。正确性保证安全措施按设计实现了需求。有效性则保证提供的安全措施可充分满足顾客的安全需要。安全机制的强度也会起作用，但会受到保护级别和安全保证程度的制约。

如图 11-6 所示，安全保证通常以安全保障论据的形式出现。安全论据包括一组系统性质的要求。这些要求都要有证据来支持。证据在安全工程活动的正常过程期间获得并常常被记录在文档中。

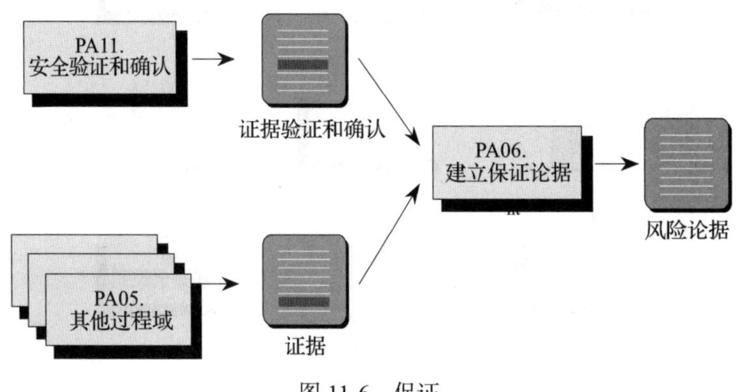


图 11-6　保证

SSE-CMM 活动本身涉及与安全相关的证据的产生。例如，过程文件能够表示开发是遵循一个充分定义的、成熟的工程过程，这个过程须加以连续改进。安全验证和确认在建立一个可信产品或系统中起着主要作用。

过程域中的许多典型工作产品都可作为证据或证据的一部分。现代统计过程控制表明如果注重产品生产过程，则可以以较低的成本重复地生产出较高质量和有安全保证的产品。组织实施活动的成熟能力将会对这个过程有所影响和帮助。

### 2. SSE-CMM 体系结构描述

SSE-CMM 体系结构的设计是可在整个安全工程范围内决定安全工程组织的成熟性。这个体系结构的目标是清晰地从管理和制度化特征中分离出安全工程的基本特征。为了保证这种分离，这个模型是两维的，分别为“域”维和“能力”维。

重要的是，SSE-CMM 并不意味着在一个组织中任何项目组或角色必须执行这个模型中所描述的任何过程，也不要求使用最新的和最好的安全工程技术和方法论。然而，这个模型要求一个组织机构要有一个适当的过程，这个过程应包括这个模型中所描述的基本安全实施。组织机构可以以任何方式随意创建符合他们业务目标的过程以及组织结构。

SSE-CMM 也并不意味着执行通用实施的专门要求。一个组织机构一般可随意地以他们所选择的方式和次序来计划、跟踪、定义、控制和改进他们的过程。然而，由于一些较高级别的通用实施依赖于较低级别的通用实施，因此组织机构在试图达到较高级别之前，应首先实现较低级别的通用实施。

（1）基本模型

SSE-CMM 包括两维：“域”维和“能力”维。“域”维是两个维中较容易理解的，这一维由所有定义安全工程的工程实施活动组成。这些实施活动称为基本实施（Base Practice，BP）。

“能力”维代表组织能力，是由一系列工程实施活动组成的，这些工程实施活动代表对过程管理和制度化的能力。这些实施活动被称作通用实施（Generic Practice，GP）。执行一个通用实施是一个组织能力的标志。通用实施是基本实施过程中必须完成的活动。

通过设置这两个相互依赖的维，SSE-CMM 在各个能力级别上覆盖了整个安全活动范围。图 11-7 给出了基本实施与通用实施之间的关系。

例如，在图 11-7 中，“基本实施”过程域显示在横坐标中。这个过程区代表所有涉及安全脆弱性评估的实施活动。这些实施活动是安全风险过程的一部分。“通用实施”公共特征显示在纵坐标上，它代表了一组涉及测量的实施活动。这些测量相对于可用计划的过程实施活动。

过程区和公共特征的交叉点表示组织跟踪执行脆弱性评估过程的能力。图中每一个方框表示一个组织执行一些安全工程过程的能力。通过这个方式收集安全组织的信息，可建立执行安全工程能力的轮廓。

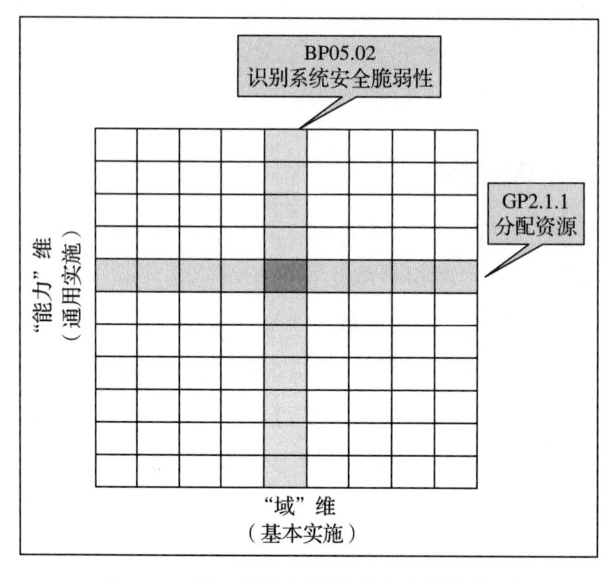


图 11-7　基本实施与通用实施之间的关系

（2）过程区

SSE-CMM 包括 11 类安全工程过程区（Process Area，PA），有的著作也将其翻译为过程域，它共包含 61 个基本实施（BP）过程。这些过程与 ISSE 不同，ISSE 的过程是在信息系统的生命周期内的不同阶段从事不同的工作。而 SSE-CMM 的过程区则是贯穿于信息系统的整个生命周期。这些过程区覆盖了安全工程的所有主要领域。安全过程区的设计是为了满足安全工程组织广泛的要求。有许多方式将安全工程范畴划分为过程区。一种可能的做法是将真实世界模型化，创建匹配安全工程服务的过程区。其他的策略可以是识别概念域，这些域形成基本安全工程建筑模块。SSE-CMM 当前的过程区集合是这些竞争性目标的折中。

每一个过程区包括一组表示组织成功执行过程区的目标。每一个过程区也包括一组集成的基本实施或简称为 BP。基本实施定义了取得过程区目标的必要步骤。

一个过程区：

- 汇集一个域中的相关活动，以便于使用；
- 有关有价值的安全工程服务；
- 可在整个组织生命期中应用；
- 能在多组织和多产品范围内实现；

- 能作为一个独立过程的改进；
- 能够由类似过程兴趣组进行改进；
- 包括所有需要满足过程区目标的 BP。

由于一些本质相同的活动有不同的名字，因此识别安全工程的 BP 变得复杂。这样的活动出现在生命期的后期，以不同抽象层次或由不同角色的个人来执行。SSE-CMM 将忽略这些差别，而是识别基本的、好的安全工程所需要的实施集。

因此，如果一个组织机构仅仅在设计阶段或在单一抽象级别上工作，则不"执行"BP。

一个基本实施：

- 应用于整个企业生命期；
- 和其他 BP 互相不覆盖；
- 代表安全业界"最好的实施"；
- 不简单地反映当前技术；
- 可在商务环境下以多种方法使用；
- 不指定特定的方法或工具。

SSE-CMM 包括的过程区列举如下。注意，下面的过程区是按字母顺序排列的，笔者希望避免按生命期或按区域方式排列。

- PA01：管理安全控制。
- PA02：评估影响。
- PA03：评估安全风险性。
- PA04：评估威胁。
- PA05：评估脆弱性。
- PA06：建立安全论据。
- PA07：协调安全性。
- PA08：监视安全态势。
- PA09：提供安全输入。
- PA10：确定安全要求。
- PA11：安全确认与证认。

除了以上过程区外，SSE-CMM 还包括与工程项目和组织措施相关的其他 11 类过程。列举如下。

- PA12：确保质量。
- PA13：管理配置。
- PA14：管理项目风险。

- PA15：监视与控制技术工作。
- PA14：规划技术工作。
- PA17：定义机构的系统工程过程。
- PA18：改进机构的系统工程过程。
- PA19：管理产品线发展。
- PA20：管理系统工程支撑环境。
- PA21：提供不断发展的技能和知识。
- PA22：与提供商协调。

这些过程区并不与安全工程直接相关，但它们也会对安全工程造成影响，因此也受到安全机构的重视。

（3）通用实施

通用实施是应用有过程的活动。它们针对的是过程的管理、测量和制度化。它们用于SSE-CMM的评定活动中，以判断一个机构完成某个基本过程的能力。

与“域”维的基本实施不同的是，“能力”维的通用实施按成熟性排序，因此表示高级别的通用实施位于“能力”维的高端。如同基本实施被归于11类过程区，通用实施被归入12个不同的逻辑域，称为公共特征（common feature）。这12个公共特征分为5个能力级别，代表依次增长的安全工程能力。代表高级实施能力的通用实施仅次于能力维的最高端，而“域”维的基本实施则无高低之分。

设计公共特征的目的在于描述组织机构执行工作过程（这里的安全工程范畴）的要点。每一个公共特征包括一个或多个通用实施。可将通用实施应用到每一个过程区（SSE-CMM应用范畴），但第一个公共特征“执行基本实施”例外。其余公共特征中的通用实施可帮助确定项目管理好坏的程度，并可将每一个过程区作为一个整体加以改进。通用实施按执行安全工程的组织特征方式分组，以突出要点。

下面的公共特征表示为取得每一个级别需满足的成熟安全工程属性。在这里我们不讨论这些公共特征和通用实施。读者可以参考沈昌祥院士编写的《信息安全工程导论》。

一级能力

1.1 执行基本实施

二级能力

2.1 规划执行

2.2 规范化执行

2.3 确认执行

2.4 跟踪执行

三级能力

3.1　定义标准过程

3.2　执行定义的过程

3.3　协调过程

四级能力

4.1　建立可测量的质量目标

4.2　客观地管理执行

五级能力

5.1　改进组织范围能力

5.2　改进过程有效性

（4）能力级别

将实施活动划分为公共特征，将公共特征划分为能力级别有多种方法。下面的讨论涉及这些公共特征。

公共特征的排序得益于当前其他安全实施活动和制度化，当实施活动有效建立时尤其如此。在一个组织能够明确地定义、剪裁和有效使用一个过程前，单独执行的项目应该获得一些过程执行方面的管理经验。例如，一个组织应首先对一个项目尝试规模评估过程，再将其规定为这个组织的过程规范。不过在有些方面，当将过程的实施和制度化放在一起考虑以增强能力时，无须严格要求前后次序。

公共特征和能力级别无论是在评估一个组织过程能力还是改进组织过程能力时都是重要的。当评估一个组织的能力时，如果该组织只执行了一个特定级别的一个特定过程的部分公共特征，则该组织对该过程而言，处于这个级别的最底层。例如，在二级能力上，如果缺乏跟踪执行公共特征的经验和能力，那么跟踪项目的执行将会很困难。如果在一个组织中实施高级别的公共特征，但未能实施其低级别的公共特征，则这个组织不能获得该级别的所有好处。评估队伍在评估一个组织个别过程能力时，应对这种情况加以考虑。

当一个组织希望改进某个特定的过程能力时，组织能力级别的实施活动可为改进组织机构提供一个能力改进路线图。基于这一理由，SSE-CMM 的实施按公共特征进行组织，并按级别进行排序。

对每一个过程区的能力级别确定，均须执行一次评估过程。这意味着不同的过程区能够或将可能存在于不同的能力级别上。组织可利用这个面向过程的信息作为侧重于这些过程改进的手段。组织机构改进过程活动的顺序和优先级应在商务目标中加以考虑。

商务目标是如何使用 SSE-CMM 这种模型的主要驱动力。但是，对典型的改进活动，也存在基本活动顺序和基本的原则。这个活动顺序在 SSE-CMM 结构中通过公共特征和能力级别加以定义。

如图 11-8 所示，SSE-CMM 包含 5 个级别，概述如下。

- 1 级：“非正规执行”级，这个级别着重于一个组织或项目执行了包含基本实施的过程。这个级别的特点可描述为“必须首先做它，然后才能管理它”。
- 2 级：“规划与跟踪”级，这个级别着重于项目层面的定义、计划和执行问题。这个级别的特点可描述为“在定义组织层面的过程之前，先要弄清楚项目相关的事项”。
- 3 级：“充分定义”级，这个级别着重于规范化地裁减组织层面的过程定义。这个级别的特点可描述为“用项目中学到的最好的东西来定义组织层面的过程”。
- 4 级：“量化控制”级，这个级别着重于测量。测量是与组织业务目标紧密联系在一起的。尽管以前级别数据收集和使用项目测量是基本的活动，但只有到达高级别时，数据才能在组织层面上应用。这个级别的特点可以描述为“只有知道它是什么，才能测量它”和“当测量的对象正确时，基于测量的管理才有意义”。
- 5 级：“持续改进”级，这个级别从前面各级的所有管理活动中获得发展的力量，并通过加强组织文化来保持力量。这个方法强调文化的转变，这种转变又将使方法更有效。这个级别的特点可以描述为“一个连续改进的文化需要以完备的管理实施、已定义的过程和可测量的目标作为基础”。

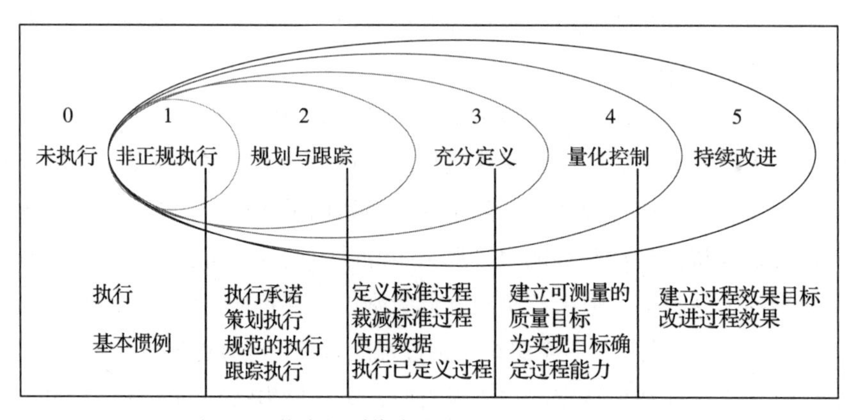


图 11-8　能力级别代表安全工程组织的成熟级别

# 11.4 《信息技术安全性评估通用准则》中的工程保障

## 11.4.1　概述

《信息技术安全性评估通用准则》（简称 CC）是在桔皮书的基础上，由美国、加拿大等多个国家共同参与研究的国际标准（ISO/IEC 15408）。这个标准是从用户保护数据的角度出发制定的，共分为三个部分：第一部分是概述，给出了 PP（保护轮廓）和 ST（安全保护目标）的基本概念；第二部分是安全功能要求部分，这部分从保护数据的角度出发，给出了正确授权访问的原则；第三部分是保障要求，也是从保护数据的角度出发，给出了非技术的工程保障要求。第二部分和第三部分的结构是相同的，即将要求先分为类，每个分类中会有多个族，在每个族中，还有若干多个组件。关于第二部分的核心内容，我们在前面的章节中已经进行了介绍，这里主要介绍第三部分，看看 CC 的工程保障分类的作用，以便理解工程是如何保障安全的。

表 11-1 给出了全部的安全保障的类和族。介绍各个类和族之前，我们先来看几个概念。

**表 11-1　EAL 保障**

| 保障类 | 保障族 | 缩写名称 |
| --- | --- | --- |
| ACM 类：配置管理 | ACM 自动化 | ACM_AUT |
| | ACM 能力 | ACM_CAP |
| | ACM 范围 | ACM_SCP |
| ADO 类：交付与操作 | 交付 | ADO_DEL |
| | 安装、生成和启动 | ADO_IGS |
| ADV 类：开发 | 功能规范 | ADV_FSP |
| | 高层设计 | ADV_HLD |
| | 实现表示 | ADV_IMP |
| | TSF 内部 | TSF_INT |
| | 低层设计 | ADV_LLD |
| | 表示对应性 | ADV_RCR |
| | 安全策略模型 | ADV_SMP |
| AGD 类：指导性文档 | 管理员指南 | AGD_ADM |
| | 用户指南 | AGD_USR |
| ALC 类：生命周期支持 | 开发安全 | ALC_DVS |
| | 缺陷纠正 | ALC_FLR |
| | 生命周期定义 | ALC_LCD |
| | 工具和技术 | ALC_TAT |
| ATE 类：测试 | 测试覆盖 | ATE_COV |
| | 测试深度 | ATE_DPT |
| | 功能测试 | ATE_FUN |
| | 独立性测试 | ATE_IND |
| AVA 类：脆弱性评定 | 隐蔽信道分析 | AVA_CCA |
| | 误用 | AVA_MSU |
| | 产品或系统的安全功能强度 | AVA_SOF |
| | 脆弱性分析 | AVA_VLA |

TOE 指评估对象，评估对象就是我们要测评的目标，这个目标可能是一个产品，也可能是一个系统，CC 可以把任何测评的目标看作一个对象，但是所测评的是这个目标中的安全部分，这个安全部分在《可信计算机系统评估准则》(TCSEC）中被称为可信计算基（Trust Computing Base，TCB)。可信计算基的定义是：计算机中所有安全功能的总和。

TSF（TOE Security Function）评估对象安全功能，我们在第 5 章介绍了这些安全功能。

### 11.4.2　对各类别要求的说明

#### 1. ACM 类：配置管理

配置管理（Configuration Management，CM）是从软件的配置管理演化而来的，是通过技术或行政手段对系统及其开发过程和生命周期进行控制、规范的一系列措施。当然，从安全的角度来说，配置管理是针对整个系统的，当然还包括硬件和固件。

软件开发过程的输出信息可以分为三个主要的类型：计算机程序（源代码、中间代码和可执行程序)；描述计算机程序的文档（针对技术开发者和用户)；数据（包含在程序内部或在程序的外部)。这些类型包含所有在软件过程中产生的信息，总称为软件配置。该集合中每一个元素称为该软件产品软件配置中的一个配置项。

在软件开发的过程中，从需求分析、设计、编码到测试、交付、使用是由很多人共同协作完成的，期间产生大量文档和代码，这些工作产品怎么清楚无误地显示自己当前的状态（一般采用版本号)，多次变更后怎么追溯，就是配置管理要考虑的。

同样，一个网络系统或者信息系统也要按照需求分析、设计、集成实现、交付、使用的过程，也是由多人（多个组织）共同协作得以完成的。通过配置管理，系统能够保证一致性、可追溯性，通过控制、记录、追踪对系统的修改和每个修改生成的系统组成部件来实现对系统的安全管理。

配置管理是一个动态的过程，要贯穿系统的整个生命周期。

CC 中的配置管理通过要求在 TOE 和其他相关信息的细化和修改过程中遵守规定和采取控制，确保 TOE 的完整性得到保护。CM 防止对 TOE 进行未授权的修改、添加或删除，从而保证用于评估的 TOE 和文档就是颁发的那个 TOE 和文档。CM 分为三个族：

（1）CM 自动化（ACM_AUT）

配置管理自动化建立用于控制配置项的自动化程度。

（2）CM 能力（ACM_CAP）

配置管理能力定义配置管理系统的一些特性。

（3）CM 范围（ACM_SCP）

配置管理范围指出需要由配置管理系统控制的 TOE 项目。

### 2. ADO 类：交付与操作

交付与操作，有的版本中也翻译为分发与操作，规定产品或者系统由开发者或者集成者交付到用户，然后将这个产品或者系统安装并达到正常的运行状态的安全要求。它包括两个族。

（1）交付（ADO_DEL）

交付涵盖将产品或者系统由集成商或者开发商传递给用户的过程中用以维护其安全性的程序，既包括发起交付时，也包含部分后来的修改，它还包括证实已经交付产品或者是证实系统的“真实性”必需的一些特殊程序或操作，这些程序和措施可以确定其是否遵照了交付要求，但对开发者开发的将 TOE 交付给用户的程序进行评估是可能的。

（2）安装、生成和启动（ADO_IGS）

要求管理员配置并激活产品或者系统，以表明它与经过评估（或检测）的产品或者系统有相同的保护特性。安装、生成和启动程序为管理员清楚产品或者系统的配置参数以及了解它们可如何影响安全功能提供了信心。

可能有读者会觉得，产品或者系统拿来直接用就可以，还需要这么麻烦吗？并且在现实中也确实往往不会注意这个过程。前文给出的例子，实际上就是在交付的时候没有按照 CC 交付的安全要求进行保障，结果被开发者钻了空子。现实中有很多这样的例子，虽然不像上例那样极端，但是开发商为了达到某种目的，卖给用户的产品和实际经过检验的产品并不是一个版本。

### 3. ADV 类：开发

开发类就是告诉我们，如何安全地开发一个产品或者集成一个系统。定义从安全目标出发，从产品或者系统的概要规范到实际实现，逐步细化安全功能的一些要求，每一个作为结果的安全功能都表示所提供的信息，都能帮助评估者确定产品或者系统的功能要求已经被满足。

（1）功能规范（ADV_FSP）

功能规范就是要描述的安全功能，并且一定是产品或者系统所需要的完备的安全功能，功能规范也详细描述了产品或者系统的外部接口，产品或者系统的用户希望通过此接口同安全功能进行交互。

（2）高层设计（ADV_HLD）

高层设计是一个顶层设计规范，是从整体上全面地来设置产品或者系统的安全功能，并确定相应的主要组成部分，高层设计识别安全功能的基本结构和主要的硬件、固件和软件元素。

（3）实现表示（ADV_IMP）

实现表示是指根据可用的源代码、硬件等具体事物来实现安全功能的方法和机制。

（4）TSF 内部（TSF_INT）

安全功能内部要求规定的必备的内部构造。

（5）低层设计（ADV_LLD）

低层设计是一个详细的设计规范，它将高层设计细化成一定程度的细节，此细节可用作编程或硬件构造的基础。

（6）表示对应性（ADV_RCR）

表示对应性是所有可用安全功能如何来实现的具体体现，包括从产品或者系统的概要规范一直到提供最低抽象的安全功能表示。

（7）安全策略模型（ADV_SMP）

安全策略模型是 TSP（安全策略）的结构化表示，且用于进一步提供功能规范符合 TSP 安全策略，并使其最终符合 TOE 安全功能要求，这是通过功能规范、安全策略模型和安全策略之间一致性映射的模型化来实现的。这一步是“授权正确性”的保证。

### 4. AGD 类：指导性文档

指导性文档的作用是规定开发者所提供操作文档的易懂性、覆盖范围和完备性。该文档提供两种类型的信息，一类针对用户，另一类针对管理员。它是产品或者系统安全运行的一个重要因素，包含

- 管理员指南（AGD_ADM）；
- 用户指南（AGD_USR）。

### 5. ALC 类：生命周期支持

一个产品或者一个系统从生成启动到废弃有一个生命周期，如何来定义这个生命周期，其中各个节点应该从事哪些工作，是 ALC 类所要规定的。明确定义的生命周期模型会定义一些保证要求，包括缺陷程序和策略、工具和技术的正确使用等。

（1）开发安全（ALC_DVS）

开发安全涵盖开发环境中使用的物理、程序、人员和其他方面的安全，包括开发场所的物理安全以及对开发人员的选择和雇用等。例如，某个软件开发企业在给一个重要的单位开发一个产品时，他们在墙上贴了这个单位详细的网络拓扑图和系统的流程图，而这个企业的开发场所基本上是开放的。

（2）缺陷纠正（ALC_FLR）

缺陷纠正确保开发者对产品或者系统提供支持时，跟踪并纠正这些产品或者系统的用户所发现的缺陷。虽然在评估时无法判断将来是否仍遵从缺陷纠正要求，但对开发者用于跟踪和修补以及分发补丁给用户的程序和策略进行评估是可以做到的。

（3）生命周期定义（ALC_LCD）

生命周期定义设定一些开发者用于生产产品或者开发系统的工程实践，包括在开发过程和运行支持要求中已明确的事项和活动，当安全分析和证据的产生作为开发过程和运行支持活动的主要部分，并且都有规律地执行时，就能保证安全要求和产品及系统之间是一致的。

（4）工具和技术（ALC_TAT）

要求定义一些用于分析和实现产品或者系统的开发工具，它们是描述清晰且定义完整的工具，这些工具应该能够证明其有效性。

### 6. ATE 类：测试

ATE 测试应能证实安全功能满足产品或者系统安全功能的测试要求。

（1）测试覆盖（ATE_COV）

测试覆盖处理开发者对产品或者系统安全功能测试的完备性，它提出所要测试的产品或者系统的安全功能的范围。

（2）测试深度（ATE_DPT）

测试深度是开发者测试产品或者系统的详细程度，安全功能测试根据从安全功能表示的分析中所导出的信息的深度的不断增加而增加。

（3）功能测试（ATE_FUN）

功能测试证实安全功能展现的特性对满足安全目标要求是必要的。功能测试提供了安全功能至少满足所选功能组件要求的保证。

（4）独立性测试（ATE_IND）

独立性测试规定必须由一个不同于开发者的团队（如第三方）进行测试。通过引入非开发者所进行的测试来提高其使用价值。

### 7. AVA 类：脆弱性评定

脆弱性评定定义一些指导可利用脆弱性识别的要求，特别是那些产品或者系统在构造、运行、误用或错误配置时引入的脆弱性。

（1）隐蔽信道分析（AVA_CCA）

隐蔽信道分析主要关注那些可被用来违反预期的安全策略，以及事先未知的通信信道的发现和分析。

隐蔽信道分为存储隐蔽信道和时间隐蔽信道。这里介绍存储隐蔽信道。通信双方利用共享的设备（如 CPU 或内存的特定地址段）占用情况，隐蔽地传输信息。如果 1001 代表一个重要的信息（如可以表示“已经成功拿到数据了”），直接传输可能会被第三方或者安全监控措施发现。那么，通信双方就可以约定，以 CPU 在特定的时间小片中是否被占用来代表 1 或 0，以此发送信息。发送者在特定的时间小片中让 CPU 工作或者停止工作，工作状态为 1，停止工作为 0，收信者只在这个时间小片中观察 CPU 的工作状态，当 CPU 工作时记为 1，不工作时记为 0。以这种方式发送 1001。实际上，发信者并没有发送其他信息内容。所以监控者发现不了。当然这样的信道并不可靠，如在这个时间小片中，如果插入一个第三方，就会导致传输出现错误，这就是干扰。这一点和其他的通信信道是一样的，都有噪声和干扰问题，同时还存在带宽限制问题。

（2）误用（AVA_MSU）

误用分析考察管理员或用户在了解指导性文档后，都能够理性地确定产品或者系统是否以不安全的方式被配置和运行。

（3）产品或系统的安全功能强度（AVA_SOF）

功能强度分析负责处理证明实现的产品或者系统的安全功能。在不被旁路、被解除或被破坏的条件下，仍然可用直接攻击的办法。例如，一个六位数的口令很容易就能被猜测出来，如果这个口令特别简单，利用字典攻击就能破解，口令的功能没有被旁路，也没有被解除，更没有被破坏，仅是攻击者猜到了口令，他就可以直接进入系统。

（4）脆弱性分析（AVA_VLA）

脆弱性分析由在开发的不同细化步骤中所引入的潜在缺陷识别组成。它通过收集以下有关的必要信息推导出穿透性测试的定义：安全功能的完备性（该安全功能要对付所有假定的威胁）；所有安全的依赖关系。这和潜在的脆弱性都通过穿透性测试来评估，以决定它们在实际应用中是否会危及产品或者系统的安全。

开发系统后，要进行测试，这部分给出的就是测试的要求。

### 11.4.3 评估保证级别

CC 中给出了 7 个保证级别，这个等级要求和我们国家的等级保护要求是有区别的，它并没有包括相应的安全功能，而我国等级保护中的安全等级结合了安全功能与安全保障两个方面的要求。

- EAL1——功能测试；

- EAL2——结构测试；
- EAL3——系统测试与检查；
- EAL4——系统设计、测试和复查；
- EAL5——半形式化设计和测试；
- EAL6——半形式化验证的设计和测试；
- EAL7——形式化验证的设计和测试。

保证级别的评定主要依靠测评机构。对于一般的用户来说，只能按照测评机构的要求进行配合，且由专业人员来完成。所以对这部分内容不做太多的说明，这里只告诉读者每个保证级别都有哪些基本要求。

#### 1. EAL1 要求

EAL1 适用于安全的威胁并不严重的场合。只需要规定一些简单的安全功能，不需要制定严格的保护目标和安全策略。

#### 2. EAL2 要求

EAL2 结构测试适用于所评估的对象对整体的安全要求不是很高的情况，并且在缺乏现成可用的完整的开发记录时，开发者或使用者需要一种低等到中等级别的安全保障。缺乏现成可用的完整的开发记录时，开发者或使用者需要一种低中等级别的独立保证的安全性。

#### 3. EAL3——系统测试与检查

EAL3 适用于开发者或使用者需要一个中等级别的安全性，在不需要再次进行真正的工程实践的情况下，对评估对象（系统）及其开发过程进行彻底的检查。

#### 4. EAL4——系统设计、测试和复查

EAL4 适用于被评估对象需要一个中等到较高等级的安全性保障。要求开发者基于良好的开发习惯，从正确的安全工程中获得最大限度的保障，实践相对严格。

#### 5. EAL5——半形式化设计和测试

被评估对象要有完整的安全策略模型，这个策略模型需要用自然语言和数学语言（形式化语言）共同描述，对安全功能规范和高层设计进行半形式化（自然语言 + 数学语言）描述，及它们之间对应性的半形式化论证。还需要模块化的系统设计。这种分析也包括对开发者的隐蔽信道的分析确认。

#### 6. EAL6——半形式化验证的设计和测试

EAL6 可使开发者通过将安全工程技术应用于严格的开发环境情况下，获得高级别的保

障。EAL6 适用于高风险环境下的系统开发。在 EAL5 级别的基础上，通过增加更加全面的分析、实现的结构化描述、更体系化的结构（如分层）、更全面的独立的脆弱性分析，以及改进的配置管理和开发环境控制等要求，为系统安全保障提供了有意义的增强。

#### 7. EAL7——形式化验证的设计和测试

EAL7 的实际应用目前只局限于一些特定的系统，这些系统面临极高的安全风险或者具有极高资产价值。这些系统非常关注能经受广泛形式化分析的安全功能规范和高层设计的形式化分析与验证。

## 小结

本章主要介绍安全工程的思想，主要包括三大方面，一是信息安全工程过程（ISSE），强调工程的顺序流程及相应的方法；二是信息安全工程成熟度模型，这部分内容强调的不是流程和顺序，而是工程方法；三是 CC 标准中的第三部分，这部分内容既考虑了流程和顺序，也考虑了工程方法。

# 第 12 章

# 网络安全支撑性技术

前面几章提到了若干安全功能，那么如何实现这些安全功能呢？可以通过行政手段对人进行管理，但是更有效的方法是利用安全技术。

那么，在网络安全方面都需要什么样的安全技术呢？实际上，网络安全是一个跨学科的领域，需要多种理论和技术支持，包括物理学（特别是电学）、计算机科学、数学及密码学、通信与信号处理理论、管理学等。但是从安全性来说，主要的支撑性网络安全技术分为三大类：

- 计算机安全技术，指以计算机科学为理论基础，利用计算机软件实现相关安全功能的技术；
- 密码技术，严格地说是现代密码技术，是指以数学为理论基础，利用算法和密钥来实现相关安全功能的技术；
- 信息隐藏技术，以信号处理为理论基础，利用改变原信号特征值，实现相关安全功能的技术。

有许多著作把信息隐藏归为密码技术，这是不对的，因为信息隐藏技术中虽然用到了密码技术，但它只是把密码当作工具，理论基础不一样，所以信息隐藏技术是一个独立的安全技术类别。

## 12.1 计算机安全技术

前面已经对计算机安全技术做了定义。实际上，操作系统中安全子系统的核心功能一个是访问监控器，另一个是前端过滤器。访问监控器的目的是限制主体对客体的访问，也就是依据对主体的授权来确定是否允许这个主体访问某个客体，并且确定以何种形式访问（操作）；前端过滤器则用于当一个数据文件从一个客体容器流向另一个客体容器时，依据规则判断是否允许这个客体从当前容器中流向目标容器。

访问控制器和前端过滤器的思想在网络环境下被频繁使用，并且经过扩展、变化形成了多个技术和产品。

### 12.1.1　技术分类与产品简介

#### 1. 过滤

这类技术往往串接在两个目标客体中，利用相应的规则对所传输的数据进行检查，过滤出一些非法传输内容。这就如同在飞机场、铁路进站口设置检查设备，当发现危害安全的物品时，就会将这些危险品从行李包中取出。

#### 2. 代理

这类技术在两个通信的目标之间加入一个第三方，由第三方来完成代理方提出的任务，再对目标方进行操作。这样就在一定程度上实现了两个通信的目标之间的隔离，并且可以一并使用相应的过滤技术，利用第三方的代理尽可能消除来自信息源方的威胁。

#### 3. 匹配

匹配就是将已知的威胁信息存入相关的数据库，然后将输入的信息与已存在的威胁信息进行比对，如果发现同样类型的数据段，就可以检测出并且告警。查杀恶意代码的工具、入侵检测工具、漏洞扫描工具都利用了这样的原理。

#### 4. 沙箱

沙箱利用撤销操作的原理，先将一些不明的文件、程序等放到一个封闭的虚拟空间中，执行这些文件或者程序。由于空间是相对隔离的，相当于在一台计算机上运行文件或程序，如果一个文件或者程序有害，那么其恶意行为也会在这个空间中执行，这个有害文件或程序就会被检测出来。利用逐步的撤销技术，就可以找到恶意行为的执行点，并进行进一步的分析和检测，清除相应的威胁元素。

#### 5. 控制

控制技术就是利用已经存入的规则，对操作行为进行检查，查看此操作是否合法，从而达到控制不合法的操作的目的。

#### 6. 隔离

隔离就是利用对空间的划分、时间的错位和代码的不同，对不同的主体、客体和任务进行隔离与交换。

## 12.1.2　相关产品

### 1. 防火墙

（1）防火墙的原理与结构

过滤和代理技术衍生出的产品主要有防火墙。

在一台计算机中插入两个网络适配器（网卡），一侧连接通信的输入端，另一侧连接通信的输出端，一串数据流从输入端传输到输出端时，需要经过计算机中的专用程序对其进行检测，这种检测就是过滤。同时，这台计算机也可以是一台代理服务器，用于代替信源对目标进行操作。

所谓防火墙是一个由软件和硬件设备组合而成的，在内部网和外部网之间、专用网与公共网之间的界面上构造的保护屏障。防火墙是一种获取安全性方法的形象说法，它在 Internet 与 Intranet 之间建立一个安全网关（Security Gateway），从而保护内部网免受非法用户的入侵。防火墙主要由服务访问规则、验证工具、包过滤和应用网关 4 个部分组成，防火墙就是一个位于计算机和它所连接的网络之间的软件或硬件。该计算机上流入和流出的所有网络通信和数据包均要经过此防火墙。

在网络中，防火墙是一种将内部网和公众访问网（如 Internet）分开的方法，它实际上是一种隔离技术。防火墙是在两个网络通信时执行的一种访问控制尺度，它能允许“同意”的人和数据进入网络，同时将“不同意”的人和数据拒之门外，最大限度地阻止黑客访问网络。换句话说，如果不通过防火墙，公司内部的人就无法访问 Internet，Internet 上的人也无法和公司内部的人进行通信。

（2）防火墙的作用与部署

防火墙主要部署在网络边界处，成为网络边界的一个阻塞点，其主要作用如下。

**强化网络安全策略**

通过以防火墙为中心的安全方案，能将所有安全软件（如口令、加密、身份认证、审计等）配置在防火墙上。与将网络安全问题分散到各个主机上相比，防火墙的集中安全管理更经济。例如，在访问网络时，一次一密口令系统和其他的身份认证系统可以不必分散到各个主机上，而是集中在防火墙上。必须强调的是，防火墙安全策略的部署粒度无法细化，无法做到一个主体对应一个客体的具体操作，这些工作必须在主机上完成。

**监控网络存取和访问**

如果所有访问都经过防火墙，那么防火墙就能记录下这些访问并做出日志记录，同时提供网络使用情况的统计数据。当发生可疑动作时，防火墙能进行报警，并提供网络是否受到监测和攻击的详细信息。另外，收集一个网络的使用和误用情况也是非常重要的。这样，可以清楚地了解防火墙是否能够抵挡攻击者的探测和攻击，并且清楚地了解对防火墙的控制是否充足。网络使用统计对网络需求分析和威胁分析而言也非常重要。

**防止内部信息的外泄**

利用防火墙对内部网络的划分，可实现内部网重点网段的隔离，从而减少局部重点或敏感网络安全问题对全局网络造成的影响。另外，隐私是内部网络非常关心的问题，一个内部网络中不引人注意的细节可能因为包含有关安全的线索而引起外部攻击者的兴趣，甚至因此而暴露内部网络的某些安全漏洞。使用防火墙就可以隐蔽那些透露内部信息的细节。

如果按照安全等级为三级的要求，对重要的数据客体打标记，那么就可以在防火墙的策略中部署相应的拦截功能，对于有敏感标记的数据在边界处实施拦截。

（3）防火墙的分类

**网络层防火墙**

网络层防火墙可被视为一种 IP 封包过滤器，较新的防火墙能利用封包的多种属性来进行过滤，例如来源 IP 地址、来源端口号、目的 IP 地址或端口号、服务类型（如 HTTP 或 FTP)；也可以通过通信协议、TTL 值、来源的网域名称或网段等属性进行过滤。

**应用层防火墙**

应用层防火墙在 TCP/IP 堆栈的应用层上运作，使用浏览器时所产生的数据流或使用 FTP 时产生的数据流都属于这一层。应用层防火墙可以拦截进出某应用程序的所有封包，并且封锁其他封包（通常直接将封包丢弃）。理论上，这类防火墙可以完全阻绝外部数据流入受保护的机器中。

防火墙通过监测所有封包并找出不符合规则的内容，就可以防范蠕虫或木马程序的快速蔓延。不过，就实现而言，这种方法既繁又杂（软件有成百上千种），所以大部分防火墙都不会考虑这种方法。

**数据库防火墙**

数据库防火墙是一款基于数据库协议分析与控制技术的数据库安全防护系统。它基于主动防御机制实现数据库的访问行为控制、危险操作阻断和可疑行为审计。

**大数据防火墙**

严格地说，大数据防火墙与传统防火墙的根本目的是不一样的。传统防火墙主要是在边界处部署粒度较粗的安全策略，在边界处实现一定的隔离与控制措施。大数据防火墙则是针对大数据的分布式存储与处理而实现的访问控制功能。由于它可以部署在一个服务器集群的边界上，因此也可以被认为是防火墙。

它的功能与操作系统中的访问监控器的功能一样，可以做到粒度非常细的访问控制。

目前，主要产品有贵阳观数科技开发的 DAF。

#### 2. 入侵检测系统

入侵检测系统（Intrusion Detection System，IDS）是一种对网络传输进行即时监视，在发现可疑传输时发出警报或者采取主动反应措施的网络安全设备。它会实时监视系统，一旦发现异常情况就发出警报。

（1）原理

利用已知的攻击命令进行匹配式检测，这一点与查杀恶意代码的工具类似。

（2）分类

根据信息来源的不同，入侵检测系统可分为基于主机的 IDS 和基于网络的 IDS；

根据检测方法的不同，入侵检测系统可分为异常入侵检测系统和误用入侵检测系统。

（3）部署

入侵检测系统是一个监听设备，没有跨接在任何链路上，无须网络流量流经便可以工作。因此，对于 IDS 的部署，唯一的要求是 IDS 应当挂接在所有流量都必须流经的链路上。

#### 3. 恶意代码检测系统

恶意代码检测系统是典型的计算机安全技术产品，它利用规则匹配的思想实现检测，并利用删除的技术对恶意代码进行清除。

#### 4. 其他的计算机安全技术产品

实际上，现在的计算机安全技术产品已经不止有防火墙、入侵检测系统、恶意代码检测系统，还有许多新的安全产品，如漏洞扫描、UTM、WAF、云 WAF、云界、云隔等。但是其基本思想变化并不大，多数是一些老技术的新应用。

## 12.2　现代密码技术

### 12.2.1　基本概念

这里先介绍一些概念：明文、密文，加密、解密、破密、算法、密钥。

- 明文。明文就是我们要传输的原始文件，是以特定的媒体格式呈现，可以被一般人识别。
- 密文。密文则是经过某种变换，将一般人可以识别的信息变换成只有特定人员经过再变换后才能识别的信息。
- 加密。将明文变换为密文的过程叫作加密。

- 解密。将密文再变换为明文的过程叫作解密。
- 破密。解密是掌握密钥的人使用密钥进行解密的过程。破密则是在没有掌握密钥的情况下，通过分析和猜测寻找密钥的过程。
- 算法。算法是将明文变换为密文的方法。
- 密钥。密钥是算法中需要的具体参数。

下面举一个例子，对于英文单词“ahhx”，大家可以用词典查一下，看看它是什么意思。

我们发现在词典中找不到这个单词，因为这是一个加密后的词。怎么加密的呢？就是按照英文字母表的顺序把字母向前移位 7 位，那么解密时，就应该将对应的字母后退到第 7 位。现在我们尝试将这个单词解密。英文字母表从 A 开始，第七位是 G，那么 A 对应的明文就是 G。按照这样的规律，上述单词就变成了 Good，我们不用查也知道这个单词是什么意思。

在这个例子中，向前移位就是算法，移 7 位就是密钥。当然，对于精通密码技术的人来说，这样的密码很快就可以被破译。

比如，可以统计一篇加密的文章中各个字母出现的比例，将它和已知的字母出现的统计概率进行比对，很快就能猜出相关的对应字母。猜出一部分字母后，很快就可以破译全部文章，这就是破密的过程（当然，对于不同的密码体系，破密的方法也不同）。

### 12.2.2 现代密码的分类

现代密码体制分为三大类：

- 对称密码，加密的密钥与解密的密钥是相同的。
- 非对称加密，加密和密钥与解密的密钥不同，但是它们是成对匹配的。
- 单向函数，不能还原出原来的数据，只是从原来的数据中提取出一个“样”，这就好像给一个人照相，可以得到这个人的照片，但是无论如何也不能把照片还原成这个人。

#### 1. 对称加密

图 12-1 是对称加密原理的示意图。

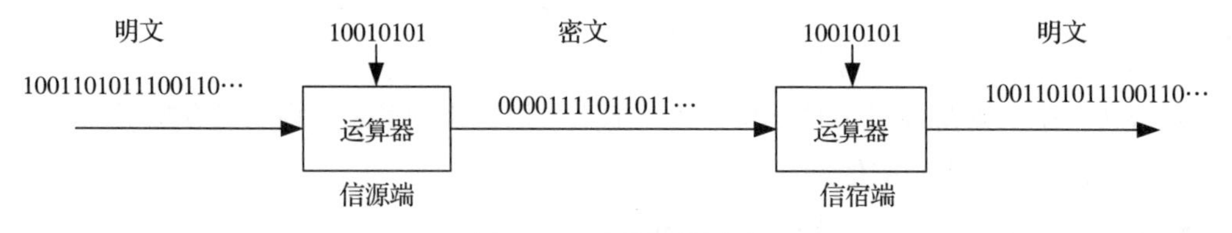


图 12-1 对称加密原理

明文经过一个运算器和密钥进行运算，运算的结果就是密文，再将密文放到信道中传输，在接收端用相同的密钥和运算，就可以将原来的明文翻译出来。

最常用到的是模二加运算。目前的计算机体系使用二进制（在将来的量子计算机中可能用的不是二进制），只有“0”和“1”两个数。当运算器的两个输入端的数据相同时，输出端的输出为“0”；当两个输入端的数据不相同时，输出端的输出为“1”。因此就有这样的运算结果：

明文 + 密钥 + 密钥 = 明文 +（密钥 + 密钥）= 明文

对于括号部分，由于密钥是相同的，因此结果为 0，明文加 0 还是明文。只不过密钥的两次加运算是分别在通信的两端完成的。

目前，流行的对称加密算法有 DES、3DES、TDEA、Blowfish、RC2、RC4、RC5、IDEA、SKIPJACK、AES 等。

对称加密算法的优点是算法公开、计算量小、加密速度快、加密效率高。对称加密算法有以下缺点：

- 密文中包含密钥，经过大量样本统计和分析，就可能被人猜测到密钥，导致密文被破译。所以，要经常变换密钥。但是变换时，得让对方知道密钥才行，这就需要用另外的信道或者由人来传递密钥本。
- 密钥不好管理。1 个人如果要和 100 个人通信，为保证其他人不能获取信息，就得有 100 个密钥。这 100 个密钥可不好管理，弄不好就会泄露。

### 2. 非对称加密

非对称加密是指加密与解密采用不同的密钥，这两把密钥是成对的，称为密钥对。

在密钥对中，一个称为公钥，用来加密；另一个称为私钥，用来解密。之所以叫公钥，是因为这个密钥用来在给对方传输信息时加密，并且是大家共同使用的，需要公布出来。注意，这里的公布是指假如大家要同 A 通信，A 就要将加密密钥放在与他通信的对方能拿到的地方，同时，由于要与他通信的人可能很多，因此要保证这些人都能拿到密钥，需要把这个密钥放在大家都可以拿到的地方。

如图 12-2 所示，甲乙之间使用非对称加密的方式完成了重要信息的安全传输。

1）乙方生成一对密钥（公钥和私钥）并将公钥向其他方公开。

2）甲方得到公钥，使用该公钥对机密信息进行加密后再发送给乙方。

3）乙方用自己保存的另一个专用密钥（私钥）对加密后的信息进行解密。乙方只能用其专用密钥（私钥）解密由对应的公钥加密后的信息。

在传输过程中，即使攻击者截获了传输的密文并得到了乙的公钥，也无法破解密文，因为只有乙的私钥才能解密密文。

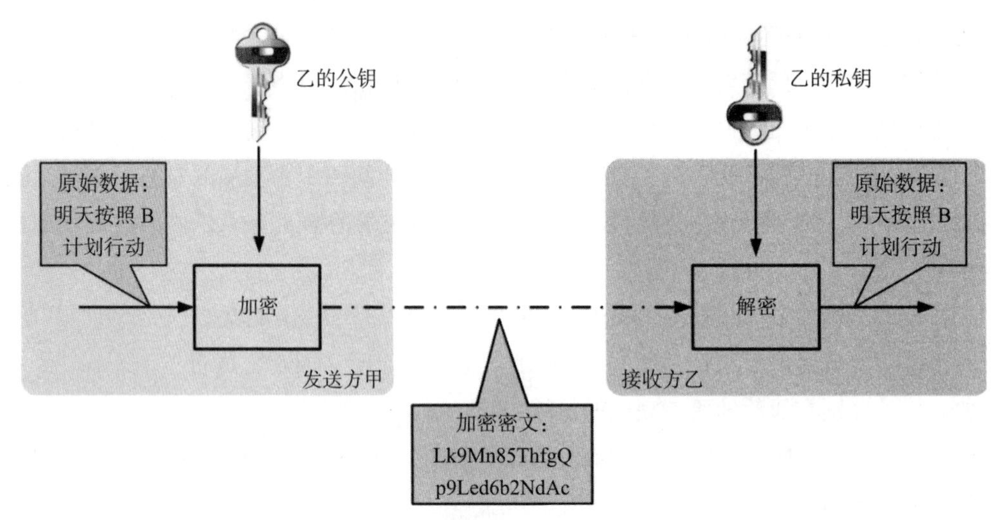


图 12-2 非对称加密工作过程示意图

同样，如果乙要回复加密信息给甲，那么需要甲先将甲的公钥公布给乙用于加密，甲自己保存的私钥用于解密。

例如，某机构为了方便大家上报各类数据，并要保证所有人上传的数据都是安全的，不会被未授权的人看到。那么，这个机构可以把加密密钥放在网站上，大家在传输数据时，先从网站上下载这个密钥，对数据进行加密后再发送给这个机构。

使用公钥和私钥的方式就方便多了。如果我们和 100 个人通信，从收信的角度，把公钥发送给这 100 个人，他们用这个密钥加密信息后发送给我们，加密后的信息只有利用我们的私钥才能解密，其他人是解不开的。

同时，在传输的过程中，并没有传输解密的密钥，攻击者有再多的样本，分析出来的也只是公钥，而不是解密的私钥。这对破密来说意义不大。

强调一下：公钥是公开的，任何人都可以使用；私钥是保密的，只有用户自己可以使用。公钥和私钥是对应关系。

**非对称加密的抗抵赖功能**

非对称加密还有一个好处，就是能解决抵赖问题。

在网络时代，利用网络进行各类交易活动是必然的，而且就算没有交易，我们也可能会把现实生活中的各类活动移植到网上，在现实活动中，我们经常会出现一些后悔或者不想兑现自己的承诺的情况，那么我们就会做出对行为的抵赖。

抵赖是主体对客体操作行为的否认。在交易活动中，买方不愿意付款、拒绝承认已经买到了东西，卖方拒绝承认已经收到货款，这些都是抵赖行为。在现实生活中，已经建立了一整套信用体系来防止抵赖，那么用什么技术才能将现实社会中的信用体系移植到网上？

非对称加密技术恰好可以解决这个问题。

前面我们提出，在通信中，用来加密的密钥要公布出来，而解密的密钥要放在自己手上。当文件传输过来后，用解密的密钥解开文件就可以了。因为只有自己有解密的密钥，别人是解不开这个文件的。

那么在交易中呢？可以用手里的这把私钥对交易数据进行加密，那么只有与我们的私钥对应的公钥才能解开相应的数据，这就证明了交易行为就是所为，想抵赖就难了。

同样，在电子政务和其他领域中，都可以用这个方法来实现对"交易"行为的认证，从而解决抵赖的问题。

那么接下来的问题是，这个密钥对由谁来发、由谁来管呢？答案是由电子签名来管。

电子签名并非书面签名的数字图像。它其实是一种电子代码，利用它，收件人能在网上轻松验证发件人的身份和签名，还能验证文件的原文在传输过程中有无变动。如果有人想通过网络把一份重要文件发送给身处外地的人，收件人和发件人都需要先向一个许可证授权机构 CA（认证中心）申请一份电子许可证。这份加密的证书包括申请者在网上的公钥，即"公共电脑密码"，用于文件验证。

发件人使用 CA 发布的收件人公钥对文件加密，并用自己的密钥对文件进行签名。当收件人收到文件后，先用发件人的公钥对解析签名，证明此文件确实是发件人发出的，接着用自己的私钥对文件解密并阅读。

电子签名是现代认证技术的泛称。美国的《统一电子交易法》规定，电子签名泛指"与电子记录相联的或在逻辑上相联的电子声音、符号或程序，而该电子声音、符号或程序是某人为签署电子记录的目的而签订或采用的"；联合国的《电子商务示范法》中规定，电子签名是包含、附加在某一数据电文内，或逻辑上与某一数据电文相联系的电子形式的数据，它能用来证实与此数据电文有关的签名人的身份，并表明该签名人认可该数据电文所载的信息；欧盟《电子签名指令》规定，电子签名泛指"与其他电子记录相联的或在逻辑上相联并以此作为认证方法的电子形式数据"。

从上述定义来看，凡是能在电子通信中起到证明当事人的身份、证明当事人对文件内容的认可的电子技术手段，都可称为电子签名。电子签名是现代认证技术的一般性概念，是电子商务、电子政务和其他网络活动安全的重要保障手段。

实际上，许多人，特别是年轻人，对此一点都不陌生，银行发放的 U-Key 就是一种用于电子签名的产品。我们在介绍完单向函数后，再说明电子签名的原理。

在现实社会中，我们为证明某人的身份，要制作相关的证件，而证件上最重要的就是要有这个人的照片。照片是利用照相技术生成的人的图像。通过照片就可以分辨出这是哪个。人可以用照相机照相，并生成照片。但是，照片是无论如何也不会被还原成这个人的。

密码中就有类似的算法，即单向函数。

单向函数算法利用各类不定长度的“数据块”生成一个固定长度的能够代表这个数据块的概要码，称为报文摘要。如利用哈希算法对要传输的信息进行运算，就可以生成128位的报文摘要，而不同的信息一定会生成不同的报文摘要，因此报文摘要就成了电子信息的指纹。这个指纹就可以被当作相关数据块的签名。

有了非对称加密技术和报文摘要技术，就可以实现对电子信息的电子签名。

除了交易认证外，电子签名还有更多的用途。例如，文档电子签名软件是一种电子盖章和文档安全系统，可以实现电子盖章（即数字签名）、文档加密、签名者身份验证等多项功能。对于签名者的身份确认、文档内容的完整性和签名不可抵赖性等问题的解决具有重要作用。使用数字证书对Word文档进行数字签名，就可以保证签名者的签名信息和被签名的文档不被非法篡改；签名者可以在签名时对文档签署意见，数字签名同样可以保证此意见不被篡改；还可以支持多人多次签名，每个签名可以在文档中的任意位置生成，并完全由签名者控制。

### 3. 单向函数

实际上，我们在谈电子签名时，已经提到了单向函数。

单向函数完整的名称是单向散列函数，又称单向哈希函数、杂凑函数，就是把任意长度的输入消息串变换成固定长度的输出串，并且保证由输出串难以反推出输入串的一种函数。这个输出串称为该消息的散列值，一般用于产生消息摘要、密钥加密等。

常见的单向散列函数（哈希函数）如下。

- MD5（Message Digest Algorithm 5）：RSA数据安全公司开发的一种单向散列算法，目前已被广泛使用，可以用来对不同长度的数据块进行运算以得到一个129位的数值。
- SHA（Secure Hash Algorithm）：这是一种较新的散列算法，可以对任意长度的数据进行运算，生成一个160位的数值。
- MAC（Message Authentication Code）：消息认证代码是一种使用密钥的单向函数，可以用它们在系统上或用户之间认证文件或消息。HMAC（用于消息认证的密钥散列法）就是这种函数的一个例子。
- CRC（Cyclic Redundancy Check）：循环冗余校验码由于实现简单、检错能力强，被广泛用于各种数据校验中。它占用系统资源少，用软硬件均能实现，是进行数据传输中差错检测一种很好的手段（CRC并不是严格意义上的散列算法，但它的作用与散列算法大致相同，所以归于此类）。

在现实生活中，每个人的身高、体重、外貌都是不一样的，无论我们现在长什么样，我们都拍一张一寸照片，这就是单向函数的意义，也就是无论原来的数据串有多长，输出的数据串是固定长度的（我们可以称为“概要码”），相当于拍出来的照片就是一寸的。照片和人是一一对应的，概要码和原数据串也是一一对应的。可能有人会问，会不会出现不同的原数据串对应同一个概要码的情况呢？这是一个好问题，确实会存在这种情况，但是在同一领域出现这种结果的概率是极低的，即便出现，后果也没有那么严重，概要码只用来对原信息进行验证，本身并不产生新的信息，所以不用担心。

### 12.2.3　密码技术的应用

实际上，我们已经讨论过密码技术的应用。12.2.2 节介绍了利用非对称密码技术进行抗抵赖的应用。实际上，密码技术主要用于更好地解决数据的机密性和完整性保护问题。

#### 1. 保护数据的机密性

我们将数据加密后，只有手中有解密密钥的人才能将数据还原，这样就解决了机密性保护的问题。在这里，我们要强调一下，使用密码技术保护的是数据本身，而不是容器。从这个意义上说，保护可靠性更高一些。而访问控制技术通过对容器的保护来保护数据，保护的不是数据本身。

#### 2. 保护数据的完整性

下面详细介绍密码技术在保护数据完整性方面的应用。图 12-3 所示为数据完整性检验原理图。

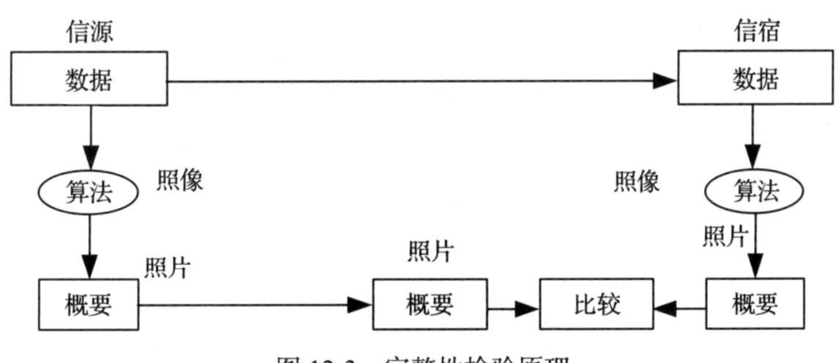


图 12-3　完整性检验原理

在甲乙双方的通信中，甲方用一个信道对数据进行传输，用另一个信道传输数据的概要码。当然，在传输前，甲方要利用单向函数对数据进行运算以得到概要码。

乙方收到数据后，用与甲方完全相同的单向函数算法对接收到的数据进行运算，得到概要码；再将这个概要码与从另外的信道中收到的甲方传递过来的概要码进行比对，如果两个概要码完全一致，那么表明这个数据是完整的，否则表明概要码出了问题或原数据出现问题，即完整性被破坏了。

与其说密码技术是对数据完整性进行保护，不如说是对完整性进行验证。

真正能保护数据完整性的是前向纠错和反馈重传。这些技术不是密码技术，在此进行讨论。

密码技术只能验证数据完整性，不能保护数据完整性。任何技术都不是万能的。对数据进行加密对保护机密性来说应该是非常有效的，但是对保护完整性来说是无用的，因为对一个已经加密的数据进行破坏，其完整性也会被破坏。例如，2017 年出现的勒索病毒可对已经加密的数据再加密，由于被入侵方没有第二次加密的密钥，只能看着一堆乱码而无可奈何。

要保护的数据属性不同，在策略和方法上是不是又不一样了？

## 12.3 信息隐藏技术

信息隐藏就是利用人们感官的灵敏性，将一些信息隐藏在媒体信息中。实际上，在现实生活中，密写技术是信息隐藏技术比较早的应用。比如，用一些特制的书写药水将相关的信息写在纸上，等药水干了之后，纸上显示的只是一些公开的信息，如一部小说。

还可以举出一些现实生活中信息隐藏的应用，如二维码、条形码，其中包含的信息是肉眼无法分辨的，只有利用专用的读取工具才能读出相关的信息。再如，不用特殊的光源，人用肉眼也是看不到人民币中的水印的。

必须承认，人类的感觉器官存在很大的局限性，我们的眼睛只能分辨 50 ～ 60 个灰度等级，计算机则可以分辨 256 个；我们也无法区分颜色中细微的差别；我们的耳朵也听不出相位上存在的细微差别。同样，我们的触觉器官也很难对细微的差别进行区分。

信息隐藏技术就是利用了人类的这一弱点，将需要存储和传输的信息隐藏在其他媒体信息中，从而躲避非相关人员的感知。

如果一个人 A 想将某些信息传递给 B，或者将信息存储在某台计算机上，那么首先他要随机选取一个媒体数据，这个媒体数据可以是一段视频（如一部电影）、一张图片、一段音乐等，然后用特殊的方法改变原来的数据中某些局部的物理量，如可以将某个区域的亮度从 128 级调整为 129 级或者 127 级，肉眼无法识别这样的等级改变，而这样的改动就把相关的信息内容隐藏在其中了。

在信息隐藏技术中，数字水印技术的应用比较广泛。

数字水印（digital watermarking）技术是一种崭新的信息隐藏技术，它将一些标识信息

（即数字水印）直接嵌入数字载体（包括多媒体、文档、软件等）中，但不影响原载体的使用价值，也不容易被人的知觉系统（如视觉或听觉系统）察觉或注意到。通过这些隐藏在载体中的信息，可以达到确认内容创建者和购买者、传送隐秘信息或者判断载体是否被篡改等目的。目前数字水印技术是信息隐藏技术的一个重要研究方向。

## 小结

本章介绍了网络安全的支撑性技术，以计算机科学与技术为基础、实现网络安全功能的技术被笔者称为计算机安全技术；以数学为基础、实现网络安全功能的技术被称为密码技术；第三类以信号处理理论为基础，同样也是为了实现网络功能的技术被称为信息隐藏技术。

# 推荐阅读

## 计算机安全：原理与实践(原书第4版)

作者：（美）威廉·斯托林斯（William Stallings）（澳）劳里·布朗（Lawrie Brown）
译者：贾春福 高敏芬 等 书号：978-7-111-61765-5

**本书特点：**

对计算机安全和网络安全领域的相关主题进行了广泛而深入的探讨，同时反映领域的最新进展。内容涵盖ACM/IEEE Computer Science Curricula 2013中计算机安全相关的知识领域和核心知识点，以及CISSP认证要求掌握的知识点。

从计算机安全的核心原理、设计方法、标准和应用四个维度着手组织内容，不仅强调核心原理及其在实践中的应用，还探讨如何用不同的设计方法满足安全需求，阐释对于当前安全解决方案至关重要的标准，并通过大量实例展现如何运用相关理论解决实际问题。

除了经典的计算机安全的内容，本书紧密追踪安全领域的发展，完善和补充对数据中心安全、恶意软件、可视化安全、云安全、物联网安全、隐私保护、认证与加密、软件安全、管理问题等热点主题的探讨。